工程机械运用与维护专业工学结合系列教材编写委员会

主　任：杨金华
副主任：张爱山
委　员：孙　燕　代绍军　孙　蕊
　　　　高　杰　杨　雷　赵文珅
　　　　吴丽丽　王霁霞　李海红
　　　　谢仲鹏　陈　岑　孙云梅
　　　　李海莹　何俊美　陈红梅
　　　　杨仙云　赵　琦

国家示范性高职院校建设项目成果
工程机械运用与维护专业工学结合系列教材

主　编◎王霁霞　何俊美
副主编◎杨生旺　周云华
主　审◎张爱山

工程机械电气系统基础

GONGCHENG JIXIE DIANQI XITONG JICHU

云南出版集团
云南人民出版社

图书在版编目（CIP）数据

工程机械电气系统基础/王霁霞，何俊美主编. —昆明：云南人民出版社，2020.1
工程机械运用与维护专业工学结合系列教材
ISBN 978-7-222-18715-3

Ⅰ.①工… Ⅱ.①王… ②何… Ⅲ.①工程机械-电气系统-高等职业教育-教材 Ⅳ.①TH2

中国版本图书馆CIP数据核字（2020）第023345号

出 品 人：赵石定
策划统筹：冯 琰
责任编辑：冯 琰 张益珲
责任校对：李凌浩 谢筑娟
装帧设计：李 洁
责任印制：马文杰

工程机械电气系统基础

主　编　王霁霞　何俊美
副主编　杨生旺　周云华
主　审　张爱山

出　版	云南出版集团　云南人民出版社
发　行	云南人民出版社
社　址	昆明市环城西路609号
邮　编	650034
网　址	www.ynpph.com.cn
E-mail	ynrms@sina.com
开　本	787mm×1092mm　1/16
印　张	17.25
字　数	360千
版　次	2020年1月第1版第1次印刷
印　刷	昆明瑆煋印务有限公司
书　号	ISBN 978-7-222-18715-3
定　价	42.00元

云南人民出版社公众微信号

如需购买图书、反馈意见，请与我社联系
总编室：0871-64109126　发行部：0871-64108507　审校部：0871-64164826　印制部：0871-64191534

版权所有　侵权必究　印装差错　负责调换

前　　言

本书根据高职高专院校工程机械运用技术专业人才培养目标编写，适用于工程机械相关专业电工电子基础课程的教学。本书较详尽地介绍了电工电子技术的基本知识和基本技能，可供高职高专院校非电类专业学习使用，也可作为工程机械行业技术人员的培训教材或参考书。

本书在教学内容选取上，"厚基础、宽口径"，保证了工程机械类专业所需的最基本、最主要的电工电子技术技能知识的内容，同时也满足学生学习后续课程、适应职业岗位变化和技术技能提升、具备高素质技术技能型人才所必需的电工电子基本知识和基本技能的要求。所以，在教学中教师可充分考虑高职高专学生的实际情况，来选择内容深度。

为满足校企合作实际工作岗位的不同需求，适应工程机械电气系统新技术的发展，体现工程机械专业特色，本书对传统学科电工电子学与工程机械电气系统基础知识进行了整合，列举了许多工程机械电气设备和电路实例，使学生将电工电子基础知识与工程机械电气系统专业基础知识迅速结合起来，以培养学生分析专业问题和解决实际问题的能力。

本书在叙述上力求通俗易懂、深入浅出，对于各种基本概念与基本原理的阐述力求简明扼要。采用大量图、表，对知识的应用进行详尽的说明，力求使学生尽快掌握基本理论和技术技能，将理论知识迅速转变为技术应用能力。本书注重理论与实践相结合。在每个知识点后面，均附带相应的操作类技能训练，将理论知识与实践应用紧密结合在一起。

本书由云南交通职业技术学院王霁霞、何俊美任主编，杨生旺、周云华任副主编。其中，项目1、2由周云华编写；项目4、5由王霁霞编写；项目6、7、8由何俊美编写；项目3、9由杨生旺编写。本书由工程机械技术领域资深

教授、高级工程师张爱山主审,他对稿件进行了认真的审阅,提出了不少宝贵的修改意见,在此表示衷心的感谢。

本书在编写过程中,参考了大量相关文献资料。在此,编者对相关文献资料的作者真诚致谢。

受限于经历和水平,书中难免有不足之处,恳请读者及时提出修改意见和建议,以便修订改正。

编 者

2020 年 1 月

目 录

项目1　分析基本电路 ··· 1

　任务1.1　学习电路基础知识 ··· 1

　　1.1.1　电路与电路模型 ·· 1

　　1.1.2　电路的基本物理量 ·· 2

　　1.1.3　电路的工作状态 ·· 7

　任务1.2　认识电路元件 ·· 8

　　1.2.1　电阻元件 ··· 9

　　1.2.2　电感元件 ·· 11

　　1.2.3　电容元件 ·· 12

　任务1.3　学习电路元件在工程机械电路中的应用 ························· 15

　　1.3.1　电阻在工程机械电路中的应用 ·································· 15

　　1.3.2　电感线圈在工程机械电路中的应用 ···························· 16

　　1.3.3　电容在工程机械电路中的应用 ·································· 16

　任务1.4　分析电压源与电流源 ··· 18

　　1.4.1　理想电压源 ·· 18

　　1.4.2　理想电流源 ·· 19

　　1.4.3　实际电源两种模型 ·· 20

　任务1.5　学习基尔霍夫定律 ·· 21

　　1.5.1　基尔霍夫电流定律(KCL) ······································· 21

　　1.5.2　基尔霍夫电压定律(KVL) ······································· 22

　任务1.6　学习电路分析方法 ·· 22

　　1.6.1　支路电流法 ·· 22

　　1.6.2　叠加定理 ·· 23

　　1.6.3　戴维南定理 ·· 24

　任务1.7　认识工程机械电气系统 ·· 26

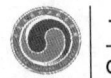

  1.7.1 工程机械电气系统的特点 ………………………………………………… 26
  1.7.2 工程机械电源 ……………………………………………………………… 27
  1.7.3 工程机械基本用电设备 …………………………………………………… 27
  1.7.4 工程机械电子控制系统 …………………………………………………… 28
实训 1-1 学习使用数字万用表 ………………………………………………………… 32
实训 1-2 验证基尔霍夫定律 …………………………………………………………… 34
实训 1-3 认识工程机械整车电气系统 ………………………………………………… 35

项目 2 分析交流电路 ……………………………………………………………………… 37
任务 2.1 学习正弦量表示方法 ………………………………………………………… 38
  2.1.1 正弦量的函数和波形表示 ………………………………………………… 38
  2.1.2 正弦量的相量表示方法 …………………………………………………… 40
任务 2.2 分析单相正弦交流电路 ……………………………………………………… 43
  2.2.1 电阻元件的正弦交流电路 ………………………………………………… 43
  2.2.2 电感元件的正弦交流电路 ………………………………………………… 44
  2.2.3 电容元件的正弦交流电路 ………………………………………………… 47
  2.2.4 电阻、电感、电容串联交流电路 ………………………………………… 49
  2.2.5 感性负载与电容并联交流电路 …………………………………………… 51
任务 2.3 分析三相交流电路 …………………………………………………………… 53
  2.3.1 三相交流电 ………………………………………………………………… 53
  2.3.2 三相四线制供电 …………………………………………………………… 54
  2.3.3 三相负载的连接 …………………………………………………………… 56
  2.3.4 三相负载电路的功率 ……………………………………………………… 60
任务 2.4 认识交流电源在工程机械上的应用 ………………………………………… 61
任务 2.5 学习安全用电常识 …………………………………………………………… 63
  2.5.1 发电与输电 ………………………………………………………………… 63
  2.5.2 电流对人体的危害 ………………………………………………………… 64
  2.5.3 保护接地与保护接零 ……………………………………………………… 65
实训 2-1 验证电阻、电感串联电路特性 ……………………………………………… 70
实训 2-2 检测工程机械交流发电机转子和定子 ……………………………………… 72

项目 3 认识工程机械电磁器件 …………………………………………………………… 73
任务 3.1 学习磁路的基础知识 ………………………………………………………… 73

    3.1.1 磁路……74
    3.1.2 铁磁材料磁性……76
    3.1.3 磁路的分析……79
  任务3.2 分析直流和交流铁芯线圈电路……81
    3.2.1 直流铁芯线圈电路……81
    3.2.2 交流铁芯线圈电路……81
  任务3.3 认识电磁铁……83
    3.3.1 电磁铁基本知识……84
    3.3.2 直流电磁铁……84
    3.3.3 交流电磁铁……85
    3.3.4 电磁铁在工程机械上的应用……85
  任务3.4 认识变压器……87
    3.4.1 电力变压器……87
    3.4.2 特殊变压器……93
  实训3-1 检测工程机械电磁继电器……98
  实训3-2 检修工程机械电磁继电器电路……98

项目4 认识电动机……100
  任务4.1 认识异步电动机……101
    4.1.1 三相异步电动机……101
    4.1.2 单相异步电动机……113
  任务4.2 认识直流电动机……114
    4.2.1 直流电动机的基本结构……114
    4.2.2 直流电动机的工作原理……115
    4.2.3 直流电动机的励磁方式……115
  任务4.3 认识步进电动机……116
    4.3.1 永磁式步进电动机……117
    4.3.2 反应式步进电动机……118
  任务4.4 学习电动机在工程机械上的应用……121
    4.4.1 直流电动机在工程机械上的应用……121
    4.4.2 步进电动机在工程机械上的应用……125
  实训4-1 学习使用三相异步电动机……127
  实训4-2 检测工程机械起动机的直流电动机……128

项目 5　分析工程机械控制器件及控制电路 …… 130

任务 5.1　认识工程机械控制电气元件 …… 130
- 5.1.1　电气控制元件的分类 …… 130
- 5.1.2　开关 …… 131
- 5.1.3　熔断器 …… 135
- 5.1.4　自动空气开关 …… 137
- 5.1.5　位置开关 …… 138
- 5.1.6　接触器 …… 139
- 5.1.7　继电器 …… 141

任务 5.2　分析三相电动机接触器-继电器控制电路 …… 144
- 5.2.1　基本电气识绘图 …… 144
- 5.2.2　三相异步电动机的基本控制 …… 145

任务 5.3　学习三相电动机在工程机械上的运用 …… 148

实训 5-1　学习三相异步电动机的起动和正反转控制 …… 152

实训 5-2　认识装载机起动系统控制电路 …… 153

项目 6　认识半导体器件基础 …… 155

任务 6.1　学习半导体基础知识 …… 155
- 6.1.1　导体、半导体和绝缘体 …… 155
- 6.1.2　本征半导体 …… 156
- 6.1.3　杂质半导体 …… 157

任务 6.2　认识半导体二极管 …… 158
- 6.2.1　二极管的结构及符号 …… 158
- 6.2.2　二极管的单向导电性 …… 159
- 6.2.3　二极管的伏安特性 …… 160
- 6.2.4　二极管的主要参数 …… 161
- 6.2.5　二极管的检测 …… 161
- 6.2.6　二极管的应用 …… 162

任务 6.3　认识特殊二极管 …… 164
- 6.3.1　稳压二极管 …… 164
- 6.3.2　发光二极管 …… 166
- 6.3.3　光电二极管 …… 166

任务 6.4　分析直流稳压电路 …… 167

　　6.4.1　整流电路 ………………………………………………………………………… 167
　　6.4.2　滤波电路 ………………………………………………………………………… 169
　　6.4.3　稳压电路 ………………………………………………………………………… 170
任务6.5　认识晶体管 …………………………………………………………………………… 171
　　6.5.1　三极管的结构、符号及类型 …………………………………………………… 171
　　6.5.2　三极管的电流放大作用 ………………………………………………………… 172
　　6.5.3　三极管的伏安特性曲线 ………………………………………………………… 174
　　6.5.4　三极管的主要参数 ……………………………………………………………… 176
　　6.5.5　三极管管型和管脚极性的判别 ………………………………………………… 177
　　6.5.6　三极管的应用 …………………………………………………………………… 178
　　6.5.7　特殊晶体管 ……………………………………………………………………… 181
实训6-1　检测二极管和三极管 ……………………………………………………………… 185
实训6-2　检测工程机械用发电机整流器 …………………………………………………… 187

项目7　分析晶体管放大电路 ……………………………………………………………… 188
任务7.1　学习放大电路基础知识 ……………………………………………………………… 188
　　7.1.1　电路组成及各元件作用 ………………………………………………………… 189
　　7.1.2　静态分析 ………………………………………………………………………… 190
　　7.1.3　动态分析 ………………………………………………………………………… 191
任务7.2　认识多级放大电路 …………………………………………………………………… 193
　　7.2.1　基本概念 ………………………………………………………………………… 193
　　7.2.2　耦合方式 ………………………………………………………………………… 194
任务7.3　认识放大电路中的反馈 ……………………………………………………………… 196
　　7.3.1　基本概念 ………………………………………………………………………… 196
　　7.3.2　负反馈对放大电路性能的影响 ………………………………………………… 197
任务7.4　认识集成运算放大器 ………………………………………………………………… 198
　　7.4.1　集成运算放大器简介 …………………………………………………………… 198
　　7.4.2　集成运放的基本应用 …………………………………………………………… 201
　　7.4.3　电压比较器 ……………………………………………………………………… 203
任务7.5　识读工程机械集成放大电路 ………………………………………………………… 206
　　7.5.1　集成电路的基本功能 …………………………………………………………… 206
　　7.5.2　识别集成电路的引脚 …………………………………………………………… 208
　　7.5.3　分析集成电路的输入与输出关系 ……………………………………………… 209

7.5.4　分析集成电路的接口关系 210
任务7.6　学习放大电路在工程机械上的应用 211
实训7-1　检测光电耦合放大电路 214
实训7-2　分析光电耦合放大电路 215

项目8　认识数字电路 217
任务8.1　学习数字电路基础知识 217
　　8.1.1　模拟信号与数字信号 217
　　8.1.2　数制与编码 218
　　8.1.3　基本逻辑运算 219
任务8.2　分析门电路 221
　　8.2.1　"与"门 221
　　8.2.2　"或"门 222
　　8.2.3　"非"门 224
　　8.2.4　"与非"门 224
　　8.2.5　"或非"门 225
任务8.3　识读工程机械数字电路 226
　　8.3.1　数字集成电路引脚的特征 226
　　8.3.2　数字电路图识读方法 229
任务8.4　学习数字电路在工程机械上的应用 230
　　8.4.1　触发器 230
　　8.4.2　数字集成电路在工程机械电子电路中的应用 235
实训8-1　设计简单逻辑电路 242

项目9　认识工程机械微机控制技术 243
任务9.1　简介工程机械微机控制系统 243
　　9.1.1　微机控制特点 243
　　9.1.2　微机控制的分类 244
　　9.1.3　工程机械微机控制系统基本组成和工作原理 245
任务9.2　认识传感器 246
　　9.2.1　传感器的作用 246
　　9.2.2　传感器的分类 246
　　9.2.3　工程机械上常用的传感器 246

任务 9.3　认识微机控制单元 …………………………………………………… 247
　　9.3.1　ECU 简介 ………………………………………………………… 247
　　9.3.2　ECU 的基本组成 …………………………………………………… 248
任务 9.4　认识执行器 ……………………………………………………………… 251
　　9.4.1　电动机 ………………………………………………………………… 251
　　9.4.2　电磁阀 ………………………………………………………………… 252
　　9.4.3　继电器 ………………………………………………………………… 252
任务 9.5　学习工程机械 CAN 总线基础知识 …………………………………… 255
　　9.5.1　CAN 总线网路简介 ………………………………………………… 255
　　9.5.2　CAN 总线技术在工程机械中的应用 ……………………………… 256

参考文献 …………………………………………………………………………… 260

项目 1　分析基本电路

知识目标

1. 掌握电路的主要功能和基本组成；
2. 了解电路基本物理量的含义；
3. 掌握电压与电位的关系；
4. 能够正确描述基尔赫夫定律；
5. 掌握工程机械电路的基本特点。

能力目标

1. 能够正确识别电路中元件的文字符号和图形符号；
2. 能够利用万用表测量直流电路中的电阻、电压及电流值；
3. 能够利用基尔赫夫定律分析电路；
4. 能够分析工程机械电路的工作状态。

任务 1.1　学习电路基础知识

1.1.1　电路与电路模型

1. 电路

电路是电流流通的路径，它由各种电子元器件（或电工设备）按一定方式连接起来。电路的主要作用是：

（1）实现电能的传输和转换。如灯泡在电流通过时将电能转换成光能；

（2）实现电信号的传递和处理。如收音机将接收到的电信号通过电路传递、处理后使得声音还原。

电路一般由以下三个部分组成：

（1）电源（供能元件）：将其他形式的能量转变为电能，是为电路提供电能的设备和器件。工程机械电路中常用的电源有发电机和蓄电池等。

(2) 负载（耗能元件）：将电能转变成其他形式的能量，是消耗电能的设备和器件。实际的负载可能是一个元件，也可能是一个网络。工程机械上的负载有很多，如起动机、照明灯、电磁阀、控制器等。

(3) 中间环节：将电源和负载按一定的连接方式形成闭合电路的开关导线和保护装置等元器件。

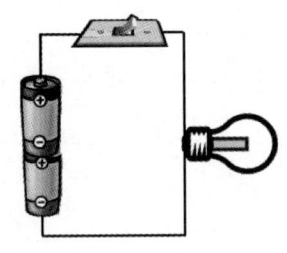

图 1-1　实际电路

开关是控制电路工作状态的器件或设备，工程机械上有很多开关如电源开关、点火开关等。工程机械的导线多用多股细铜丝绞制而成，启动电缆线是目前横截面积最大的导线，为减小线路损耗并排列整齐，工程机械各电气之间的导线连接尽可能按最短路径排列，并用绝缘带把同一路径的若干导线包扎成线束。工程机械保护装置有易熔线、熔断器、断路器，现大部分电路采用插片式熔断器。

2. 电路模型

实际电路一般由多种电路元件组成，如图 1-1 所示。电路中各种元件所具有的电磁性质较为复杂，为了便于对实际电路进行分析和计算，我们将实际电路理想化，即在一定条件下突出其主要的电磁性质，忽略其次要的因素，把它看成理想电路元件。由理想电路元件组合来代替实际电路元件组成的电路称为实际电路的电路模型。

理想电路元件主要有电源元件（电压源和电流源）及负载元件（电阻元件、电感元件、电容元件）等。如图 1-2 所示。由理想电路元件组成的电路称为理想电路模型，简称电路模型，如图 1-3 所示。图中假定实际电源的内阻忽略不计。

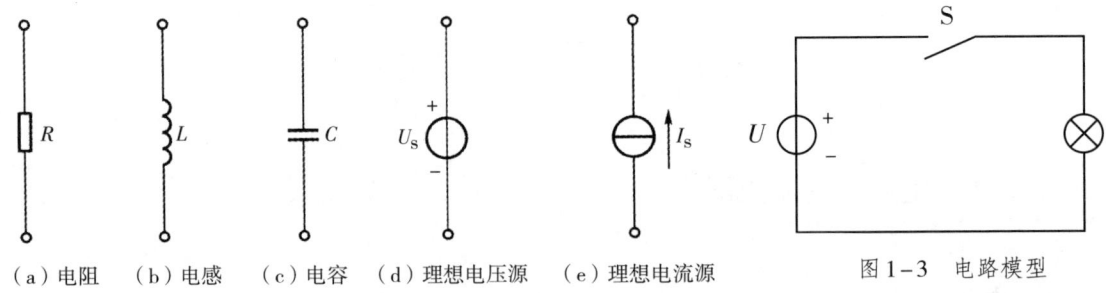

（a）电阻　（b）电感　（c）电容　（d）理想电压源　（e）理想电流源　　图 1-3　电路模型

图 1-2　理想电路元件

1.1.2　电路的基本物理量

1. 电流

在电场力的作用下，处于电场内的电荷发生定向移动，形成了电流。电流分直流和交流两种，大小和方向都不随时间变化的电流称为直流电流，大小和方向随时间做周期性变化的电流称为交流电流。习惯用大写字母 I 表示直流电流，用小写字母 i 表示交流电流。

电流的大小称为电流强度（简称电流，符号为 i）。单位时间内通过某一导体横截面的电荷量称为电流强度，即：

$$i = \frac{dq}{dt} \tag{1-1}$$

在直流电路中可表示为：

$$I = \frac{Q}{t} \tag{1-2}$$

在国际单位制（SI）中，电流的单位是安培，它的含义是在 1 秒（s）内通过导体横截面的电荷量为 1 库仑（C）时，其电流为 1 安培（A）。常用的单位还有毫安（mA）、微安（μA）等，它们之间的换算关系为：

$$1A = 10^3 mA = 10^6 \mu A$$

习惯上规定正电荷定向移动的方向为电流的实际方向。在电路的分析计算中，因为电流的实际方向有时难以判断，也可能是随时间变动的，这时可以任意假定一个电流方向，假定的电流方向称为电流的参考方向。在分析电路时，首先要假定参考方向，并据此分析计算，电流为正值时，参考方向和实际方向相同；电流为负值时，参考方向和实际方向相反。如图 1-4 所示，实际方向用虚线表示，参考方向用实线表示。

电流的参考方向可用箭头表示，也可用字母表示，如图 1-5 所示，用双下标表示时为 i_{ab}，表示电流方向从 a 流向 b。

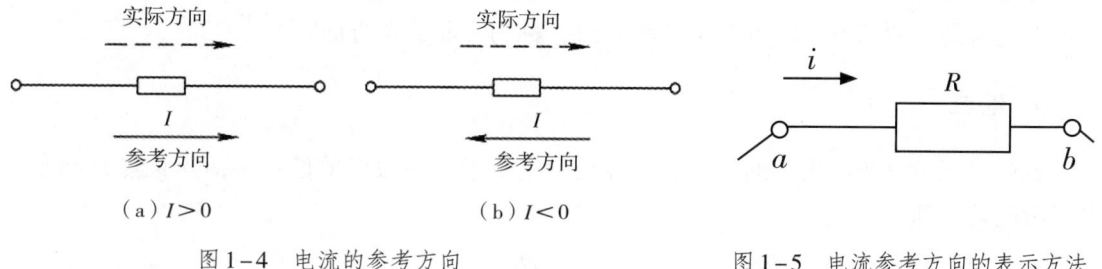

图 1-4 电流的参考方向　　　　　图 1-5 电流参考方向的表示方法

2. 电压

电压用来表示电场力做功的能力。电压也分直流和交流两种，如果电压的大小及方向都不随时间变化，则称之为稳恒电压或恒定电压，简称为直流电压，用大写字母 U 表示。如果电压的大小及方向随时间做周期性变化，则称为交流电压，用小写字母 u 表示。

在电路中，电场力把单位正电荷从电场中的 a 点移至 b 点所做的功称为 a、b 间的电压。如果设正电荷 dq 从 a 点移动至 b 点电场力所做的功为 dw，则 a、b 间的电压为：

$$u_{ab} = \frac{dw}{dq} \tag{1-3}$$

在直流电路中可表示为：

$$U = \frac{W}{Q} \tag{1-4}$$

在国际单位制中，当电场力把 1 库仑（C）的正电荷从一点移至另一点所做的功为 1 焦耳（J）时，则这两点间的电压为 1 伏特（V）。常用的单位还有毫伏（mV）、微伏（μV）、千伏（kV）等。它们之间的换算关系是：

$$1\text{kV} = 10^3 \text{V}$$

$$1\text{V} = 10^3 \text{mV} = 10^6 \mu\text{V}$$

习惯上规定把电位降低的方向作为电压的实际方向。在电路的分析计算中，首先也要假定电压的参考方向，并据此分析计算，电压为正值时，参考方向和实际方向相同；电压为负值时，参考方向和实际方向相反，如图 1-6 所示。电压的参考方向可用箭头表示，也可用 u_{ab}（U_{ab}）表示，也可用极性 +、- 号表示，如图 1-7 所示。

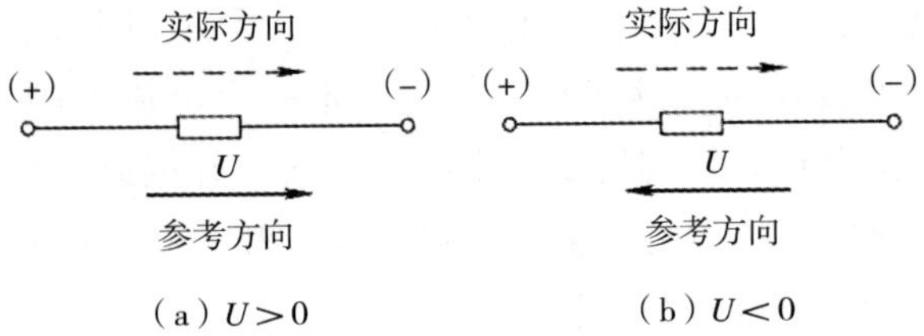

图 1-6 电压的参考图

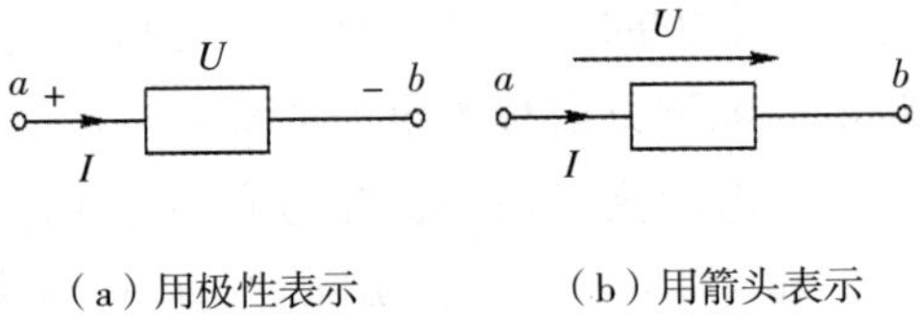

图 1-7 电压参考方向的表示

在电路的分析计算中，电流、电压参考方向可以任意假定，但为了分析计算的方便，元件上电流的方向与电压的方向常选取一致，称为关联参考方向。

3. 电位

电位是度量电势能大小的物理量，在数值上等于电场力将单位正电荷从该点移到参考点所做的功，即：

$$V = \frac{W}{Q} \tag{1-5}$$

由此可以看出，电路中任意一点的电位，就是该点与参考点之间的电压，而电路中任意两点之间的电压，则等于这两点间的电位差。因此，电位的测量实质上就是电压的测量，即测量该点与参考点之间的电压。电压与电位的关系为：

$$U_{AB} = V_A - V_B \tag{1-6}$$

电位的单位和电压相同，都用伏特（V）表示。

为了确定电路中各点的电位值，可任意选择电路中的某一点作为参考点，假定其电位为零。此时电路中其他各点的电位都是与参考点进行比较而言的，或者说，电路中某点的电位就是这一点与参考点之间的电压。

[例 1-1] 如图 1-8 所示，分别以 O、B、A 点为参考点计算各点电位。

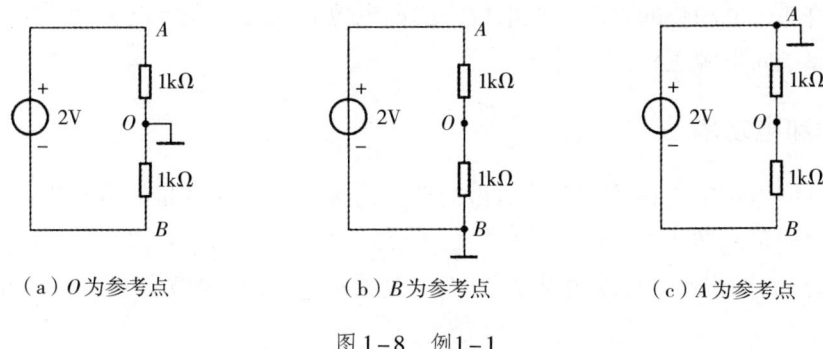

（a）O为参考点　　　　（b）B为参考点　　　　（c）A为参考点

图1-8　例1-1

解：

（1）在图1-8（a）中，选择O点为参考点，即 $V_O = 0V$

$$U_{AO} = V_A - V_O = 1V \qquad 则 V_A = 1V$$
$$U_{OB} = V_O - V_B = 1V \qquad 则 V_B = -1V$$

（2）在图1-8（b）中，选择B点为参考点，即 $V_B = 0V$

$$U_{AB} = V_A - V_B = 2V \qquad 则 V_A = 2V$$
$$U_{OB} = V_O - V_B = 1V \qquad 则 V_O = 1V$$

（3）在图1-8（c）中，选择A点为参考点，即 $V_A = 0V$

$$U_{AB} = V_A - V_B = 2V \qquad 则 V_B = -2V$$
$$U_{AO} = V_A - V_O = 1V \qquad 则 V_O = -1V$$

从例1-1可以看出，参考点选择不同，电路中各点电位也不同，但任意两点间的电位差即电压不变。电路中各点的电位高低是相对于参考点而言的，而两点间的电压则与参考点的选择无关。不选择参考点去讨论电位是没有意义的。

电位参考点的选择原则上可以任意，但工程上常选大地为参考点。有些设备机壳接地，就可以把机壳作为参考点。在工程机械上电气设备常以车身作为电源负极公共连接端，称为"负极搭铁"，因此在对工程机械电气电路进行检测时，参考点一般选择为车身。在电路图中用符号"⊥"表示。

4. 电动势

电动势是一个表征电源特征的物理量。电源的电动势是电源将其他形式的能量转化为电能的本领，在数值上，等于非电场力将单位正电荷从电源的负极通过电源内部移送到正极时所做的功。常用符号 E 表示，单位是伏特（V）。

假设在电源内部非电场力把正电荷 dq 从低电位移至高电位所做的功为 dw，则电源的电动势为：

$$E = \frac{dw}{dq} \qquad (1-7)$$

在电源内部,电动势的方向由低电位指向高电位。因此电动势的方向规定为由电源负极经电源内部指向电源正极。

5. 电功和电功率

电路中电场力对定向移动的电荷所做的功,简称电功,通常也说成是电流的功。电功体现了电路中能量的转化与守恒。

对于一段导体而言,两端电势差为 U,把电荷 q 从一端搬至另一端,电场力所做的功:

$$W = qU$$

在导体中的电流与电荷的关系有 $q = It$,则:

$$W = qU = UIt \tag{1-8}$$

这就是电路中电场力做功即电功的表达式。在国际单位制中,功的单位是焦耳(J)。

单位时间内消耗的电能称为电功率,也就是电场力在单位时间内所做的功。设电场力在 dt 时间内所做的功为 dw,则电功率表示为:

$$p = \frac{dw}{dt} \tag{1-9}$$

在国际单位制中,功率的单位是瓦特(W)。

电功率与电压和电流有着密切的关系,例如电路两端的电压是 U,流过的电流是 I,电压与电流的参考方向为关联参考方向,则电路的电功率为:

$$P = UI \tag{1-10}$$

对于纯电阻(消耗的电能全部转化成热能)元件,因欧姆定律成立,所以有:

$$P = UI = I^2R = \frac{U^2}{R} \tag{1-11}$$

在电路分析中,不仅要计算功率的大小,有时还要判断功率的性质,即该元件是产生功率还是消耗功率。对任一电路元件,当流经元件的电流实际方向与元件两端电压的实际方向一致时,元件吸收功率;电流与电压实际方向相反时,元件发出功率。

[例 1-2] 试判断图 1-9 中的电阻元器件是发出功率还是吸收功率。

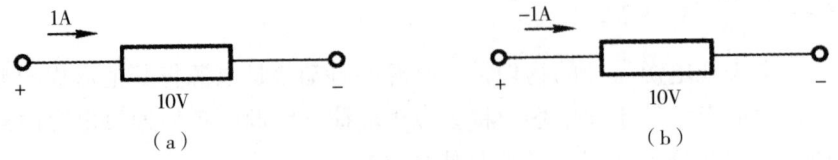

图 1-9 例 1-2

解:

在图 1-9(a)中,电压、电流是关联参考方向,且 $P = UI = 10W > 0$,元器件吸收功率。

在图 1-9（b）中，电压、电流是关联参考方向，且 $P = UI = -10W < 0$，元器件发出功率。

1.1.3 电路的工作状态

当电源与负载相连接时，根据所连接负载的情况，电路有 3 种工作状态：有载、短路、开路。

1. 有载状态

有载状态即电源与负载形成通路，如图 1-10（a）所示。电路中的电流为：

$$I = \frac{E}{R_L + R_0} \tag{1-12}$$

由式（1-11）可见，当电源的电动势 E 和内阻 R_0 一定时，电路中电流的大小取决于负载的大小。电源的路端电压（端压）为：

$$U = E - IR_0 \tag{1-13}$$

电源的端压小于电动势。当电源的内阻 R_0 很小时，可以忽略不计，此时可以认为电源的端压等于电动势。

电路中的任何电气组成在工作中都会发热。为了保证电路能长期安全地运行工作，都规定有一个最高工作温度。显然工作温度与电路的电流、电压或电功率直接相关。在实际使用电路中，通常负载是并联运行的，当负载增加时，负载所取用的总电流和总功率都会增加，电源输出的功率和电流也会增加，由此可见电源的输出功率和电流取决于负载的大小。如果电路中的功率和电流过大，造成温度过高，形成电路事故。因此为了使电气设备能安全可靠、经济运行，引入了电气设备额定值，就是电气设备在电路的正常运行状态下，长时间能承受的电压和允许通过的电流，以及它们吸收和产生功率的限额。

额定值是制造厂家为了使产品能在给定的工作条件下正常运行而规定的正常容许值，因此，制造厂在制定产品的额定值时，要全面考虑使用的经济性、可靠性以及寿命等因素，特别要保证设备的工作温度不超过规定的容许值。电气设备或元件的额定值常标在铭牌上或写在其他说明中，在使用时必须充分考虑额定数据。如一个白炽灯上标明 220V、60W，这说明额定电压 220V，在此额定电压下消耗功率 60W。

当通过电气设备的电流等于额定电流时，称为满载工作状态。电流小于额定电流时，称为轻载工作状态，超过额定电流时，称为过载工作状态。

在工程机械上勿随意加装额外的用电设备，因为工程机械的原始电路留给扩张的负荷有限，电路负荷过载，轻则毁坏电器设备，重则引起火灾。

2. 短路状态

如图 1-10（b）所示，当电源两端被连接起来时，外电路的电阻可视为零。当 $R_L = 0$

时，有 $U = U_L = 0$，$I = \dfrac{E}{R_0}$，称电路处于短路状态。

短路时，电路中电流达到最大，可能导致电路的损坏或烧毁，故一般情况下短路是应该避免的。

工程机械电路发生的短路多数是导线绝缘层破损与其他导线、接线端子接触，或有导电体使两点间直接相接。还有一种叫搭铁（接地）短路。机械工作时由于振动，导线与车体摩擦使绝缘层变薄或磨破，或出现裂痕与车体接触，从而发生搭铁（接地）短路。易发生接地短路的地方，是电线弯曲而与车体接触处或线夹头附近，需要注意。

短路电流引起电线过热，甚至引起燃烧。即使没有过热或烧损，也会发生短路处电流泄漏引起机械装置错误动作。控制信号短路后失去控制机能，控制器可能发生故障。另外，电源线接地短路后，产生强大的接地短路电流，可能烧坏电线。

因此，为防止短路引发的故障，工程机械电气电路基本上都安装有保险装置，重要的控制电路上安装过电流保护器。

工程机械电路短路都被认为是一种故障，但有时候故障检测会利用短路来诊断故障。比如压力开关传感器、温度开关传感器的故障诊断。

3. 开路状态

如图 1-10（c）所示，当开关断开时，称电路处于开路状态或断路状态。

开路时外电路的电阻对电源来说相当于无穷大。当 $R_L = \infty$ 时，有 $I = 0$，$U = E$，$U_L = 0$，即：电源的开路电压等于电动势。

工程机械一般来说，电气导体切断称为断线。它不仅指导线，还包括电磁阀、继电器线圈等机器内部的断线。断线后电流不通，电气设备当然就不工作，但是不一定机器的端子电压就为 0V，理解断线处与测定处的关系对故障诊断很重要。

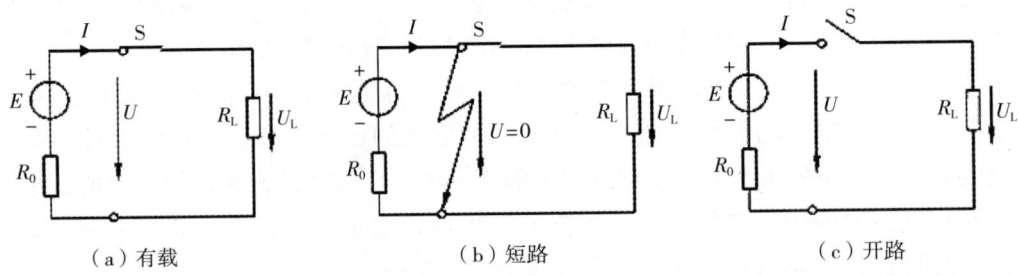

（a）有载　　　　　　　　（b）短路　　　　　　　　（c）开路

图 1-10　电路的工作状态

任务 1.2　认识电路元件

最简单的电路元件是二端元件，元件只有两个端头与外电路连接。在电路中通过二端元件的电流和元件两端电压有确定的变化规律，因此二端元件的特性可以用它的电压和电流的关系（伏安特性）来描述。二端元件分为有源二端元件和无源二端元件。本节只介绍无源二端元件，即电阻元件、电感元件和电容元件。

1.2.1 电阻元件

1. 电阻的特性

电阻元件是从实际电阻器中抽象出来的电路模型，表示导体对电流阻碍作用的大小，是反映实际电路中耗能情况的元件，如电阻器、电炉、照明器具等。电阻用字母 R 表示。当电阻元件两端的电压与流过的电流为关联参考方向时（如图 1-11 所示），根据欧姆定律，电压与电流的关系为：

$$u = Ri \qquad (1-14)$$

当电阻元件两端的电压与流过的电流为非关联参考方向时，如图 1-12 所示，根据欧姆定律，电压与电流的关系为：

$$u = -Ri \qquad (1-15)$$

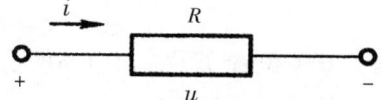
图 1-11 电阻元件关联参考方向

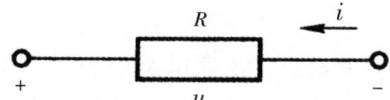
图 1-12 电阻元件非关联参考方向

在关联参考方向下，当 $R = \dfrac{u}{i}$ 是个常数，则称 R 为线性电阻。

在国际单位制中，当电阻两端的电压为 1 伏特（V），流过电阻的电流为 1 安培（A）时，电阻为 1 欧姆（Ω）。

电阻元件的功率为：

$$P = ui = Ri^2 = \dfrac{u^2}{R} \geq 0 \qquad (1-16)$$

由式（1-16）可知，电阻总是消耗电能的。

2. 电阻的串联、并联

（1）电阻的串联

电路中有两个或两个以上的电阻一个一个头尾顺序相连（电流流进处为电阻头，电流流出处为电阻尾）如图 1-13。在电路中，若干个电阻或电气元件串联，使电流只有一个通路，把这样的电路称为串联电路。

串联电路的特点：

①电流处处相等。

$$I = I_1 = I_2 = I_3 = \cdots = I_n$$

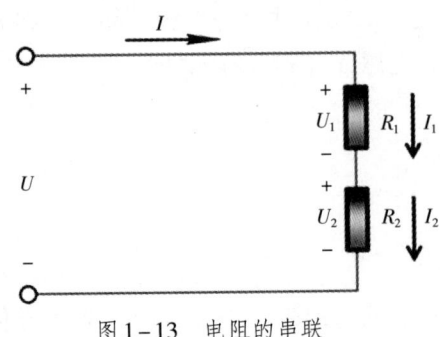

图1-13 电阻的串联

②总电压等于各部分电路电压之和。

$U = U_1 + U_2 + U_3 + \cdots + U_n$

③总电阻等于各部分电路电阻之和。

$R = R_1 + R_2 + R_3 + \cdots + R_n$

④分压原理：电阻起分压作用，电压的分配与电阻成正比。

$U_1/U_2 = R_1/R_2$ $\qquad$ $U_1 : U_2 : U_3 : \cdots = R_1 : R_2 : R_3 : \cdots$

用电器工作特点：各用电器相互影响，电路中一个用电器不工作，其余的用电器就无法工作。

开关控制特点：串联电路中的开关控制整个电路，开关位置变了，对电路的控制作用没有影响，即串联电路中开关的控制作用与其在电路中的位置无关。

(2) 电阻的并联

电路中有两个或两个以上的电阻头与头相连，尾与尾相连，如图1-14。在电路中，若干个电阻或电气元件并联，形成若干个支路，每条支路都有一条电流通路，把这样的电路称为并联电路。

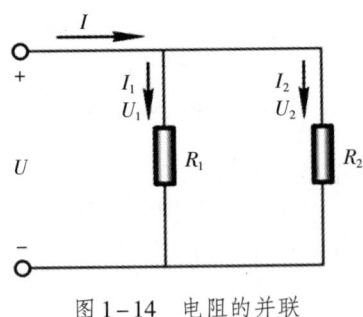

图1-14 电阻的并联

并联电路的特点：

①总电流等于各支路中电流之和。

$I = I_1 + I_2 + I_3 + \cdots + I_n$

②并联电路中各支路两端的电压都相等。

$U = U_1 = U_2 = U_3 = \cdots = U_n$

③并联电路总电阻的倒数等于各支路电阻倒数之和。

$1/R = 1/R_1 + 1/R_2 + 1/R_3 + \cdots + 1/R_n$

④分流原理。电阻起分流作用,流过各支路的电流与其电阻成反比。

$I_1/I_2 = R_2/R_1$

⑤电路中各支路互不影响,即各用电器之间相互不影响。

用电器工作特点:并联电路中,一条支路中的用电器若不工作,其他支路的用电器仍能工作。

开关控制特点:并联电路中,干路开关的作用与支路开关的作用不同。干路开关起着总开关的作用,控制整个电路。支路开关只控制它所在的那条支路。

3. 电阻器分类

电阻器是电路中最常见的元件,常用的电阻器可分为:

(1) 固定电阻器

广泛应用于电流限制作用及电压调整作用。

(2) 电位器

电位器就是一种可变电阻器,常用的电位器是靠电刷在电阻体上的滑动,取得与电刷位移成一定关系的输出电压。利用这一特点,被广泛使用于收音机、电视机的音量调节及控制传感器上。在挖掘机油门旋钮、装载机和自卸卡车的油门踏板节流位置传感器、燃油箱的油位传感器等都利用了电位器。

(3) 敏感电阻器

敏感电阻器是指器件在温度、电压、湿度、光照、气体、磁场、压力等发生变化时电阻器的电阻也随之而变的电阻器。有压敏电阻器、热敏电阻器、光敏电阻器、力敏电阻器、气敏电阻器、湿敏电阻器等。大部分敏感电阻器都是用半导体材料制成,在工程机械上常用作传感器,如热敏电阻可用作发动机水温传感器。

1.2.2 电感元件

1. 电感的特性

电感元件是从实际电感性器件中抽象出来的电路模型,实际电感性器件是用导线绕成线圈而制成,通常称为电感线圈。电感元件反映了电流产生磁通和存储磁场能量这一物理现象,是将电源提供的电能转换成磁场能量并存储此磁场能量的电路元件。

如图 1-15 所示,当电感线圈有电流通过时,电流将在线圈中将产生磁通 Φ_L,若磁通 Φ_L 与线圈的 N 匝都交链,那么磁通链为:

$$\Psi_L = N\Phi_L$$

通过的电流和产生的磁通链 Ψ_L 的关系为:

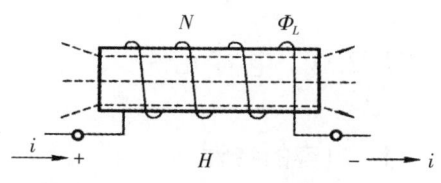

图 1-15 实际线圈

$$\Psi_L = Li \quad (1-17)$$

式（1-17）中 L 称为线圈的自感（系数）或电感，是表征电感元件的特征参数。在国际单位制中，磁通和磁通链的单位是韦伯（Wb），电感的单位是亨利（H）。

$L = \dfrac{\Psi_L}{i}$ 是常数时，称为线性电感。

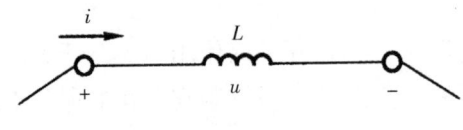

图 1-16　电感图形符号

理想化模型的电感元件图形符号如图 1-16 所示。当磁通链 Ψ_L 随时间变化时，在线圈的两端产生感应电压。如果感应电压 u 的参考方向与磁通链的方向也成右手螺旋关系时，那么根据电磁感应定律，有：

$$u = \frac{d\Psi_L}{dt} \quad (1-18)$$

当电感元器件两端电压和通过电感元器件的电流在关联参考方向下，根据楞次定律，把 $\Psi_L = Li$ 代入式（1-18），得：

$$u = L\frac{di}{dt} \quad (1-19)$$

当电感一定时，电压与该时刻电流的变化率成正比。当电流不随时间变化时（直流电流），则电感电压为零，这时电感元件相当于短接。

将式（1-19）两边同时乘以 i 并积分，电感元件所吸收的电能写成定积分形式为：

$$W_L = \int_0^u Lidi = \frac{1}{2}Li^2 \quad (1-20)$$

从式（1-20）中可看出，电感元件储存的磁场能量，只与电流有关，与电压无关，即电感元件不消耗能量，只储存能量。

2. 电感线圈的分类

把电感线圈简单分为：固定电感线圈、可变电感线圈。

电感用途：一是储能，利用电感的储能特性，可以与电容组成谐振电路。二是通直流阻交流，利用电感通直流阻交流特性，可以作为限流电感器、整流电路滤波器、带通滤波器等。三是产生磁场，利用磁场特性，可以作为电磁阀、继电器、马达控制元件。

1.2.3　电容元件

1. 电容的特性

电容元件是从实际电容器理想化来的模型，在工程技术中，电容的应用极为广泛。电容虽然品种很多，规格各异，但是就其构成原理来说，电容是由两块相间隔的金属板中间充以不同介质（如云母、绝缘纸、电解质等）构成的。当在极板上加电压后，极板上分别聚集起等量的正、负电荷，在介质中建立起电场，并具有电场能量。将电源移去后，电荷可继续聚集在极板上，电场也继续存在。电容元件只有聚集电荷、存储电场能量的性质，并不消耗能量，故也是储能元件。

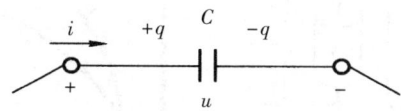

图 1-17　电容图形符号

理想化模型的电容元件的图形符号如图 1-17 所示，当电容元件 C 电压的参考方向由正极板指向负极板，则正极板上的电荷 q 与其两端电压 u 有以下关系：

$$q = Cu \tag{1-21}$$

$$C = \frac{q}{u} \tag{1-22}$$

C 称为该元器件的电容，当 C 是一个正实常数时，电容为线性电容。

在国际单位制中，电容的单位用法拉（F）表示。由于法拉的单位太大，常用的单位为微法（μF）、皮法（pF）。当电容两端的电压是 1V，极板上电荷为 1 库仑（C）时，电容是 1 法拉（F）。单位之间的换算关系为：

$$1F = 10^6 \mu F = 10^{12} pF$$

当电容两端的电压 u 与流进正极板电流 i 取关联参考方向时，有：

$$i = \frac{dq}{dt} \tag{1-23}$$

把式（1-21）代入（1-23）式得：

$$i = C\frac{du}{dt} \tag{1-24}$$

当电容一定时，电流与电容两端电压的变化率成正比，当电压为直流电压时，电流为零，电容相当于开路，所以电容元件有隔直通交的特性。

将式（1-24）两边同时乘以 u 并积分，可得电容元件极板间储存的电场能量为：

$$W_C = \int_0^u Cudu = \frac{1}{2}Cu^2 \tag{1-25}$$

从式（1-24）可看出，电容元件储存的电场能量，只与电压有关，与电流无关，即电容元件不消耗能量，只储存能量。

2. 电容器充电放电的特性

（1）电容器的充电

如图 1-18，开关 S 断开时电容器没有蓄积电能，电容器两端子间的电压 E_C 为 0，合上开关 S，充电电流通过 R，充电时电流逐渐减小，而电容器电压 E_C 随着电能的蓄积而升高，接近电池的电压 E，不久即 $E=E_C$。

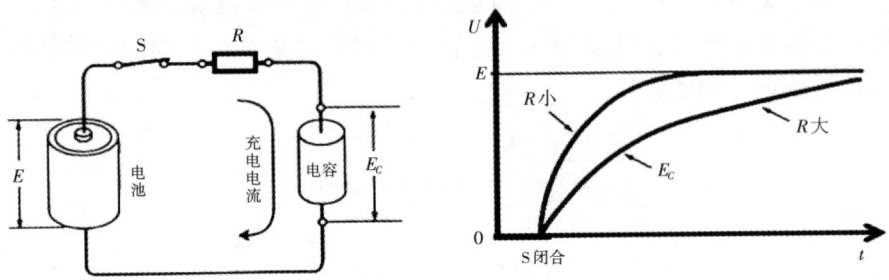

图 1-18 电容器充电

电池两端的电压等于电容器两端的电压（$E=E_C$）后，电容器充电完毕。

电阻 R 越小，充电就越快结束，反之则越慢。

（2）电容器的放电

如图 1-19，电容器积蓄电压为 E_C，闭合开关 S 电容放电，电流通过电阻 R 形成回路。积蓄在电容器的电能变成放电电流 I 通过电阻 R 时，消耗成热能。

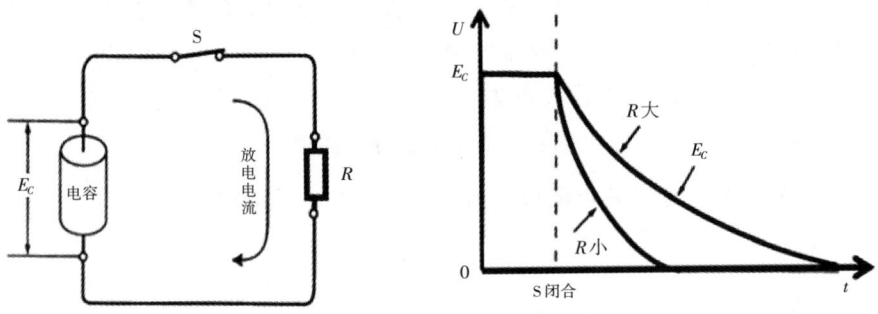

图 1-19 电容器放电

在放电过程中，电容器两端子间的电压 E_C 减小，放电电流 I 也减小。电压 E_C 变成 0 时，放电完毕。

电阻 R 越小，放电就越快结束，反之则越慢。

由电容的充放电特性可看出，电容器两端的电压，有一定的"电惯性"，不会突然变化，称为"惯性元件"。工程机械电气电路中，利用这种充电、放电的特性，电容可作为延时电容、降频电容和定时电容等运用在电气电路中。

3. 电容器的分类

电容器简单分为：固定电容器、可变电容器和微调电容器。

电容在电路中具有隔断直流电、通过交流电的作用，因此常用于级间耦合、滤波、去耦、旁路及信号调谐。在工程机械上电容器用于波纹平滑化、消除杂音、定时、降频、减小触电开闭火花等。

任务1.3　学习电路元件在工程机械电路中的应用

1.3.1　电阻在工程机械电路中的应用

电阻是在工程机械电气设备中用的最多的基本元件之一。利用电阻来控制和调节电路中电流和电压的大小，能给其他电气设备提供合适的电流、电压。

工程机械为了提高信号的检测灵敏度和准确性，常使用电阻分压网络将电阻应变传感器元件连接成测量电桥的形式。测量电桥有很多种形式。工程机械的称重传感器普遍采用直流电源供电的直流测量电桥。如图1-20所示为基本直流电桥的电路。通过推导，可以得到桥路的输出电压为：

$$U_{BD} = U_{BC} - U_{DC} = U_O \left(\frac{R_2}{R_1+R_2} - \frac{R_3}{R_3+R_4} \right) = U_O \frac{R_2 R_4 - R_1 R_3}{(R_1+R_2)(R_3+R_4)}$$

可见，要使输出为零，即电桥平衡，应满足 $R_1 R_3 = R_2 R_4$。这说明，通过适当的选择各桥臂的电阻值，可使桥路的输出电压只与被测量引起的电阻变化有关。

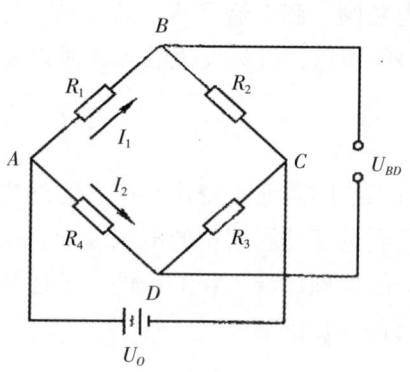

图1-20　直流电桥

在使用中，图1-20直流电桥的4个桥臂，其中一个桥臂AB接传感器（把被测量转变为电阻的变化），输出电阻 R_1，其余3个臂接标准可调电阻 R_2、R_3、R_4。接上电源 U_O 调节电阻 R_2、R_3、R_4，使电桥输出电压 U_{BD} 为零，电桥处在平衡状态。如果测量信号发生变化，传感器输出电阻 R_1 发生改变，电桥平衡被打破，输出电压 U_{BD} 不为零，电压的数值大小与电阻 R_1 的变化大小有关。

1.3.2 电感线圈在工程机械电路中的应用

1. 产生电磁力

把线圈绕在铁芯上，给线圈通电流产生磁场后，铁芯被磁化成为电磁铁，产生电磁力，吸引铁磁性物质。因此，工程机械常利用电磁的吸引力作为控制电磁阀滑阀的拉力，继电器触点开关的控制力。

电流流经线圈产生磁场的过程称作励磁。

2. 电磁感应

处在变化磁通量中的导体或线圈，会产生电动势。此电动势称为感应电动势或感生电动势，若将此导体或线圈闭合成一回路，则形成感应电流（感生电流）。实质电生磁、磁生电的物理现象。

感应电动势有两种类：

（1）自感电动势

指通电导体或线圈因本身通过的电流变化，而自身产生的感应电动势。

工程机械许多电气设备都存在线圈电路时通时断，在线圈上产生非常高的自感电动势。装有线圈的电气设备（电磁阀、刮雨器马达、风扇马达等）开闭的开关、继电器触点或晶体管经常遇到自感电动势的作用，极易发生故障，所以要采取措施消除自感电动势的冲击。

（2）互感电动势

指导体或线圈处在非本身引起的磁通量变化，产生的感应电动势。利用互感原理，工程机械汽油机的点火线圈就是利用互感原理将低电压变为高电压。

电感线圈是利用电磁感应的原理进行工作的器件。上述作用中，与工程机械电气系统关系密切，在以后的课程中会进一步讲解。

1.3.3 电容在工程机械电路中的应用

电容充放电特性在工程机械上的运用非常广泛，现以电容式闪光器为例做介绍。闪光器的结构与工作原理如图 1-21 所示。

它主要是由一个继电器和一个电容器组成。在继电器的铁芯 5 上绕有串联线圈 2 和并联线圈 3，电容器 4 采用大容量的电解电容器（约 1500μF）。电容式闪光器是利用电容器充放电延时特性，使继电器的两个线圈产生的电磁吸力时而相加，时而相减，继电器便产生周期性的开关动作，从而使转向信号灯闪烁。

其工作原理如下：

·项目1 分析基本电路·

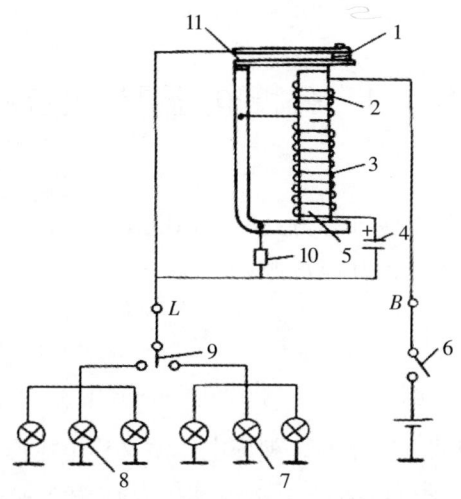

1-触点；2-串联线圈；3-并联线圈；4-电解电容器；5-铁芯；
6-电源开关；7-右转向信号灯和指示灯；8-左转向信号灯和指示灯；9-转向开关；10-灭弧电阻；11-弹簧片。

图1-21 电容式闪光器

当工程机械向左转弯时，接通转向开关9，左转向信号灯8就被串入电路中，电流从蓄电池正极→电源开关6→接线柱B→串联线圈2→常闭触点1→接线柱L→转向开关9→左转向信号灯和指示灯8→搭铁→蓄电池负极，形成回路。此时并联线圈3、电容器4及电阻10被触点1短路，而电流通过线圈2产生的电磁吸力大于弹簧片11的作用力，触点1迅速被打开，转向信号灯处于暗的状态（转向信号灯和指示灯尚未来得及亮）。

触点1打开后，蓄电池向电容器4充电，其充电电流由蓄电池正极→电源开关6→接线柱B→串联线圈2→并联线圈3→电容器4→接线柱L→转向开关9→左转向信号灯和指示灯8→搭铁→蓄电池负极，形成回路。由于线圈4电阻较大，充电电流很小，不足以使转向信号灯亮，则转向信号灯仍处于暗的状态。同时充电电流通过串联线圈2和并联线圈3产生的电磁吸力方向相同，使触点继续打开，随着电容器的充电，电容器两端的电压逐渐升高，其充电电流逐渐减小，串联线圈2和并联线圈3的电磁吸力减小，使触点1重又闭合。

触点1闭合后，转向信号灯和指示灯处于亮的状态，此时电流由蓄电池正极→接线柱B→串联线圈2→常闭触点1→接线柱L→转向开关9→左转向信号灯和指示灯8→搭铁→蓄电池负极，形成回路。与此同时，电容器通过线圈3和触点1放电，其放电电流通过线圈3时产生的磁场方向与线圈2相反，所产生的电磁吸力减小，故触点仍保持闭合，左转向信号灯和指示灯8继续发亮。随着电容器的放电，电容器两端电压逐渐下降，其放电电流减小，则线圈3的退磁作用减弱，串联线圈2的电磁吸力增强，触点1重又打开，灯变暗。如此反复，继电器的触点不断开闭，使转向信号灯和指示灯闪烁。灭弧电阻10与触点1并联，用来减小触点火花。

任务 1.4　分析电压源与电流源

电压源和电流源是从实际电源抽象得到的理想电路模型，属有源二端元件。下面介绍独立电源元件，一般可分为电压源和电流源。

1.4.1　理想电压源

理想电压源是一个理想的电路元件。理想电压源又称恒压源，其端电压 U_S 是个定值，大小不受外电路的影响，而输出电流的大小由外电路决定。理想电压源的图形符号如图 1-22（a）、（b）所示，其分别表示一般电压源和直流电压源，其中直流电压源的符号长线表示正极（高电位），短线表示负极（低电位）。

直流电压源伏安特性如图 1-23 所示。

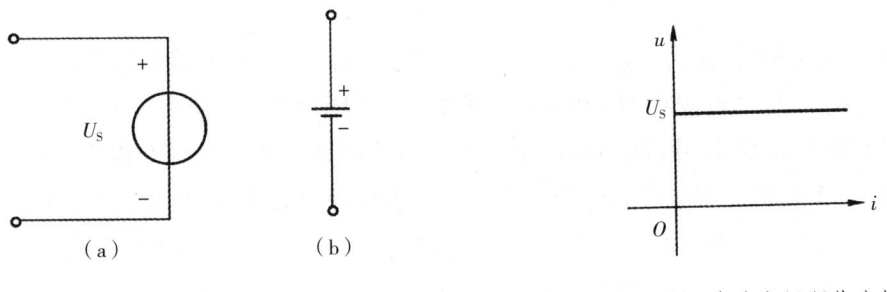

图 1-22　电压源　　　　　　　　图 1-23　直流电压源伏安特性

理想电压源的端电压不随外电路的改变而改变，但流过电压源的电流则随外电路的改变而改变。如图 1-24 所示。

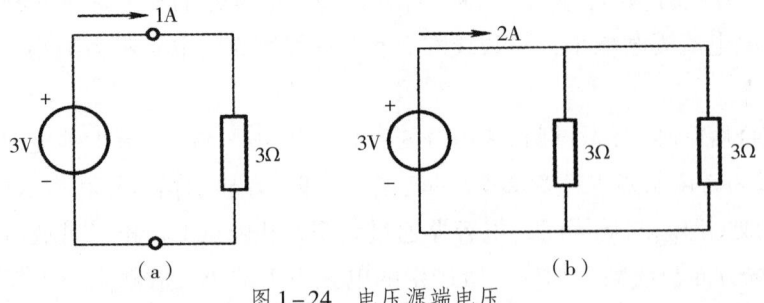

图 1-24　电压源端电压

理想电压源具有如下特点：

(1) 理想电压源的端电压是一个恒定值 U_S，与流过电源的电流无关。当电流为 0 时，端电压仍为 U_S。

（2）理想电压源的端电压是由电源本身决定的，但流过它的电流是由与它相连的外电路决定的。

1.4.2 理想电流源

电流源的图形符号如图 1-25 所示，电流 i_S 为给定的时间函数，与电流源两端的电压无关。理想电流源也是一个理想的电路元件，理想电流源又称恒流源，其电流 i_S 也是一个定值。在直流源的情况下，输出的电流是恒值 $i_S = I_S$，伏安特性如图 1-26 所示。

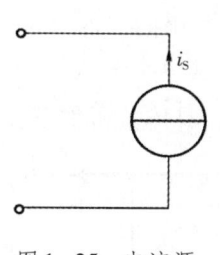

图 1-25 电流源

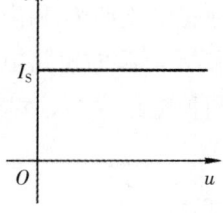

图 1-26 直流电流源伏安特性

理想电流源输出的电流不随外电路的改变而改变，但电流源两端的电压则随外电路的改变而改变。如图 1-27 所示。

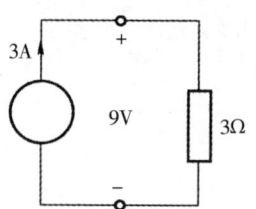
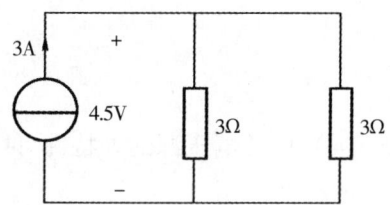

图 1-27 电流源输出电流

理想电流源具有如下特点：

（1）理想电流源发出的电流是一个恒定值 I_S，与电流源两端的电压无关。当电压为 0 时，仍发出电流 I_S。

（2）理想电流源的电流是由电流源本身决定的，但是电流源两端的电压是由与之相连的外电路决定的。

对于电源元件来说，由于它是向外提供能量的元件，因此，习惯上电流和电压取非关联参考方向时，如图 1-28 所示，计算功率仍用公式 $p = ui$，但应注意，如果 $p > 0$，则表示电源输出功率；$p < 0$，则表示电源吸收功率，这时电源元件实际上起负载作用。如工程机械的蓄电池充电时是从外电路吸收能量，放电时是向外电路提供能量。

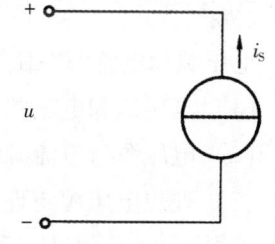

图 1-28 电流源非关联参考方向

1.4.3 实际电源两种模型

理想电压源的端电压和理想电流源的输出电流都具有不随外电路变化的特点。而实际电源的端电压或输出电流都是随着外电阻的变化而变的。为了准确表征实际电路的上述特征,实际电源可用两种电路模型来表示,即电压源模型和电流源模型。

电压源模型:理想电压源 U_S 和内电阻 R_0 的串联模型,如图 1-29(a)所示。电压源模型中的 U_S 可认为就是电源的开路电压。

电流源模型:理想电流源 I_S 和内电阻 R_0 的并联模型,如图 1-29(b)所示。电流源模型中的 I_S 可认为就是电源的短路电流。

实际电源的这两种电路模型,对外电路是相互等效的,具体分析如下:

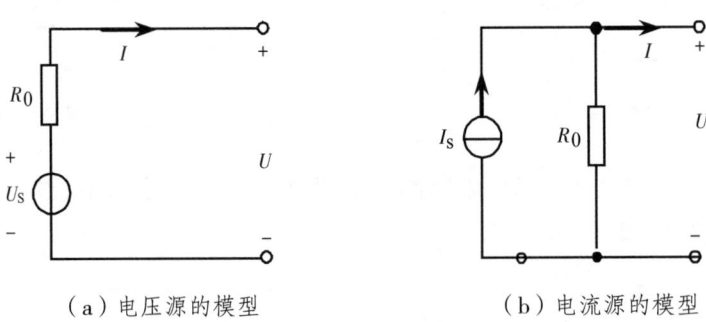

(a)电压源的模型　　　　(b)电流源的模型

图 1-29　实际电源的模型

图 1-29(a)中的电压源的外特性可以表示为:

$$U = U_S - R_0 I \tag{1-26}$$

图 1-29(b)中的电流源的外特性可以表示为:

$$I = I_S - \frac{U}{R_0} \tag{1-27}$$

从式(1-26)和式(1-27)可以看出,要使两个电源模型对外电路的作用等效,即两个电源可以互换,必须满足的条件是:两个电源模型的内电阻 R_0 相同,且满足 $I_S = \dfrac{U_S}{R_0}$。

电压源和电流源在做等效变换时应该注意以下几点:

(1)电压源和电流源的参考方向在变换前后应保持对外电路等效。

(2)电压源与电流源的等效变换关系只对外电路而言,内部是不等效的。

(3)理想电压源与理想电流源之间不能互换。

值得注意的一点是:两个数值不同的理想电压源不能并联,两个数值不同的理想电流源不能串联。

任务1.5 学习基尔霍夫定律

基尔霍夫定律是分析复杂电路的有力工具。基尔霍夫定律包括两个方面的内容：一是基尔霍夫电流定律，简称 KCL；二是基尔霍夫电压定律，简称 KVL。

下面先介绍有关电路结构方面的几个术语：

（1）节点

电路中3条或3条以上电路的连接点称为节点。图1-30中有两个节点 a、b。

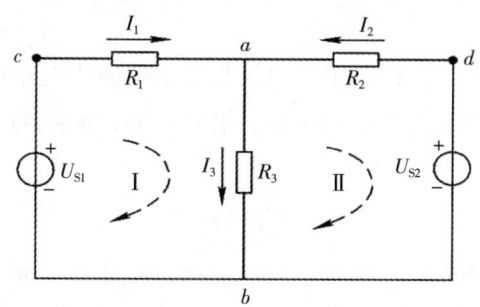

图1-30 电路结构举例

（2）支路

流过同一电流，且只有元件串联的一段电路称为支路。一条支路的两端是节点，中间无节点。图1-30中有3条支路：R_1 和 U_{S1} 的支路、R_2 和 U_{S2} 的支路、R_3 支路。其中两条含电源的支路称为有源支路，不含电源的支路称为无源支路。

（3）回路

电路中任一闭合路径称为回路。图1-30中有回路 $abca$、回路 $adba$。回路 $cadbc$。

（4）网孔

回路中没有包含与之相连的另外支路的回路称为网孔，在图1-30中，回路有3个，网孔只有两个，如：网孔 $abca$、网孔 $adba$。值得注意的是：网孔和回路是有区别的，网孔一定是回路，但回路不一定是网孔。

1.5.1 基尔霍夫电流定律（KCL）

基尔霍夫电流定律也称为节点电流定律，是描述电路中每个节点的各支路电流之间的关系。其表述为：在电路中，任何时刻，对任一节点，流进该节点的电流等于流出该节点的电流。若对流进和流出节点的电流规定了正负（如：设流进节点的电流为正）之后，基尔霍夫电流定律也可表述为：在电路中，任何时刻，对任一节点，所有支路电流的代数和等于零。

在图 1-30 中，对节点 a 有：

$$I_1 + I_2 = I_3 \qquad (1-28)$$

在图 1-30 中，对节点 b 有：

$$I_3 = I_1 + I_2 \qquad (1-29)$$

从式（1-28）和式（1-29）看出，a 点和 b 点的电流方程完全相同，故只需对其中一个节点列电流方程，此节点称为独立节点。当电路中有 n 个节点时，只能列 $n-1$ 个独立的电流方程。

1.5.2 基尔霍夫电压定律（KVL）

基尔霍夫电压定律也称为回路电压定律，是关于电路中对组成任一回路的所有分电压之间的关系。其表述为：在电路中任何时刻，沿任一闭合回路的所有支路电压的代数和恒等于零。即：

$$\sum U = 0 \qquad (1-30)$$

为了应用 KVL，必须指定回路绕行方向，元件上的电压参考方向与绕行方向一致时取正，相反时取负。在图 1-30 中，假定回路 $abca$ 绕行方向为顺时针，有：

$$I_1 R_1 + I_3 R_3 - U_{S1} = 0$$

注意：一般对独立回路列电压方程。在电路中，设有 b 条支路，n 个节点，独立回路数为 $b-(n-1)$。

任务 1.6　学习电路分析方法

1.6.1　支路电流法

支路电流法是分析电路的常用方法，也是简便易行的方法，它是以电路中每条支路的电流为未知量，对独立节点、独立回路（网孔）分别采用基尔霍夫电流定律和电压定律列出相应的方程，从而解得支路电流。具体步骤如下：

（1）假定各支路电流的参考方向及回路绕行方向。

（2）根据 KCL 列出节点电流方程。如果电路有 n 个节点，可以列出 $n-1$ 个独立的节点电流方程。

（3）根据 KVL 列出回路电压方程。如果电路有 b 条支路，n 个节点，可以列出 $b-(n-1)$ 个独立的回路电压方程（一般选取网孔，网孔是独立回路）。

（4）将独立的方程联立成方程组，求解即可得各支路电流。

[**例1-3**] 如图1-31所示电路,已知 $U_{S1}=6V$,$U_{S2}=16V$,$I_S=2A$,$R_1=R_2=R_3=2\Omega$,试求电路中各支路电流 I_1、I_2、I_3、I_4 和 I_5。

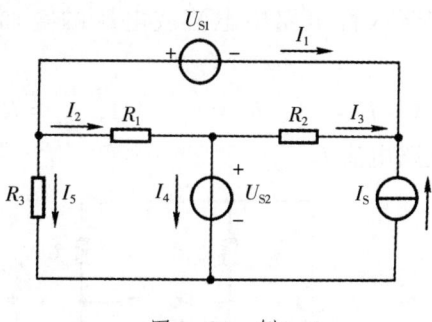

图1-31 例1-3

解:各支路电流的参考方向如图1-31所示,网孔绕行方向为顺时针。
根据KCL和KVL列出节点电流方程和回路电压方程:

$$I_S + I_1 + I_3 = 0$$

$$I_2 = I_3 + I_4$$

$$I_4 + I_5 = I_S$$

$$U_{S1} - I_3R_2 - I_2R_1 = 0$$

$$U_{S2} - I_5R_3 + I_2R_1 = 0$$

把已知数据代入上面方程,解方程组得:

$$I_1 = -6A,\ I_2 = -1A,\ I_3 = 4A,\ I_4 = -5A,\ I_5 = 7A$$

1.6.2 叠加定理

叠加定理是反映线性电路基本性质的一条重要原理,可以表述为:在线性电路中,如果有多个电源同时作用,那么任何一条支路的电流或电压,等于电路中各个电源单独作用时对该支路所产生的电流或电压的代数和。

当某独立电源单独作用于电路时,其他独立电源应该除去,称为"除源"。对电压源来说,令其电源电压 U_S 为零,相当于"短路";对电流源来说,令其电源电流 I_S 为零,相当于"开路",如图1-32所示。

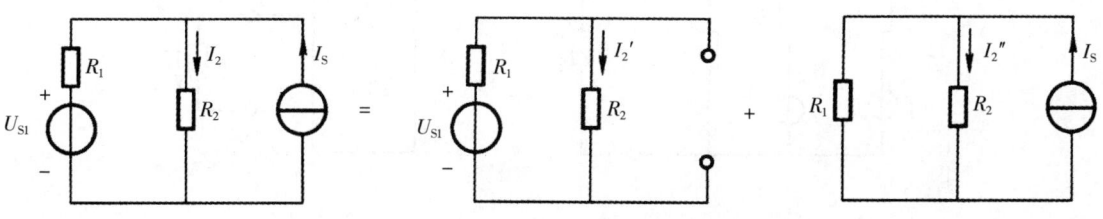

图1-32 叠加定理示意图

在图1-32中，用叠加定理求流过 R_2 的电流 i_2，等于电压源、电流源单独对 R_2 支路作用产生电流的叠加。

注意：叠加原理只适用于线性电路中电流或电压的叠加，不能对能量和功率进行叠加。

[**例1-4**] 已知 $U_S = 12V$，$I_S = 6A$，$R_1 = R_3 = 1\Omega$，$R_2 = R_4 = 2\Omega$，应用叠加定理，求图1-33（a）所示电路中支路电流 I。

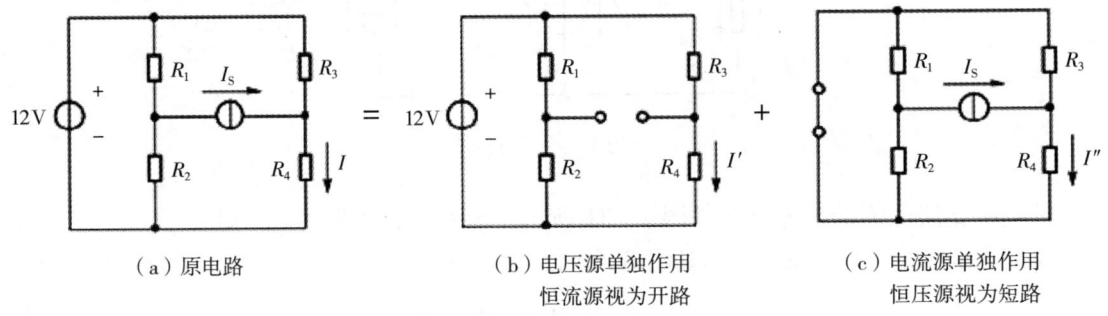

（a）原电路　　（b）电压源单独作用　　（c）电流源单独作用
　　　　　　　　恒流源视为开路　　　　恒压源视为短路

图1-33　例1-4

解：图1-33（a）、（b）、（c）中支路电流 I 的总量和分量参考方向一致，求分量代数和时各分量均取正值。根据叠加定理分别求出 I' 和 I''。

$$I' = \frac{U_S}{R_3 + R_4} = 4A$$

$$I'' = \frac{R_3}{R_3 + R_4} \times I_S = 2A$$

$$I = I' + I'' = 6A$$

1.6.3　戴维南定理

在电路分析中，经常会遇到这样的问题，只需要计算电路中某一条支路的电流或电压。如果用支路电流法来求解，会无形中多求许多不必要的电流或电压。为了简便计算，常常应用等效电源的方法，即将含有电源的二端网络等效成一个理想电压源和电阻的串联形式，从而使电路的计算简化。

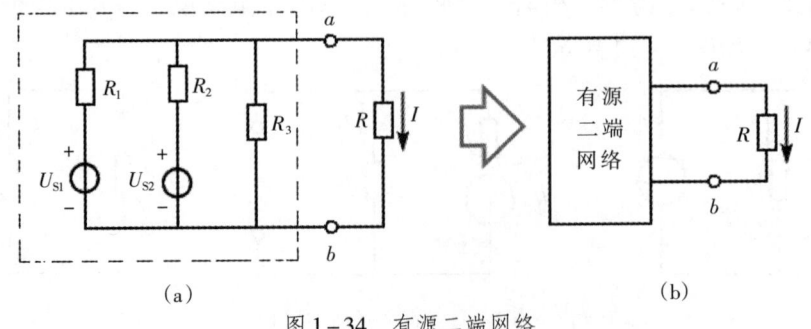

（a）　　　　　　　　　　　　　　　　　（b）

图1-34　有源二端网络

所谓二端网络是指具有两个出线端的部分电路，可分为有源和无源。含有电源的二端线性网络称为有源二端线性网络，如图1-34所示；不含电源的二端线性网络，称为无源二端线性网络。

戴维南定理可以表述为：任何一个线性有源二端网络，可以用电压源来等效替换。电压源的电动势 U_S 等于有源二端网络的开路电压 U_0；内阻 R_0 等于有源二端网络包含的所有电源输出为零（恒压源短接，恒流源断开）后的等效电阻。由电动势 U_S 和内阻 R_0 串联组成的等效电压源称为戴维南等效电路，如图1-35中点划线框内所示。

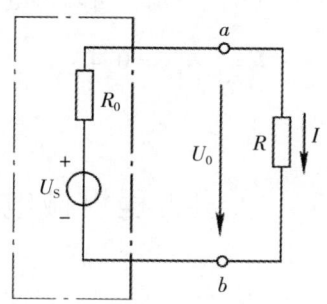

图1-35 戴维南等效电路

[**例1-5**] 用戴维南定理计算图1-36（a）中的电流 I。

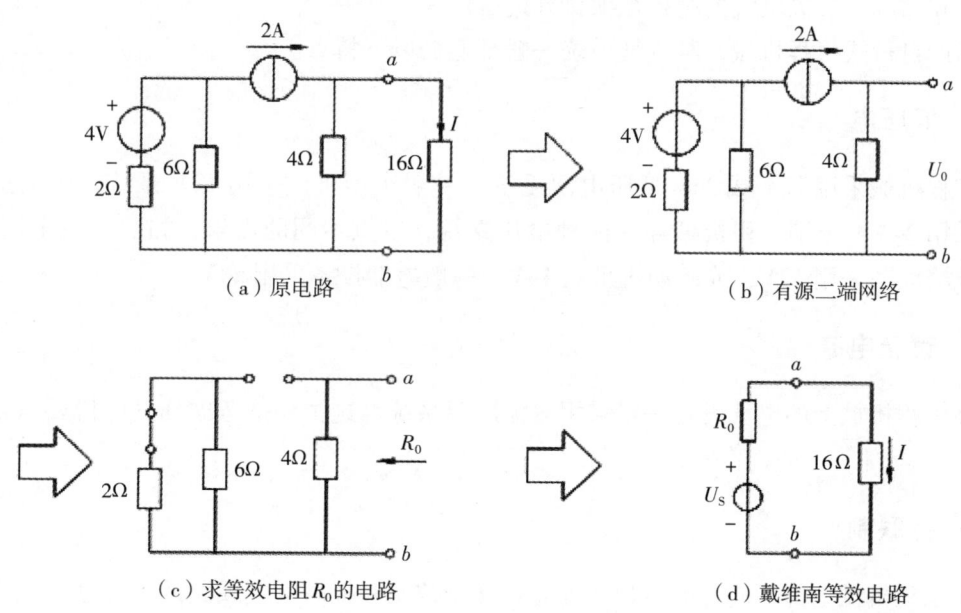

图1-36 例1-5

解：将待求支路取出，得到图1-36（b）所示有源二端网络，开路电压 U_0 就是4Ω电阻的端电压，即

$$U_0 = 2 \times 4 = 8\text{V}$$

戴维南等效电路的电动势为

$$U_S = U_0 = 8\text{V}$$

将电路中 4V 电压源短路，2A 电流源开路，得到图 1-36（c）所示电路，有源二端网络的等效电阻 R_0 就是 4Ω 电阻，其他两个电阻开路，即

$$R_0 = 4\Omega$$

由戴维南等效电路，如图 1-36（d）所示，可求得电流 I，即：

$$I = \frac{8}{4+16} = 0.4\text{A}$$

任务 1.7　认识工程机械电气系统

1.7.1　工程机械电气系统的特点

工程机械类型繁多，对于主要采用电力系统作为电源的固定式机械如塔式起重机、混凝土拌和站等，相关电气控制将在项目五讲解。

国产自行式工程机械，其电气系统一般都遵循以下特点。

1. 低压电

工程机械采用 12V 或 24V 低压电源系统，一般小型机械采用 12V 系统，中大型工程机械采用 24V。个别工程机械存在两种电压系统，以供不同的需求，如起动机采用 24V，一般电器设备采用 12V；或起动机采用 48V，一般电器设备采用 24V。

2. 直流电流

在工程机械上的电气设备一般采用直流电源系统，这主要是考虑到发电机要向蓄电池充电。

3. 并联制

在工程机械上为了使各电器相互独立、便于控制和提高电气线路的可靠性，用电设备和电源间均为并联连接，防止各电器之间一旦出现故障，造成相互影响。

4. 单线制

单线制即从电源到用电设备使用一根导线连接，而另一根导线则用车体或发动机机体的金属部分代替。单线制可节省导线，使线路简化、清晰，便于安装与检修。

采用单线制时，蓄电池的一个电极需接在车架上，称为"搭铁"。若蓄电池的负极接车架就称"负极搭铁"，反之则称"正极搭铁"。负极搭铁对车架或车身连接处的电化学腐蚀较轻，对无线电干扰小。我国工程机械电气系统均为负极搭铁。

1.7.2 工程机械电源

自行式工程机械上有两个电源：蓄电池如图1-37，发电机如图1-38。

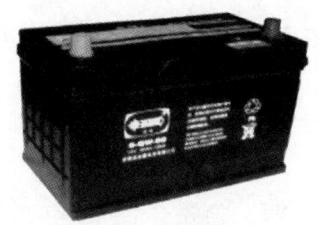

图1-37 蓄电池

图1-38 发电机

蓄电池主要用于电力启动发动机时提供电能。发动机启动后带动发电机转子转动，发电机开始切割磁场，产生电动势。即发动机在运转状态时，机械上的用电设备主要由发电机提供电能，同时，给蓄电池充电。

1.7.3 工程机械基本用电设备

基础用电设备主要由以下几个系统组成。

1. 电力起动系统

起动系统是控制起动机运转，启动发动机的电控系统，主要由起动机和控制电路组成。在工程机械上，其启动运行时间5~10s，但启动电流有几百安，甚至上千安，是工程机械输出电流最大的电路，所以短时所需电能很大，一旦蓄电池亏电，将造成启动困难。

2. 点火系统

汽油发动机靠电火花点燃汽油的可燃混合气，点火系统就是为了产生电火花的系统。目前绝大部分汽油车的点火系统都是由ECU（Electronic Control Unit，电子控制单元）控制。包括点火线圈、电子点火器、火花塞、各种传感器、电子控制单元等。

3. 照明系统

照明系统包括车外和车内照明灯具，提供工程机械夜间安全行驶和施工的必要照明。

4. 信号装置

信号装置包括音响信号（如：喇叭）和灯光信号（如：转向灯）两类，提供安全行车所必备的信号。

5. 仪表及报警装置

仪表及报警装置用来监测发动机及工程机械的工作情况，使驾驶员能够及时检视发动机和工程机械运行的各种参数及异常情况，确保工程机械正常运行。它包括车速里程表、发动机转速表、冷却液温度表、燃油表、机油压力表、电压（电流）表、气压表和各种警报灯等。

6. 辅助电器设备

辅助电器设备包括风窗清洁装置（刮水器、洗涤器、除霜装置）、空调系统、低温起动预热装置、防盗装置等。车用辅助电器设备有日益增多的趋势，主要向舒适、娱乐、保障安全等方面发展。

1.7.4 工程机械电子控制系统

80年代以微电子技术为核心的高新技术的兴起，推动了工程机械制造技术的迅速发展，特别是随着微型计算机及微处理器技术、传感与检测技术、信息处理技术等的发展及其在工程机械上的应用，从根本上改变了工程机械的面貌，极大地促进了产品性能的提高，使工程机械进入了一个全新的发展阶段。以微机或微处理器为核心的电子控制系统目前在工程机械上的应用已相当普及，并已成为高性能工程机械不可缺少的组成部分。工程机械的智能化将是今后的发展方向。

目前工程机械的电子（微机）控制系统主要用以实现如下功能：

1. 电子监控、自动报警及故障自诊

在工程机械的发动机、传动系统、工作装置、制动系统和液压系统等的运行状态进行监控，工作中一旦出现异常现象，能自动报警并准确地指出故障的部位，从而可改善驾驶员的工作条件，提高机器的工作效率，简化设备的维护检查工作，降低使用维修费用，缩短停机维修时间，延长设备的使用寿命。

2. 节能降耗，提高生产率

传统工程机械的能量利用率较低，例如液压挖掘机的燃油能量利用率仅为20%左右，如此低的能量利用率迫使工程机械的发展必须着眼于节能。日本小松公司挖掘机所采用的新型节能控制器（OLLS系统），具有良好的节能效果，燃油可节省23%；日本日立公司

挖掘机的节能控制系统可节省燃料12%~18%，生产率提高20%；美国卡特彼勒公司的挖掘机采用了卡特电子功率控制系统，通过对发动机和泵的综合控制，使功率的利用率可达98%，同时生产率也大大提高。

3. 柴油机的控制

如电子调速器、电子油门控制装置、自动停机装置、自动升温控制装置等。

4. 提高作业精度

为保证成品料的级配精度，现代沥青及水泥混凝土拌和设备广泛采用了微机控制的电子称重计量系统，并使计量过程实现了自动化。自动找平系统的应用，使沥青混凝土摊铺机的施工质量有了较大的提高。采用超声波技术的自动供料系统，使沥青混凝土摊铺机的供料实现了自动调节，进一步提高了摊铺质量。推土机铲刀、平地机刮刀、铲运机铲斗刀刃的电子（微机）控制，不仅提高了作业精度和作业效率，而且也减轻了操作人员的劳动强度。

5. 作业过程的自动或半自动化

工程机械实现自动化或半自动化控制，可以减轻操作者的劳动强度，提高生产率，并减小因操作者的经验不足对作业精度的影响。例如日本三菱公司的挖掘机设有挖掘轨迹微机控制系统，操作者在控制板上设定好铲斗运动轨迹的形状后，微机控制系统能够根据各种角度传感器的信号，自动控制动臂、斗杆和铲刀的运动，实现各种特定形状和断面沟槽、斜面的精确挖掘，使挖掘作业实现了自动化。

6. 其他应用

一些工程机械采用了电子控制的自动变速器，其能够根据外负荷的变化情况自动改变传动系的传动比，这不仅充分利用了发动机功率，提高了燃油经济性，而且也简化了操作，降低了劳动强度。为有效地防止翻车和断臂事故，提高作业的安全性，在现代起重机上广泛采用了电子（微机）控制的力矩限制器。为实现无人驾驶，使工程机械能在危险地带或人无法接近的地点进行作业，某些国外工程机械上设置了无线遥控装置。目前电子控制系统的可靠性是现代工程机械非常重要的一项性能指标。

【项目小结】

1. 电路是电流流通的路径。由理想电路元件来代替实际电路元件组成的电路称为实际电路的电路模型。在电路分析中引入电压、电流的参考方向。

2. 电位是度量电势能大小的物理量。电路中某点的电位是该点到参考点的电压。在进行电路分析时，电位是一个十分重要的物理量。

3. 电路的三种状态：有载、短路、开路。

4. 理想电路元器件

(1) 电阻元器件：$u_R = Ri_R$

(2) 电感元器件：$u_L = L\dfrac{di_L}{dt}$

(3) 电容元器件：$i_C = C\dfrac{du_C}{dt}$

(4) 理想电压源：理想电压源两端电压 U_S 不变，通过的电流可以改变。

(5) 理想电流源：理想电流源流出的电流 I_S 不变，电流源两端电压可以改变。

5. 基尔霍夫定律

基尔霍夫电流定律是反映电路中，对任一节点相关联的所有支路电流之间的相互约束关系；基尔霍夫电压定律是反映电路中，对组成任一回路的所有支路电压之间的相互约束关系。

6. 求解复杂电路的方法：支路电流法

(1) 先要假定每条支路电流的参考方向。

(2) 对独立节点列电流方程，独立回路列电压方程，特别要注意，在列回路电压方程时，回路中若含电流源，需在电流源两端先假设电压后，再列回路电压方程。

(3) 解方程组，求出支路电流。

7. 工程机械电气系统特点：直流电、低电压、并联制、单线制。

8. 工程机械电气系统的基本组成。

【思考与练习】

1. 某用电器的额定值为"220V，100W"，此电器正常工作10小时，消耗多少焦耳电能？合多少度电？

2. 两个额定值是"110V，40W"的灯泡能否串联后接到220V的电源上使用？如果两个灯泡的额定电压相同，都是110V，而额定功率一个是40W，另一个是100W，问能否把这两灯泡串联后接在220V电源上使用，为什么？

3. 试判断图1-39中2个电路的工作状态，说明它们是发出功率还是吸收功率。

图1-39

4. 电路如图1-40所示，以 B 点为参考点，求 A、C 点电位。

5. 电源的开路电压为12V，短路电流为30A，求电源的内阻 R_0。

6. 画出图1-41所示电路的等效电源模型。

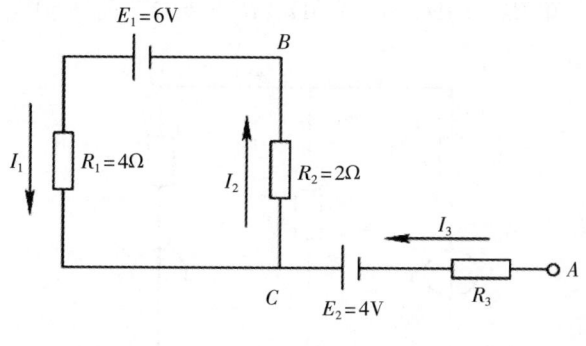

图 1-40

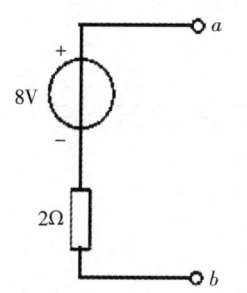 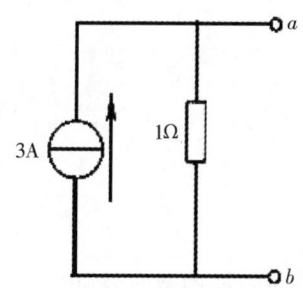

图 1-41

7. 如图 1-42 所示，已知 $R_1 = 2\Omega$，$R_2 = 4\Omega$，$R_3 = 3\Omega$，$R_4 = 6\Omega$，$U_{S1} = 12V$，$U_{S2} = 18V$，求回路 $acdb$ 的开路电压 U_{ab}。

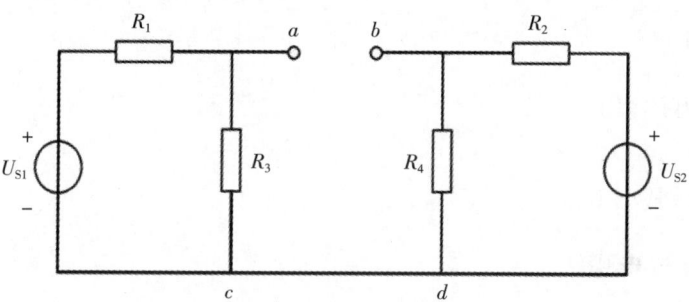

图 1-42

8. 如图 1-43，已知 $R_1 = 10\Omega$，$R_2 = 10\Omega$，$R_3 = 20\Omega$，$E = 10V$，$I_S = 5A$，求图中各支路的电流。

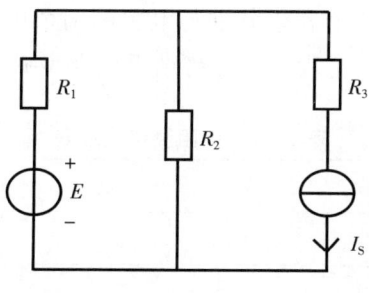

图 1-43

9. 如图 1-44，已知 $R_1 = 10\Omega$，$R_2 = 10\Omega$，$R_3 = 20\Omega$，$E_1 = 60V$，$E_2 = 20V$，求图中各支路的电流。

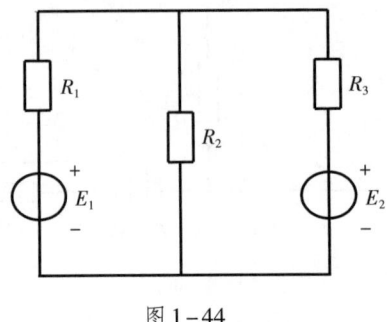

图 1-44

【技能训练】

实训 1-1　学习使用数字万用表

1. 实训目的

（1）了解万用表的面板结构及测量功能；
（2）学习万用表测量电阻的方法；
（3）学习测量工程机械电路电压的方法；
（4）学习测量工程机械电路电流的方法。

2. 实训器材

（1）数字式万用表 1 块；
（2）电阻 5 只；
（3）工程机械整车 1 台。

3. 实训内容与步骤

（1）用万用表电阻挡测电阻

①把万用表转换开关旋至电阻挡位置，并选择适当的量程。万用表常用的量程 200、R×20、R×200、R×2k、R×20k 等。测量前根据被测电阻值的大小，选择适当的量程。

②测量 5 只标称电阻，将两个表笔分别与电阻的两个电极引线相接，读取指针读数，则被测电阻的实际值为：读数×量程倍数。将结果记入表 1-1。

表 1-1　电阻测量记录表

标称值（Ω）					
测量值（Ω）					
误差（Ω）					

③选用 1×10^3 欧的电阻，用不同的量程测量，将表上读数记入表 1-2。

表 1-2　电阻量程显示数值记录表

标称值（Ω）	$1 \times 103 Ω$				
量程数值					
表显示数					

（2）用万用表直流电压挡测直流电压

①把万用表转换开关旋至直流电压挡位置。根据被测直流电压的大小，选择适当的量程。

②测量蓄电池开路电压、不同的两种负荷电压，记入表 1-3。

表 1-3　电压测量记录表

工作状况	开路	小负荷	大负荷
蓄电池端电压测量值（V）			

（3）用万用表直流电流挡测直流电流

①把万用表转换开关旋至直流电流挡位置。根据被测直流电流大小，选择适当的量程。

②把万用表串接在测量电路中，注意连接时的电流方向。当不太清楚通过电流的大小时，就选用大量程。

③测量转向灯电路、前照灯电路和喇叭电路漏电电流，记入表 1-4。

利用万用表 300mA 直流挡，可以准确地测量小电流。在漏电流较大时，即使断开点火开关，蓄电池还要输出电流，如果长期存在较大漏电流，蓄电池就要亏电，以致无法起动发动机。

测量时，首先将点火开关及与照明、指示电路有关的开关全部断开，将测量电路熔断丝取下，然后将电流表的表笔接到插熔断丝的两侧端子上。这时，如果电流表指针摆动，就说明此电路某一处有漏电流。查出有漏电流之后，再把电路中的电气装置逐个取下来。当取下某个装置时，电流表的表针不再摆动，说明漏电流的问题出在这个部件上。

表 1-4　漏电流测量记录表

测量电路	转向灯电路	前照灯电路	喇叭电路
测量值（mA）			
电路分析			

4. 思考题

（1）根据表 1-1 测量结果，分析误差原因。

（2）根据表 1-2 测量结果，分析显示数变化的原因和规律。

（3）根据表 1-3 测量结果，分析电压变化的原因和规律。

（4）根据表 1-4 测量结果，分析漏电情况。

实训 1-2　验证基尔霍夫定律

1. 实训目的

（1）练习电路接线；

（2）通过实训验证基尔霍夫电流定律和电压定律；

（3）加深对参考方向概念的理解。

2. 实训器材

（1）0~30V 可调直流稳压电源；

（2）电阻；

（3）直流电压、电流表；

（4）实验电路板；

（5）导线。

3. 实训内容及步骤

（1）根据图 1-45 所示电路连接电路（开关 S_1、S_2 均断开）。

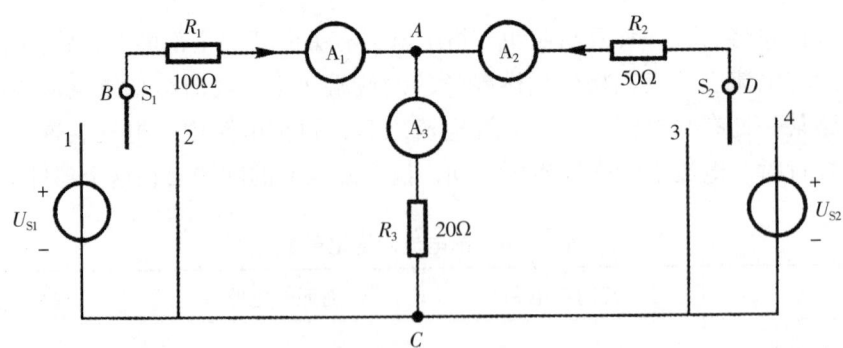

图 1-45　验证基尔霍夫定律电路图

（2）调节稳压电源第一组的输出电压 U_{S1} 为 15V，第二组的输出电压 U_{S2} 为 3V，把开关 S_1、S_2 分别向接触点 1 和接触点 4 闭合。

(3) 验证基尔霍夫电流定律（KCL）。将电流表读数记入表1-5中实测栏内，并在验算栏内验算A点电流的代数和。

表1-5 电流测量、验算表

项目	数值		验算	
	I_1（mA）	I_2（mA）	I_3（mA）	节点A电流$\sum I$
理论计算值				
测量值				

(4) 验证基尔霍夫电压定律（KVL）。用电压表分别测量各元件电压U_{AB}、U_{BC}、U_{CD}、U_{DA}，记录在表1-6中，并验算回路ABCDA和ABCA的电压代数和。

表1-6 电压测量、验算表

项目	数值					验算	
	U_{AB}	U_{BC}	U_{CD}	U_{DA}	U_{CA}	回路ABCDA$\sum U$	回路ABCA$\sum U$
理论计算值							
测量值							

注意：在电路中串联电流表时，电流表的极性应严格按照图1-31所标电流参考方向连接，如果表针反偏，则应将电流表"+""-"接线柱上的导线对换，但其读数应记为负值，这就是参考方向的实际意义。测量电压时也有同样情况。

4. 思考题

(1) 用表1-5和表1-6中的数据，验证基尔霍夫定律的正确性，写出结论。
(2) 根据测量结果分析误差原因。

实训1-3 认识工程机械整车电气系统

1. 实训目的

(1) 熟悉工程机械电源、用电设备、开关、控制器件等设备；
(2) 认识工程机械导线的选用特点；
(3) 认识工程机械电气系统的布置特点。

2. 实训器材

(1) 挖掘机1台；

（2）装载机整车电气系统试验台1台。

3. 实训内容与步骤

（1）观察装载机整车电气系统试验台，了解工程机械电源、用电设备、开关、控制器件等设备。

（2）观察挖掘机电气线路，认识电气设备和导线的布置。

（3）观察电气系统导线的粗细、颜色和标识。

4. 思考题

（1）自行式工程机械的供电方式。

（2）自行式工程机械线路连接的特点。

项目 2　分析交流电路

📖知识目标

1. 了解正弦交流电的三要素；
2. 了解正弦交流电的表示法；
3. 掌握单一元件交流电路特性；
4. 掌握三相电源的基本概念；
5. 掌握三相电源供电方式的特性；
6. 掌握三相负载连接方法的特性；
7. 掌握工程机械发电机工作原理；
8. 掌握保护接电和保护接零的连接方法。

📖能力目标

1. 能够正确识别工程机械发电机在电路中的文字符号和图形符号；
2. 会用相量法分析简单正弦交流电路；
3. 能够正确识别三相电源的供电方式；
4. 会用万用表测量相电压、线电压的数值；
5. 能够正确识别工程机械用交流发电机的转子和定子。

交流电也称"交变电流"，简称"交流"，一般指大小和方向随时间做周期性变化的电压或电流。其最基本的形式是正弦交流电。我国规定交流电供电的标准频率为 50Hz，日本等国家为 60Hz。交流电随时间变化的形式可以是多种多样的，不同变化形式的交流电其应用范围和产生的效果也是不同的，但以正弦交流电应用最为广泛。

正弦交流电是电能生产、输送、分配和使用的主要形式。正弦交流电获得广泛应用的原因是：第一，交流电易于产生、传输和转换，从而具有成本低廉的优势；第二，就用电看，由三相交流电源供电的三相异步电动机结构简单、价格便宜、使用维护方便，是使用最多的动力设备；第三，在需要使用直流电的地方，可以用整流设备将交流电变为直流电。因此学习和研究正弦交流电具有重要的现实意义。

任务 2.1　学习正弦量表示方法

2.1.1　正弦量的函数和波形表示

1. 正弦三角函数表示和正弦波表示

在电路中含有正弦电源,且电路中电压和电流的大小和方向随着时间按正弦函数规律变化,对这种按正弦功率变化的电压、电流统称为正弦交流电。正弦电压和正弦电流等物理量,常统称为正弦量。

正弦量可以用正弦三角函数表示,也可以用正弦波表示。电流正弦量的波形图如图 2-1 所示,电动势和电压的波形图与电流波形图相似。

它们的三角函数表达式分别为:

$$u = U_m \sin(\omega t + \phi_u)$$

$$i = I_m \sin(\omega t + \phi_i)$$

$$e = E_m \sin(\omega t + \phi_e)$$

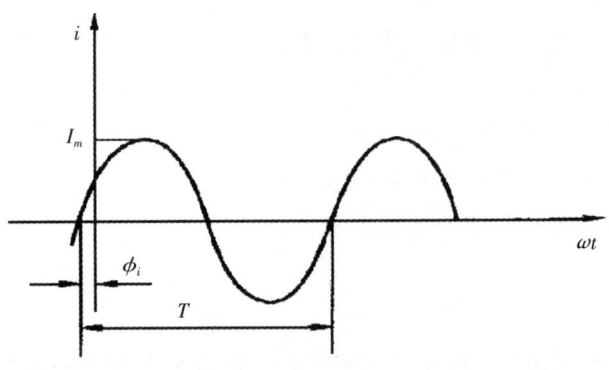

图 2-1　正弦交流电波形图

2. 正弦量的三要素

正弦量的特征表现在变化的快慢、大小及初始值三方面,它们分别由频率(或周期、角频率)、幅值(或有效值)和初相位来确定,因此把频率、幅值和初相位称为正弦量的三要素。

(1) 周期、频率与角频率

① 周期

正弦量变化一次所需的时间称为周期,用字母 T 表示,单位是秒(s)。

②频率

正弦量每秒内变化的周数称为频率,用字母 f 表示,单位是赫兹(Hz)。我国常用 50Hz 作为电力标准频率,也称为工频。周期与频率的关系为:

$$f = \frac{1}{T} \qquad (2-1)$$

③角频率

正弦量在每秒内经历的弧度数称为角频率,用 ω 表示,单位为 rad/s(弧度每秒)。角频率、频率与周期的关系为:

$$\omega = \frac{2\pi}{T} = 2\pi f \qquad (2-2)$$

(2)瞬时值、幅值和有效值

①瞬时值

正弦量的瞬时值是时间的正弦函数,它随时间不停地变化。如图 2-1 可知,任一时刻 t 所对应的电流值称为瞬时电流值。瞬时值用小写字母 i、u、e 来表示。

②幅值

最大的瞬时值称为最大值,也称为幅值。最大值反映了正弦量变化的范围。有效值分别用大写字母加下标 E_m、U_m、I_m 来表示。

③有效值

最大值是一个瞬时值,无法用来表征正弦交流电流通过电阻做功的能力。因此,在实际工作中用有效值来计量交流电的大小。

如果某正弦交流电流通过一个电阻在一个周期内所产生的热量和某直流电流通过同一电阻在相同的时间内产生的热量相等,那么,这个直流电的电动势、电压和电流的各量值就称为对应交流电各量值的有效值。有效值分别用大写字母 E、U、I 来表示。理论证明,正弦量的有效值与最大值关系为:

$$E = \frac{E_m}{\sqrt{2}} \approx 0.707 E_m$$

$$U = \frac{U_m}{\sqrt{2}} \approx 0.707 U_m \qquad (2-3)$$

$$I = \frac{I_m}{\sqrt{2}} \approx 0.707 I_m$$

在实际电工技术中,若无特殊说明,正弦量的大小均是指有效值。交流用电器的额定电压、额定电流都用有效值表示。一般的电流表和电压表所指示的数值都是指有效值。通常使用的交流电压 220V、380V,交流电流 5A、10A 等均指有效值。

(3)相位、初相位与相位差

①相位

正弦量是随时间而周期性变化的。所取的计时起点不同,正弦量的初始值就不同,达到幅值或某一特定值所需的实际情况也就不同。

由 $i = I_m \sin(\omega t + \phi_i)$ 表达式可知，只有 $\omega t + \phi_i$ 一定时，才能给出正弦量在某一瞬间的状态，这个角度称为正弦量的相位角，简称相位，单位为 rad（弧度）。相位表示正弦量随时间的变化情况。

② 初相位

$t = 0$ 时的相位角称为初相位，即 ϕ_i 是正弦量的起始相位，初相位确定了正弦量在 $t = 0$ 时的初始值。

③ 相位差

在同一正弦交流电路中，电压和电流频率相同，但初相不一定相同。如图 2-2 所示，设电压为 $u = U_m \sin(\omega t + \phi_u)$，电流为 $i = I_m \sin(\omega t + \phi_i)$，此时初相分别为 ϕ_u 和 ϕ_i，两者的相位差为：

$$\varphi = \phi_u - \phi_i \tag{2-4}$$

从式（2-4）中可见，两个同频率正弦量的相位差等于它们的初相之差，是一个不随时间变化的常数。

当 $\varphi > 0°$ 时，u 比 i 先到达最大值，称在相位上 u 超前 i，如图 2-2 所示；

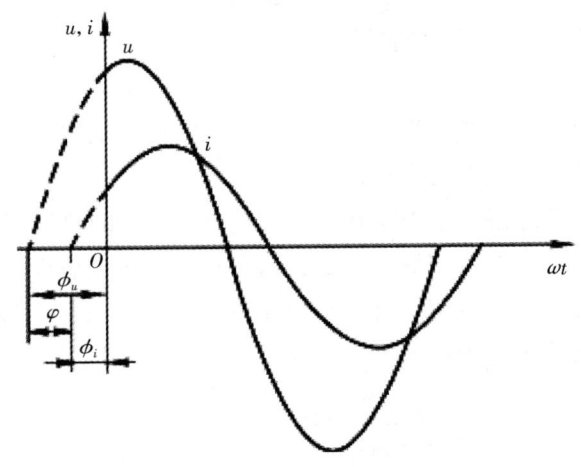

图 2-2 两个同频率正弦量的相位差

当 $\varphi < 0°$ 时，u 比 i 后到达最大值，称在相位上 u 滞后 i；

当 $\varphi = 0°$ 时，u 与 i 同相；

当 $\varphi = 180°$ 时，u 与 i 反相。

2.1.2 正弦量的相量表示方法

用三角函数表示正弦交流电随时间变化关系的方法称为解析法。解析法和波形法是表示正弦量的基本方法，优点是把正弦量的变化幅度、快慢、趋势以及每一刻的瞬时值都清楚地表示出来了，但对正弦量的计算却十分麻烦，为此引入了表示正弦量的第三种方法：

相量表示法。

相量表示法的基础是复数,所以对复数及其运算进行简要复习。

一个复数,在由虚轴和实轴所构成的复平面上,可以用一有向线段来表示。如图2-3所示,在复数坐标系中横轴为实轴,单位长度为+1,纵轴是虚轴,单位长度为+j(数学中用i表示,在电工技术中,i表示电流,故改为j)。复数A用有效线段OA表示,其中a为实部,b为虚部,r为复数的模,φ为复数的幅角,并且有:

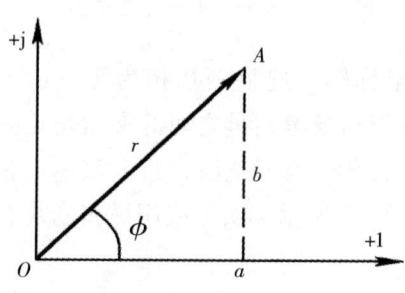

图2-3 复数坐标系

$$r = \sqrt{a^2 + b^2} \tag{2-5}$$

$$\phi = \tan^{-1}\frac{b}{a} \tag{2-6}$$

复数A可以用3种形式表示:

(1) 代数形式:

$$A = a + jb \tag{2-7}$$

(2) 三角函数形式:

$$A = r(\cos\phi + j\sin\phi) \tag{2-8}$$

(3) 指数形式:

$$A = re^{j\phi} \tag{2-9}$$

以上的3种复数形式可以相互转换。

1. 相量

由于一个正弦量的最大值和初相能够用矢量表示,而矢量又可以用复数表示,所以,正弦量的最大值和初相也必然能够用复数表示,这就是正弦量的相量表示法。

例如正弦量 $u = U_m\sin(\omega t + \phi)$ 可以通过旋转矢量法作出波形图。在 $x-y$ 坐标系内,矢量有向线段长度等于正弦量 u 的最大值,初始位置($t = 0$ 时)与 x 轴的夹角等于初相 ϕ_u,以角速度 ω 朝逆时针方向旋转,每一时刻,旋转矢量在纵轴上的投影即为该正弦量 u 的瞬时值,如图2-4所示。将此旋转矢量放在复数坐标系中,称为相量,这个有向线段称为正弦量的相量图。用大写字母上面加一点来表示正弦量的相量,以便与普通复数加以区别。如电流,用 $\dot{I}$ 表示相量。

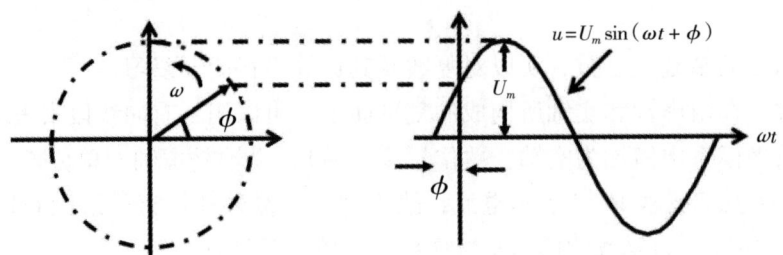

图 2-4 旋转矢量表示正弦量

作相量图时，取消两个坐标轴，选某一初相为零（$\phi=0$）的相量作为参考相量，初始位置与参考相量之间的夹角是正弦量的初相 ϕ，在 ϕ 角方向按一定比例作有向线段，长度表示正弦量的有效值（或最大值），如图 2-5 所示。实际应用最多的是有效值的相量图。

同频率的正弦量由于相位差保持不变，可以在同一相量图中表示。它们的加、减服从平行四边形法则。

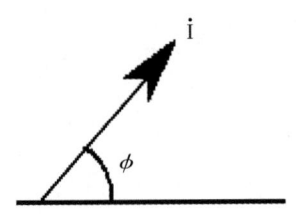

图 2-5 正弦量的相量图

2. 相量计算法

相量计算法是分析计算交流电路的工具。多个同频率正弦电量进行加、减运算，其运算结果仍是同频率的正弦电量。例如：

$$u = u_1 + u_2 \tag{2-10}$$

根据复数的运算法则，可以将式（2-10）变换成相应的相量形式：

$$\dot{U} = \dot{U}_1 + \dot{U}_2 \tag{2-11}$$

通过相量运算得到运算结果，在经过反变换，便能得到正弦电量的瞬时值表达式。

[例 2-1] 在一电感和电阻串联的电路中，已知正弦交流电压 u_1 和 u_2，并求 $u = u_1 + u_2$。

$$u_1 = 4\sqrt{2}\sin(\omega t + 60°)\text{V}$$

$$u_2 = 3\sqrt{2}\sin(\omega t - 30°)\text{V}$$

解：画出电压 u_1 和 u_2 的相量图，如图 2-6 所示。

由图根据平行四边形法则可以得到 u 的有效值 U 和初相位 φ。已知 u_1 的有效值为 4，u_2 的有效值为 3，可得：

$$U = \sqrt{3^2 + 4^2} = 5$$

$$\varphi = 60° - \arctan\frac{3}{4} = 23°$$

因此电压的相量由极坐标式可以表示为 $5\angle 23°\text{V}$，且频率不发生变化。u 的正弦量表达式为 $u = 5\sqrt{2}\sin(\omega t + 23°)\text{V}$。

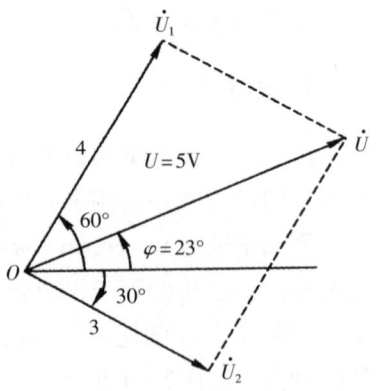

图 2-6 例 2-1

任务2.2 分析单相正弦交流电路

分析单相正弦交流电路,目的是求出电路中电压与电流的关系,讨论电路中能量的转换和功率的问题。

2.2.1 电阻元件的正弦交流电路

实际的交流负载,如白炽灯、卤钨灯、家用电阻炉、工业电阻炉等用电设备,都可看作纯电阻。电阻元件电路以及电压、电流的参考方向,如图2-7(a)所示。

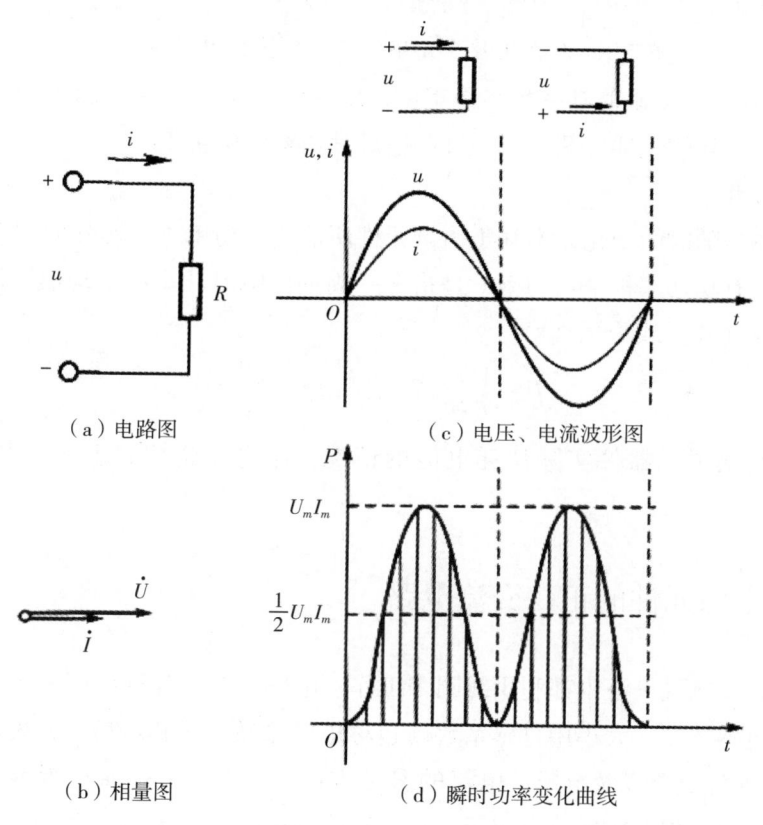

图2-7 电阻元件交流电路

1. 电流与电压的关系

设加在电阻两端的正弦电压为:

$$u = U_m \sin \omega t = \sqrt{2} U \sin \omega t \tag{2-12}$$

在图2-7(a)所示电流与电压参考方向一致的情况下,根据欧姆定律 $u = Ri$ 可得:

$$i = \frac{u}{R} = I\sin\omega t = \sqrt{2}I\sin\omega t \qquad (2-13)$$

比较式（2-12）和（2-13），可以看出：
(1) 电阻上的电压电流频率相等；
(2) 电压电流的瞬时值、最大值、有效值都符合欧姆定律；
(3) 电压和电流的相位差为 0。

电压、电流的相量图和波形图如图 2-7（b）、2-7（c）所示。对波形图逐点分析，可以看出每一瞬时电流 i 都与电压 u 成正比，i 的波形与 u 同相，相位差为 0。

2. 功率

（1）瞬时功率 p

在交流电路中，瞬时电压和瞬时电流的乘积为瞬时功率，用 p 表示，单位是 W（瓦）。

$$p = iu = U_m\sin\omega t \times I_m\sin\omega t = IU(1-\cos 2\omega t) \qquad (2-14)$$

由式（2-14）可知瞬时功率始终是正值，即 $p \geq 0$，表明交流电路中的电阻，总是从电源吸收电能，是耗能元件。图 2-7（d）是瞬时功率变化曲线。

（2）有用功率 P

瞬时功率总是随时间变化，不利于衡量元件所消耗的功率，在实际应用中通常采用平均功率来计量。有功功率称平均功率，是指在一周期内瞬时功率的平均值，用大写字母 P 表示，单位是瓦（W）或千瓦（kW）。

$$P = \frac{1}{T}\int_0^T p dt = IU = R^2 = \frac{U^2}{R} \qquad (2-15)$$

有用功率反映了元器件实际消耗电能的情况。用电设备铭牌上所标的功率为有功功率。

2.2.2 电感元件的正弦交流电路

工程机械许多电气设备中都利用线圈来工作。电感存在于各种线圈之中，把电阻为零的线圈称为纯电感线圈。大小用自感系数（也称电感系数，简称电感）L 表示，单位是亨利（H）。电感元件电路以及电压、电流的参考方向，如图 2-8（a）所示。当流过电感线圈的电流变化时，根据电磁感应定律，在电感线圈中会产生自感电动势，电感元件的伏安关系为：

$$u = -e = N\frac{d\Psi}{td} = L\frac{id}{td} \qquad (2-16)$$

1. 电压和电流的关系

假定通过电感元件的正弦电流为：

$$i = I_m \sin \omega t \tag{2-17}$$

则电感元件的端电压为：

$$u = L\frac{id}{td}U_m = \omega L_m \sin(\omega t + 90°) = U_m \sin(\omega t + 90°) \tag{2-18}$$

比较式（2-17）和（2-18）式可以看出：

（1）电感元件上的电压和电流频率相等；
（2）电感元件上电压与电流的数值关系；

$$U_m = \omega L_m$$

$$I_m = \frac{U_m}{\omega L}$$

$$X_L = \omega L = 2\pi f L = \frac{U_m}{I_m} = \frac{U}{I} \tag{2-19}$$

式（2-19）中 X_L 称为感抗，单位是 Ω（欧姆）。感抗 X_L 反映了电感线圈对电流的阻碍作用。电源频率 f 越高，X_L 越大，f 越低，X_L 越小。在直流电路中，电源频率 $f=0$，$X_L=0$，纯电感线圈相当于短路。因此，电感具有"通直流，阻交流；通低频，阻高频"的性质。常被称为"低通"元件。

（3）在电感元件电路中，电压相位超前电流90°，如图2-8（b）所示相量图。

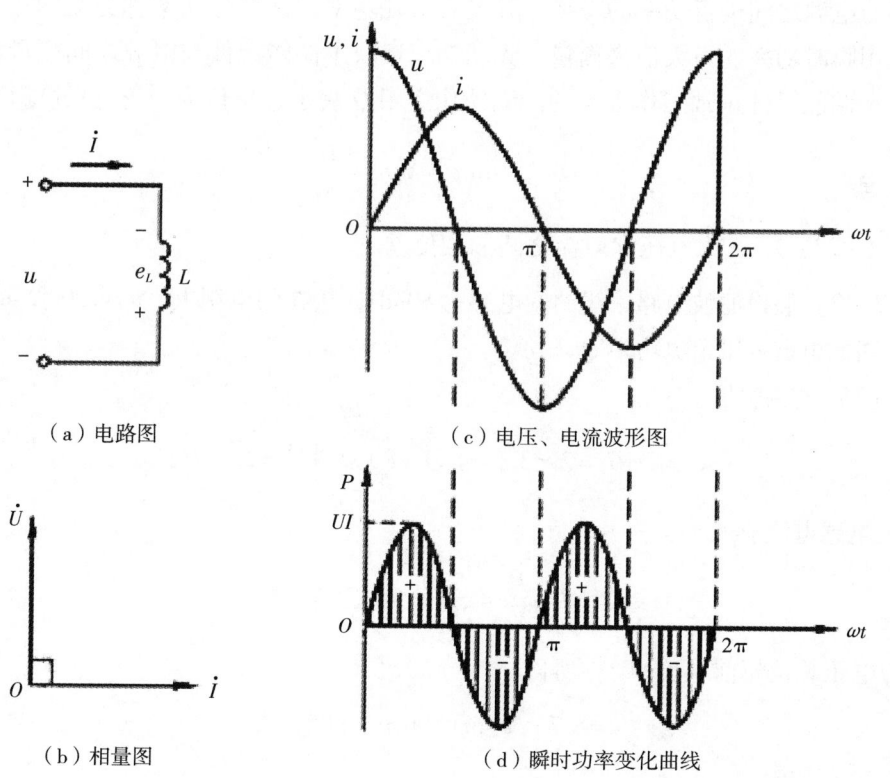

(a) 电路图　　(c) 电压、电流波形图
(b) 相量图　　(d) 瞬时功率变化曲线

图2-8　电感元件交流电路

2. 功率

（1）瞬时功率

$$p = iu = U_m\cos\omega t \times I_m\sin\omega t = \frac{1}{2}U_m I_m\sin2\omega t = IU\sin2\omega t \quad (2-20)$$

由式（2-20）可见，电感元件的瞬时功率是随时间变化的正弦量，其频率为电源频率的两倍。如图2-8（d）所示，在第一和第三个$\frac{1}{4}$周期内，$P>0$，从电源吸收能量，并转化为磁能存储起来；在第二和第四个$\frac{1}{4}$周期内，$P<0$，释放能量，将磁能转化为电能并送回电源。

（2）有功功率

由式$p=IU\sin2\omega t$可知，瞬时功率在一个周期内的平均值为零，即电感元件的有功功率为零，即：

$$P = 0 \quad (2-21)$$

这说明，电感元件是一个储能元器件，不是耗能元器件，它只是将电感中的磁场能和电源的电能进行能量交换。

（3）无功功率

电感与电源之间进行功率的交换，并没有消耗功率，这部分功率称为无功功率。其交换功率常用瞬时功率的最大值来衡量，无功功率反映了储能元件与电源之间能量相互转换的规模，是储能元件正常工作必需的。无功功率用Q表示，单位为：乏（var）。

$$Q = IU\sin\varphi = X_L I^2 = \frac{U^2}{X_L} \quad (2-22)$$

式（2-22）中φ为电压和电流之间的相位差。

[例2-2] 假设滤波电路中线圈的电感为80mH，接在的电源上，$u=220\sqrt{2}\sin100\pi t$ V，求流过线圈的电流i和无功功率Q。

解：（1）电感感抗：

$$X_L = 2\pi fL = 2\times3.14\times50\times80\times10^{-3} = 25.12\Omega$$

（2）电感电流有效值：

$$I = \frac{U}{X_L} = \frac{220}{25.12} = 8.76\text{A}$$

因为电压总是超前电流90°，所以

$$i = 8.76\sqrt{2}\sin(100\pi t - 90°) \text{ A}$$

（3）无功功率：

$$Q = UI = 220\times8.76 = 1927.2\text{var}$$

2.2.3 电容元件的正弦交流电路

在工程机械电工电子电路中,电容元件主要用来进行调谐、滤波、耦合、选频等。在电力系统中,利用它来改善系统的功率因数,以减少电能的损失和提高电气设备的利用率。

电容与电阻一样,既表示电容器件,又表示元件的参数,用 C 表示,单位是法拉(F),在交流电路中,电容元件的充放电过程周而复始地进行,电路电流随极间电压的变化而变化。电路以及电压、电流的参考方向,如图 2-9(a)所示。电容元件伏安关系为:

$$i = \frac{dq}{dt} = C\frac{du}{dt} \tag{2-23}$$

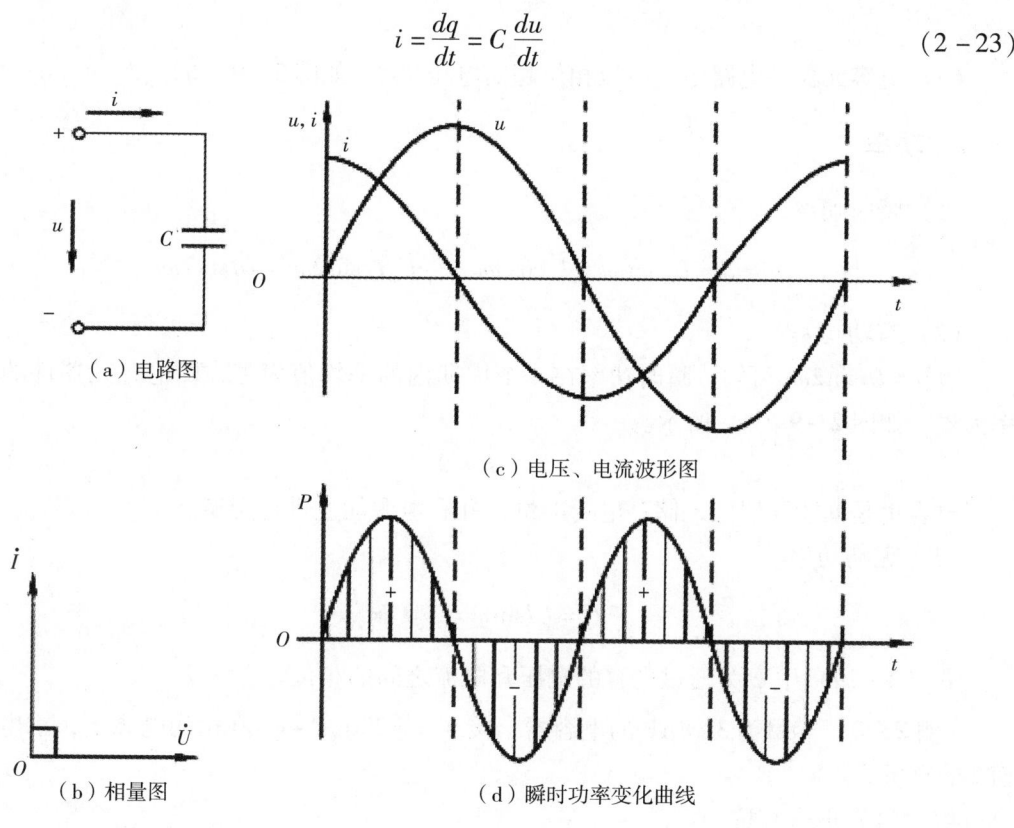

图 2-9 电容元件的交流电路

1. 电压和电流的关系

假设电容元件两端电压为:

$$u = U_m \sin \omega t \tag{2-24}$$

则通过电容的电流为:

$$i = C\frac{du}{dt} = \omega C U_m \cos \omega t = I_m \sin(\omega t + 90°) \tag{2-25}$$

比较式（2-24）和（2-25）可以看出：

（1）电容元件上的电压和电流频率相等。

（2）电容元件上电压电流的数值关系：

$$I_m = \omega C U_m$$

$$X_C = \frac{1}{\omega C} = \frac{1}{2\pi f C} = \frac{U_m}{I_m} = \frac{U}{I} \tag{2-26}$$

式（2-26）中 X_C 称为容抗，单位是 Ω（欧姆）。容抗表示电容元器件对电流阻碍作用的物理量。容抗 X_C 和电源频率 f 成反比，在 C 一定的情况下，频率越高，容抗越小。如果 f 无穷大，则 $X_C = 0$，电容相当于短路。如果通上直流电，此时 $f = 0$，电容相当于开路，因此电容具有"通交流，隔直流；通高频，阻低频"的性质，常被称为"高通"元件。

（3）电容元器件电路中，电流相位超前电压90°，如图2-9（b）、2-9（c）所示。

2. 功率

（1）瞬时功率

$$p = ui = U_m \sin\omega t \times I_m \cos\omega t = \frac{1}{2}U_m I_m \sin 2\omega t = UI\sin 2\omega t \tag{2-27}$$

（2）有功功率

由 $p = UI\sin 2\omega t$ 可知，瞬时功率在一个周期内的平均值为零，即电容元器件的有功功率为零，如图2-9（d）所示。

$$P = 0 \tag{2-28}$$

电容也是储能元器件，储存电场能量，并和电源能量进行交换。

（3）无功功率

$$Q = UI\sin\varphi = X_C I^2 = \frac{U^2}{X_C} \tag{2-29}$$

式（2-29）中 φ 为通过电容的电压和电流之间的相位差。

[例2-3] 容量为 $31.8\mu F$ 的电容器，接在 $u = 220\sqrt{2}\sin 100\pi t$ 的电源上，求电路中电流 i 的解析式。

解：（1）电容容抗：

$$X_C = \frac{1}{2\pi f C} = \frac{1}{2 \times 3.14 \times 50 \times 31.8 \times 10^{-6}}\Omega \approx 100\Omega$$

（2）电路中电流的有效值：

$$I = \frac{U}{R_C} = \frac{220}{100}A = 2.2A$$

因为电容两端电压总是滞后电流 $\pi/2$，所以电流的解析式：

$$i = 2.2\sqrt{2}\sin(100\pi t + 90°) A$$

（3）无功功率：$Q = UI = 220 \times 2.2 = 484 var$

2.2.4 电阻、电感、电容串联交流电路

在实际应用当中,电阻元件、电感元件、电容元件并不是单独存在的,比如当线圈电阻不被忽略时。下面介绍电阻、电感、电容串联电路。

1. 电压与电流的关系

R-L-C 串联电路,电流、电压、各元件端电压的参考方向,如图 2-10 所示。

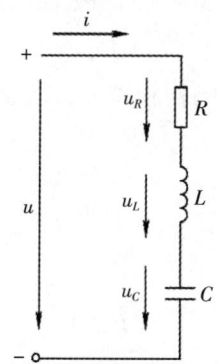

图 2-10 R-L-C 串联电路

假设电流为:

$$i = I_m \sin\omega t = \sqrt{2} I \sin\omega t \tag{2-30}$$

根据基尔霍夫电压定律有:

$$\begin{gathered} u = u_R + u_L + u_C \\ \dot{U} = \dot{U}_R + \dot{U}_L + \dot{U}_C \end{gathered} \tag{2-31}$$

假设该电路中 $X_L > X_C$,根据电流和 R、L、C 端电压作出相量图,如图 2-11 所示。由相量图可看出 4 个电压相量组成一个直角三角形,该直角三角形称为电压三角形,如图 2-12 所示。

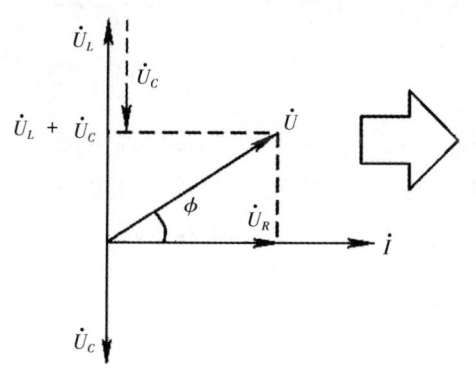

图 2-11 相量图

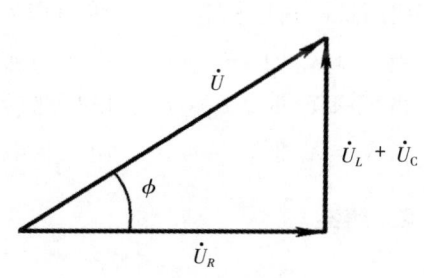

图 2-12 电压三角形

由电压三角形可得:

$$U = \sqrt{U_R^2 + (U_L - U_C)^2}$$
$$= \sqrt{(RI)^2 + (X_L I - X_C I)^2} \quad (2-32)$$
$$= I\sqrt{R^2 + (X_L - X_C)^2}$$

令:

$$|Z| = \frac{U}{I} = \sqrt{R^2 + (X_L - X_C)^2} \quad (2-33)$$

式 (2-33) 中,$|Z|$ 称为阻抗,$X = X_L - X_C$ 称为电抗,阻抗和电抗的单位都是欧姆 (Ω)。

由相量图可以看出,电源电压 u 的初相位 φ,就是电源电压与电流的相位差角 φ,并且可得:

$$\varphi = \arctan\frac{U_L - U_C}{U_R} = \arctan\frac{X}{R} = \arctan\frac{X_L - X_C}{R} \quad (2-34)$$

电路中电流相量可表示为:

$$\dot{I} = \dot{I}\angle 0° \quad (2-35)$$

电路电源电压相量可表示为:

$$\dot{U} = \dot{U}_R + \dot{U}_L + \dot{U}_C$$
$$= R\dot{I} + jX_L\dot{I} + (-jX_C)\dot{I} \quad (2-36)$$
$$= [R + j(X_L - X_C)]\dot{I}$$

令:

$$Z = \frac{\dot{U}}{\dot{I}} = R + j(X_L - X_C) = R + jX \quad (2-37)$$

式 (2-37) 中,Z 称为电路的复阻抗,阻抗 $|Z|$ 是复阻抗的模,幅角 φ 也称为阻抗角,与电压电流的相位差角 φ 相同。将电压三角形的每边同时除以 I,得到由 R、X、$|Z|$ 组成的直角三角形,该直角三角形称为阻抗三角形,如图 2-13 所示。由于复阻抗没有相对应的正弦量,所以不是相量。

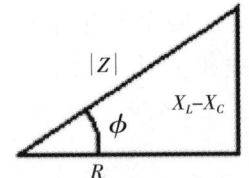

图 2-13 阻抗三角形

由阻抗三角形和电压三角形可以看出:

当 $X_L > X_C$ 时,$U_L > U_C$,电压超前电流 φ 角度,电路呈电感性,简称感性电路;

当 $X_L < X_C$ 时,$U_L < U_C$,电压滞后电流 φ 角度,电路呈电容性,简称容性电路;

当 $X_L = X_C$ 时,$U_L = U_C$,电压与电流同相,电路呈电阻性,简称阻性电路。

2. 功率

(1) 瞬时功率 p

$$p = ui = UI[\cos\varphi - \cos(2\omega t + \varphi)] \quad (2-38)$$

（2）平均功率 P

$$P = \frac{1}{T}\int_1^T uidt = UI\cos\phi \qquad (2-39)$$

由电压三角形可知：

$$U\cos\phi = U_R = IR \qquad (2-40)$$

$$P = UI\cos\phi = U_R I = I^2 R \qquad (2-41)$$

式中 $\cos\phi$ 称为电路的功率因数，角 ϕ 也称为功率因数角，式（2-41）表明，在 R、L、C 串联电路中，只有电阻消耗功率。

（3）无功功率 Q

在 R、L、C 串联电路中，电感、电容的端电压反相，两元件的瞬时功率总是相反的，当电感从电源吸收能量时，电容正把电场能还给电源；当电容从电源吸收能量时，电感正把磁场能还给电源，两元件首先进行能量的相互补偿，只有其差值才跟电源进行能量交换，因此电路的无功功率为：

$$Q = Q_L - Q_C = I(U_L - U_C) = UI\sin\phi \qquad (2-42)$$

（4）视在功率 S

电路电压与电流有效值的乘积称为视在功率，用 S 表示，单位是伏安（VA），即

$$S = UI \qquad (2-43)$$

视在功率表示电源设备能提供的最大功率。如交流发电机、变压器等，其额定电压 U_N 与额定电流 I_N 的乘积称为额定视在功率 S_N，又称为额定容量，简称容量，即 $S_N = U_N I_N$。

将组成电压三角形的各量都乘以电流 I，可以得到视在功率 S，有用功率 P 和无功功率 Q，它们三者之间存在如下关系：

$$S = \sqrt{P^2 + Q^2} \qquad (2-44)$$

以上 S、P、Q 三个量之间的关系，也可以用与电压三角形相似的直角三角形表示，我们称为功率三角形，如图 2-14 所示。

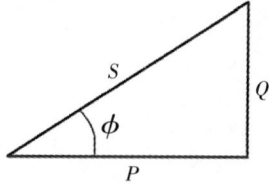

图 2-14 功率三角形

2.2.5 感性负载与电容并联交流电路

在交流电路中有功功率要考虑电压与电流的相位差 ϕ，即：

$$P = UI\cos\phi \tag{2-45}$$

$\cos\phi$ 称为功率因素，由式（2-45）可知，在电路中提高功率因数可以增大有功功率的输出。只有在电阻负载的情况时，功率因数才为1，而在实际生产和生活中，大量的用电设备是电感性负载，阻抗角较大，功率因数比较低。为提高电源容量的利用率，减小线路损耗，常在电感性负载的两端并联适当的电容器，来提高功率因数。

电感性负载两端并联电容器电路及相量图如图2-15所示：

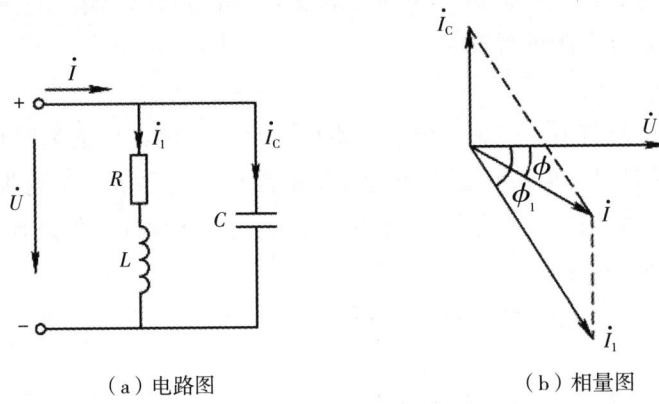

（a）电路图　　　　　　　（b）相量图

图2-15　感性负载并联电容电路

由相量图可以看出：

（1）在没有并联电容之前，电路的总电流为：

$$\dot{I} = \dot{I}_1$$

功率因数为：$\cos\phi$

负载的有功功率：$P = UI\cos\phi_1$

（2）并联电容之后，电路的总电流为：

$$\dot{I} = \dot{I}_1 + \dot{I}_C$$

$I < I_1$，总电流减小了，在线路上的损耗就会下降。

功率因数为：$\cos\phi_1$

$\phi < \phi_1$，电路的功率因数提高。

负载的有功功率：$P = UI\cos\phi$

电路的功率因数提高，有功功率增大。

电容是储能元件，并联的电容对感性负载的无功功率进行补偿，能量互换主要在电容器与感性负载之间进行，感性负载与电源之间能量转换的规模减小，使电源的容量得到充分的利用，而且没有影响负载的有功功率。

并联电容的参数 C 应适当选择，如果电容值过大，就会增大投资。如果以后再增大电容值，对线路电流的减小作用就不再明显。

计算并联电容器的电容值，可从图2-15相量图几何关系中得到：

$$I_C = I_1\sin\phi_1 - I\sin\phi = \left(\frac{P}{U\cos\phi_1}\right)\sin\phi_1 - \left(\frac{P}{U\cos\phi}\right)\sin\phi$$

$$= \frac{P}{U}(\tan\phi_1 - \tan\phi)$$

$$U\omega C = \frac{P}{U}(\tan\phi_1 - \tan\phi) \quad (2-46)$$

$$C = \frac{P}{\omega U^2}(\tan\phi_1 - \tan\phi)$$

在功率因数补偿的过程中，感性负载的有功功率 P、无功功率 Q 和功率因数仍保持不变，改变的是整个电路总的无功功率和总的功率因数。

任务2.3　分析三相交流电路

目前电能的产生、输送分配和使用几乎全部采用三相交流电路。三相交流供电系统之所以应用非常广泛，是因为它有以下几方面的优点：

（1）三相交流发电机比功率相同的单相交流发电机体积小、重量轻、成本低。

（2）在电能输送中，当输送功率相等、电压相同、输电距离一样，线路损耗也相同时，用三相制输电比单相制输电可大大节省输电线有色金属的消耗量，即输电成本较低。

（3）在三相四线制电路中，既可以各相分别接入各种单相用电设备（如照明设备），也可以接入三相用电设备（如三相电动机）。目前获得广泛应用的三相异步电动机，是以三相交流电作为电源，它与单相电动机或其他电动机相比，具有结构简单、价格低廉、性能良好和使用维护方便等优点。

工程机械用交流发电机也是三相交流发电机。

2.3.1　三相交流电

三相交流电是由三相交流发电机产生的。发电机是利用电磁感应原理将机械能转变为电能的装置。三相发电机是一个对称的三相电源，其原理如图2-16所示。它主要由电枢（定子）和磁极（转子）组成。在定子中嵌入了3个绕组，各绕组的几何形状、尺寸、匝数均相同，安装时3个绕组彼此相隔120°，每一个绕组为一相，合称三相绕组。三相绕组的始端分别用 U_1、W_1、V_1 表示，末端分别用 U_2、W_2、V_2 表示。

转子是一对磁极的电磁铁，电磁铁的设计要求使其产生的磁感应强度在转子和定子之间的空气间隙中，按正弦规律分布。当转子以匀角速度 ω 按顺时针方向旋转时，可以在三相绕组中分别感应出最大值相等、频率相同、相位互差120°的3个正弦电动势，这种三相电动势称为对称三相电动势。

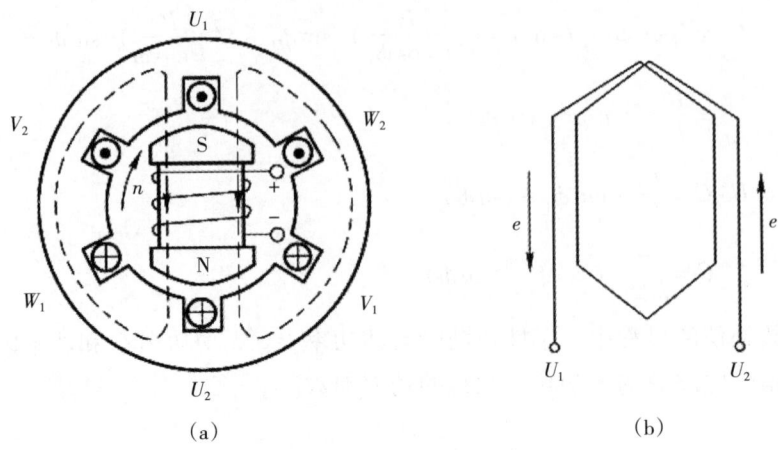

图2-16 三相交流发电机的结构

各绕组产中的电动势 e_U、e_W、e_V 的正弦波形图及相量图分别如图 2-17（a）和图 2-17（b）所示，它们的瞬时表达分别为：

$$e_U = E_m \sin \omega t$$
$$e_W = E_m \sin(\omega t - 120°) \tag{2-47}$$
$$e_V = E_m \sin(\omega t - 120°)$$

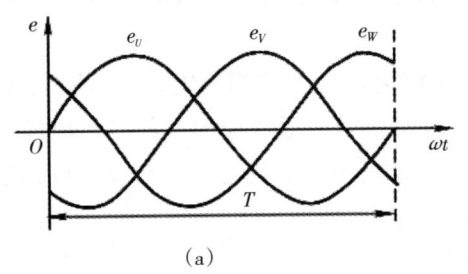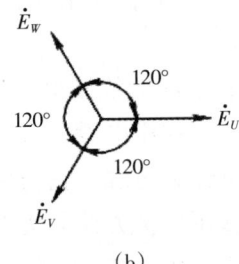

图2-17 三相交流电的波形图和相量图

通过对三相交流电的波形图、相量图分析可以得知，在任何瞬时对称三根电源的电动势之和为零。即：

$$e_U + e_W + e_V = 0$$
$$\dot{E}_U + \dot{E}_W + \dot{E}_V = 0 \tag{2-48}$$

2.3.2 三相四线制供电

三相绕组的连接方法有星形连接（又称 Y 形连接）和三角形连接（又称 △ 形连接），这里主要介绍常见的星形连接的供电方式。

将三相电源的末端 U_2、V_2、W_2 连接在一起,称为中点,用 N 表示。从中点引出一根输电线称为中线或零线;从三个始端 U_1、V_1、W_1 引出三条输电线,称为相线,俗称火线,用 L_1、L_2、L_3 表示,电源三相绕组的这种连接方式称为星形连接,由三条相线、一条中性线组成的统一供电系统称为三相四线制供电系统。如图 2-18 所示。

根据国标第一、第二、第三相线及中性线的文字符号分别为 L_1、L_2、L_3 和 N。有时为了简便,常不画发电机绕组的接线方式,只画四根输出线。这种有中性线的三相供电系统称为三相四线制,如果不引出中性线就称为三相三线制。

三相四线制常用线色表示出相线、中性线,黄、绿、红为相线,蓝为中性线。用字母表示为 A、B、C 和 N。但是现在国家提倡在原来四根线上再加搭铁线,俗称地线,用于把电气装置外壳与大地相连,作用是当设备漏电时把电导入大地防止人体触电,用字母 PE 表示,线色为黄绿双色线。

三相四线制供电系统能够提供两种电压:相电压和线电压如图 2-18 所示。相电压是指相线与中性线间的电压,即 u_U、u_V 和 u_W,电压方向由相线指向中性线。线电压是指相线与相线之间的电压,即 u_{UV}、u_{VW}、u_{WU},电压方向由相线指向相线。

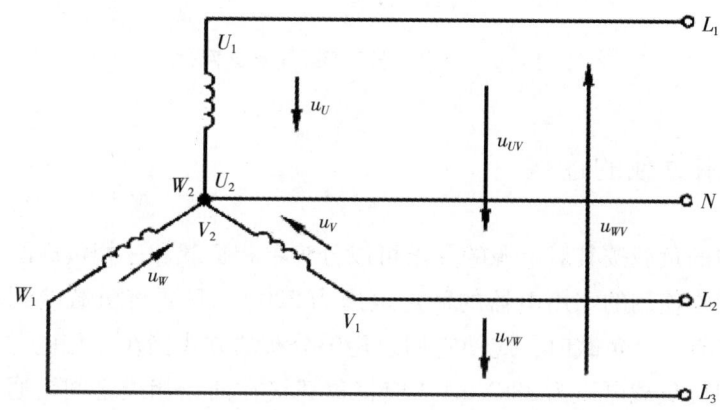

图 2-18 三相电源的星形连接

根据 KVL 得到:

$$\begin{cases} \dot{U}_{UV} = \dot{U}_U - \dot{U}_V \\ \dot{U}_{VW} = \dot{U}_V - \dot{U}_W \\ \dot{U}_{WU} = \dot{U}_W - \dot{U}_U \end{cases} \quad (2-49)$$

根据图 2-19 的相量几何关系,可得:

$$\begin{aligned} U_{UV} &= \sqrt{3}\, U_U \\ U_{VW} &= \sqrt{3}\, U_V \\ U_{WU} &= \sqrt{3}\, U_W \end{aligned} \quad (2-50)$$

即当三相对称电源采用星形连接时线电压等于相电压的 $\sqrt{3}$ 倍。从相量图中还可看到线电压和相电压不同相,线电压超前相应的相电压30°。

线电压的有效值用 U_L 来表示,相电压的有效值用 U_P 来表示,即:

$$U_L = \sqrt{3}\, U_P \tag{2-51}$$

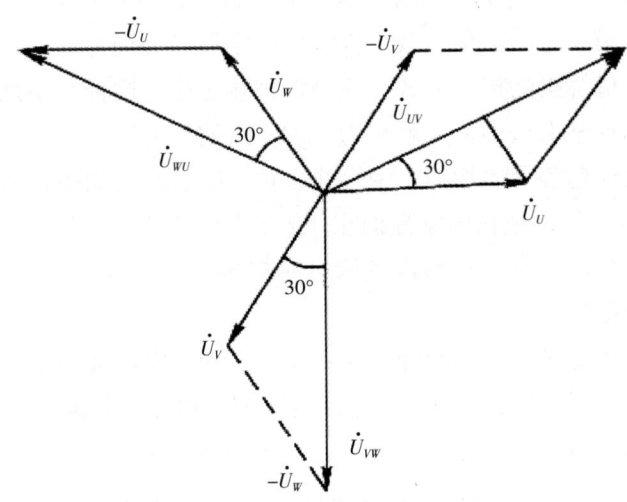

图 2-19 对称电源星形连接相量图

2.3.3 三相负载的连接

三相交流电路的负载按其对电源的要求可以分为单相负载和三相负载两类。

单相负载:平常使用的家用电器的额定电压为220V,只要将负载接到相线和中性线之间就可以了。当有多个负载时,应使它们以均匀分布的方式接在三相电源三条相线与中性线之间;如果遇到负载电压为380V时,应将负载接在两条相线之间。通常功率较小的负载均为单相负载。为了使三相电源供电均衡,这种负载大致平均分配到三相电源的三相上。这类负载的每相阻抗一般不相等,属于不对称三相负载。

三相负载:负载必须接到三相电源上才能工作,通常功率较大的负载均为三相负载。这类负载的特点是三相的负载复阻抗相等,称为对称三相负载。

在实际的生活当中,单相负载和三相负载混合接在三相电源上使用是十分常见的。

1. 三相负载的星形连接

三相负载星形连接电路如图 2-20 所示,将三相负载的一端连接在一起,与电源的中性线相连接;三相负载的另一端分别与电源的三条相线相连接,负载的这种连接方式称为星形连接。每相负载两端的电压是电源的相电压。把流过中性线的电流叫中性线电流,用 i_N 表示;把流过相线上的电流叫线电流,即 i_U、i_V、i_W;流过每相负载的电流叫相电流,即 i_{UN}、i_{WN}、i_{VN}。从电路图中可看出相电流等于相应的线电流,即:

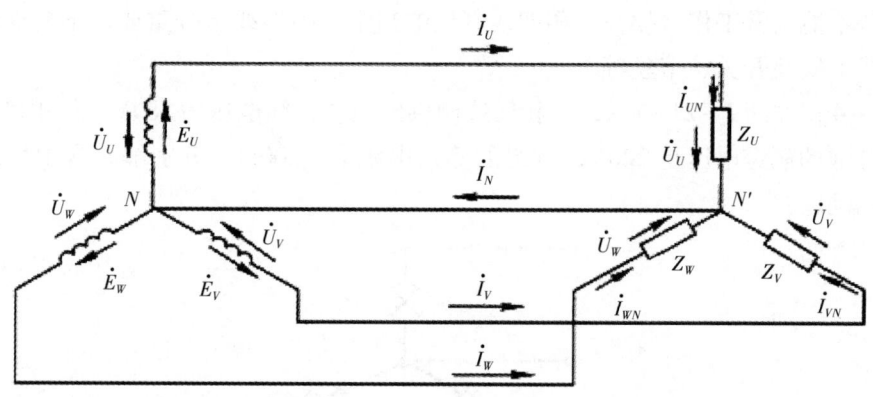

图 2-20 三相负载的星形连接

$$\dot{I}_U = \dot{I}_{UN}$$
$$\dot{I}_W = \dot{I}_{WN} \quad (2-52)$$
$$\dot{I}_V = \dot{I}_{VN}$$

根据 KCL 可得：

$$\dot{I}_N = \dot{I}_{UN} + \dot{I}_{WN} + \dot{I}_{VN} \quad (2-53)$$

若三相负载对称，则在三相对称电压的作用下，流过三相对称负载中每相负载的电流应相等，即：

$$I_L = I_P = \frac{U_P}{|Z_P|} \quad (2-54)$$

线电流的有效值用 I_L 来表示，相电流的有效值用 I_P 来表示，每相电流间的相位差仍为 120°。由 KCL 定律可知，中性线电流为零。

若负载不对称，在这种情况下每相的电流是不相等的，中性线电流不为零。

中性线的作用：

（1）三相对称电路

当三相电路中的负载完全对称时，在任意一个瞬间，三个相电流中，总有一相电流与其余两相电流之和大小相等，方向相反，正好互相抵消。所以，流过中性线的电流等于零。

因此，在三相对称电路中，当负载采用星形连接时，由于流过中性线的电流为零，故三相四线制就可以变成三相三线制供电。如三相异步电动机及三相电炉等负载，当采用星形连接时，电源对该类负载就不须接中性线。通常在高压输电时，由于三相负载都是对称的三相变压器，所以都采用三线三线制供电。

（2）三相不对称电路

如果三相负载不相等的情况下，即负载不对称，则中性线电流不等于零，中性线不能断开。如果断开以后，将会导致各相负载的相电压分配不均，有时会出现很大的差异，造成用电设备不能正常工作。故在三相四线制供电当中,中性线十分重要,不允许断开,严禁在中性线上安装开关、熔丝等。

[**例2-4**] 如图2-21所示,三相四线制供电系统,线电压为380V,每相接入一组白炽灯泡,灯泡的额定电压是220V,灯组的等效电阻$R=200\Omega$,分别解答有中性线和无中性线时下列问题:

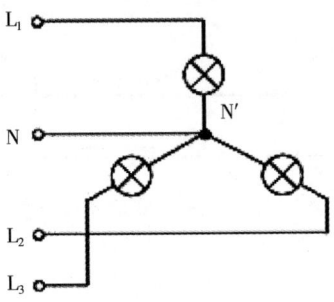

图2-21 例2-4

(1)各相负载的相电压和相电流的大小。

(2)如果L_1相灯组断开,其他两相负载的相电压和相电流的大小。

解:

有中性线时:

(1)对于三相对称负载,三个相电压和相电流都是对称的,只需求出任意一相即可。

$$U_P = \frac{U_L}{\sqrt{3}} = \frac{380}{\sqrt{3}} = 220V$$

$$I_P = \frac{U_P}{|Z_P|} = \frac{220}{200} = 1.1A$$

(2)当L_1相灯组断开时,因为有中性线,L_2和L_3相灯组的相电压和相电流还是220V和1.1A。

无中性线时:

(1)因三相对称负载,无中性线,三个相电压和相电流也都是对称的,只需求出任意一相即可。

$$U_P = \frac{U_L}{\sqrt{3}} = \frac{380}{\sqrt{3}} = 220V$$

$$I_P = \frac{U_P}{|Z_P|} = \frac{220}{200} = 1.1A$$

(2)去除中性线后,若L_1相灯组断开,则R_2、R_3灯组串联在L_2、L_3之间,承受380V的线电压,因$R_2=R_3$,故此时每相灯组承受的电压为:

$$U_2 = U_3 = \frac{1}{2}U_L = \frac{380}{2} = 190V$$

电流为：

$$I_2 = I_3 = \frac{U_2}{R_2} = \frac{190}{200} = 0.95\text{A}$$

因 R_2、R_3 灯组两端电压低于额定电压 220V，因此 R_2、R_3 灯组变暗。

2. 三相负载的三角形连接

三相负载的三角形连接，如图 2-22 所示。因为三角形连接的各相负载是接在两根相线之间，因此负载的相电压等于线电压。如果三相电源对称，即：

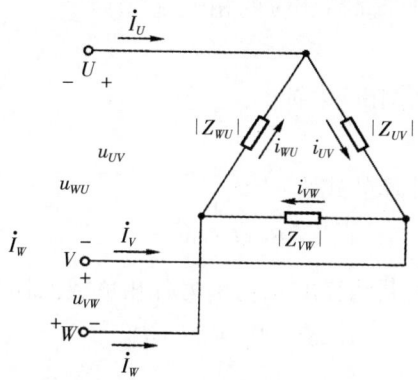

图 2-22 三相负载三角形连接

$$U_{UV} = U_{VW} = U_{WU} = U_L = U_P \tag{2-55}$$

如果三相负载对称，则三相电流大小均相等，为：

$$I_P = I_{UV} = I_{VW} = I_{WU} = \frac{U_P}{|Z_P|} \tag{2-56}$$

三个相电流在相位上互差 120°，三个相电流也是对称的，其相量图如图 2-23 所示。

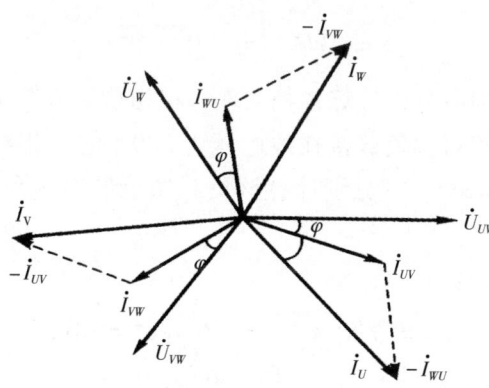

图 2-23 对称负载三角形连接相量图

在负载三角形连接中相电流不等于线电流，根据 KCL 可得线电流与相电流的关系分别为：

$$\begin{cases} \dot{I}_U = \dot{I}_{UV} - \dot{I}_{WU} \\ \dot{I}_V = \dot{I}_{VW} - \dot{I}_{UV} \\ \dot{I}_W = \dot{I}_{WU} - \dot{I}_{VW} \end{cases} \tag{2-57}$$

如果三相负载对称，根据图2-23的相量几何关系，可得：

$$I_L = \sqrt{3} I_P \tag{2-58}$$

即当三相对称负载采用三角形连接时线电流等于相电流的$\sqrt{3}$倍。从相量图中还可看到线电流和相电流不同相，线电流滞后相应的相电流30°。

2.3.4 三相负载电路的功率

单相电路中有功功率的计算公式为：

$$P = UI\cos\phi \tag{2-59}$$

三相交流电路中，三相负载消耗的总功率为各相负载消耗功率之和，即：

$$P = P_U + P_V + P_W \tag{2-60}$$

当三相负载电路对称时，三相交流电路的功率等于3倍的单相功率，即：

$$P = 3U_P I_P \cos\phi \tag{2-61}$$

用线电压和线电流来计算功率，即：

$$P = \sqrt{3} U_L I_L \cos\phi \tag{2-62}$$

必须注意，ϕ仍是相电压与相电流之间的相位差，而不是线电压与线电流间的相位差。同样的道理，对称三相负载的无功功率和视在功率分别为：

$$Q = \sqrt{3} U_L I_L \sin\phi \tag{2-63}$$

$$S = \sqrt{3} U_L I_L = \sqrt{P^2 + Q^2} \tag{2-64}$$

若三相负载不对称，则应分别计算各相功率，三相总功率等于三个单相功率之和。

[例2-5] 已知某三相对称负载接在线电压为380V的三相电源中，其中每一相负载的阻值$R_P = 6\Omega$，感抗$X_P = 8\Omega$。试分别计算该负载做星形连接和三角形连接时的相电流、线电流以及有功功率。

解：每一相的阻抗模为：

$$Z_P = \sqrt{R_P^2 + X_P^2} = \sqrt{6^2 + 8^2} = 10\Omega$$

$$\cos\varphi = \frac{R_P}{Z_P} = \frac{6}{10} = 0.6$$

（1）负载做Y形连接时：

$$U_P = \frac{U_L}{\sqrt{3}} = \frac{380}{\sqrt{3}} = 220\text{V}$$

$$I_L = I_P = \frac{U_P}{Z_P} = \frac{220}{10} = 22\text{A}$$

$$P = \sqrt{3}\,U_L I_L \cos\varphi = \sqrt{3} \times 380 \times 22 \times 0.6 \approx 8.7\text{kw}$$

（2）负载做△形连接时：

$$U_P = U_L = 380\text{V}$$

$$I_L = \sqrt{3}\,I_P = \sqrt{3}\,\frac{U_P}{Z_P} = \sqrt{3}\,\frac{380}{10} \approx 66\text{A}$$

$$P = \sqrt{3}\,U_L I_L \cos\varphi = \sqrt{3} \times 380 \times 66 \times 0.6 \approx 26\text{kw}$$

由以上计算可以知道，负载做三角形连接时的相电流、线电流及三相功率均为做星形连接时的三倍。

在实际的生活中，单相负载和三相负载混合接在三相电源上使用十分常见。如图2-24负载连接实例所示。

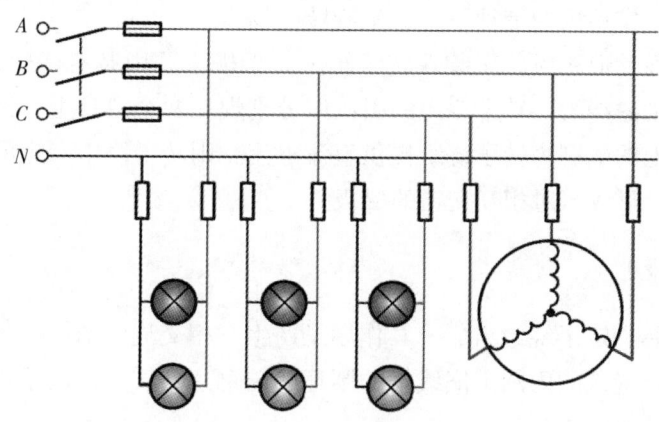

图2-24　负载连接实例

任务2.4　认识交流电源在工程机械上的应用

目前工程机械采用的交流发电机是三相交流发电机。如图2-25为发电机的转子实物图片，图2-26为定子的实物图片。

图2-25　发电机转子

图2-26　发电机定子

1. 转子（磁极）

转子由爪极、励磁绕组、轴和滑环等组成，如图2-27所示。

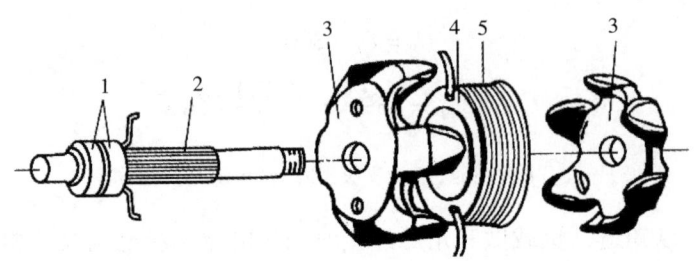

1-滑环；2-轴；3-爪极；4-磁轭；5-励磁绕组。

图2-27 发电机转子结构

转子的功能是在发动机的带动下，产生旋转磁场。

爪极上有6个鸟嘴形磁极，压装在转子轴上。爪极空腔内装有磁轭，其上绕有线圈，称其为转子绕组或励磁绕组。转子绕组的引出线分别焊在两个滑环上，滑环与轴绝缘。若外部通过压在滑环上的电刷为转子绕组提供直流电流，则转子绕组产生的磁通将爪极分别磁化成N极、S极，形成6对相互交错的磁极。

2. 定子（电枢）

定子由定子铁芯和定子绕组组成，其作用是产生三相交流电动势。

定子铁芯由相互绝缘的内圆带嵌线槽的圆环状硅钢片制成，嵌线槽内嵌入三相定子绕组，如图2-28所示。

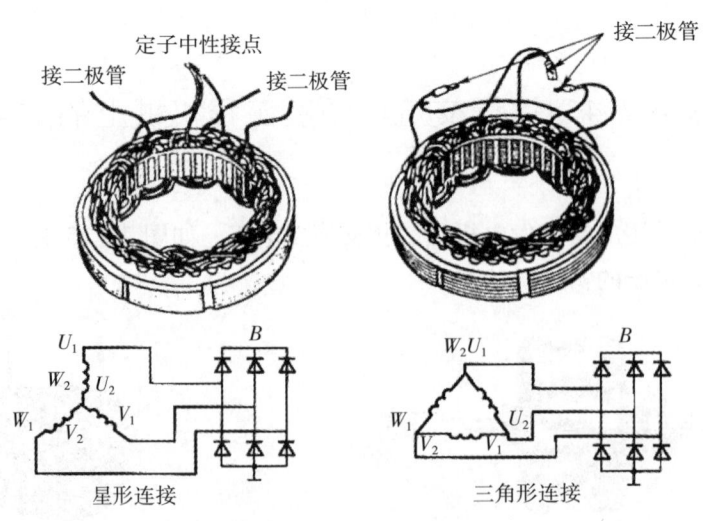

图2-28 定子绕组的连接方式

三相定子绕组有星形（Y）接法和三角形（△）接法两种连接方式，一般硅整流发电机的定子绕组都用星形接法，即每相绕组的首端分别与整流器的二极管相连，三相绕组的尾端接在一起，形成中性点（N）。只有少数大功率发动机采用三角形接法。

任务2.5　学习安全用电常识

2.5.1　发电与输电

电能是自然界中应用最为广泛的一种能源，在工农业生产、科学研究和日常生活中被广泛地应用。

一个电力系统一般由发电、输电、变电、配电和用电5个环节组成。电力系统的输配电方式如图2-29所示。而构成国家电网的电力系统是指将发电厂（发电机、升压变压器）、区域变电所（降压变压器）、配电变电所（降压变压器）以及用电设备，通过高压输电线、高压配电线等连接起来的整体。

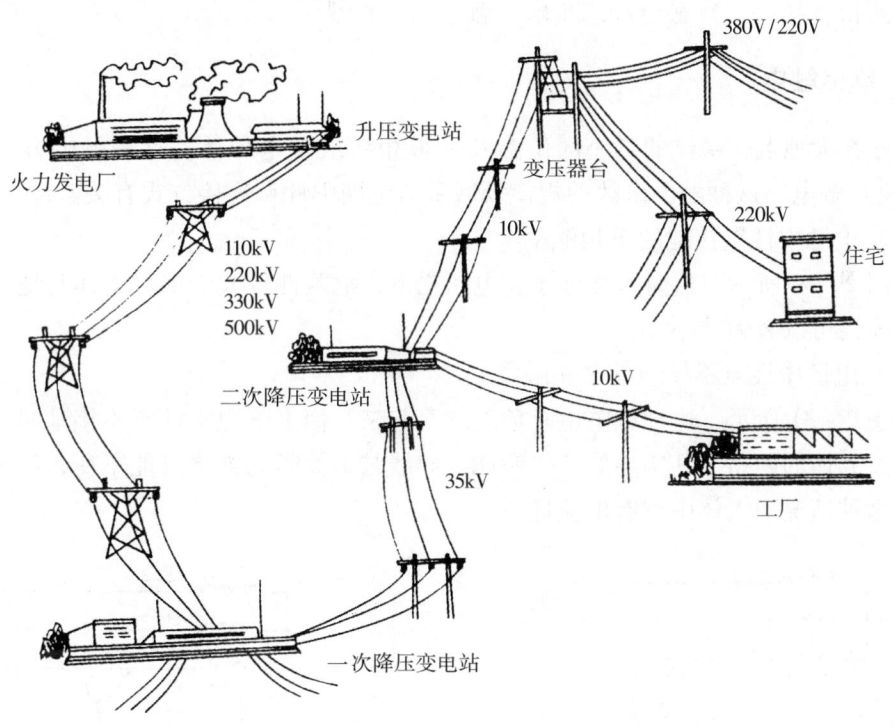

图2-29　电力系统输配电示意图

我国电力网的电压等级：低压（1kV以下）、中压（1kV~10kV）、高压（10kV~330kV）、超高压（330kV~1000kV）、特高压（1000kV）。

我国常用的配电电压：高压为10kV或6kV、低压为380V/220V。

2.5.2 电流对人体的危害

触电是指人体触及带电体后，电流对人体造成的伤害。电流对人体的伤害，主要有电击和电伤两种。

触电伤害的程度主要取决于：
（1）作用于人体的电流；
（2）触电者的本身状况；
（3）作用于人体的电压。

导致触电死亡的主要原因是：由于电流通过人体引起心室纤维性颤动，使心脏功能失调，供血中断，心跳停止，呼吸窒息，如不及时抢救，即会造成死亡。绝大部分触电死亡，都是属于这类情况。触电时间在 1 秒钟以上时，无生命危险的电流在 30mA 以内。则一般环境中的 1 秒钟安全电压为 30～60 伏。根据不同的环境，采用不同的安全电压，一般越潮湿的地方，安全电压越低。

按照人体与电源接触的方式和电流通过人体的途径，触电事故可分为单相（线—地）触电、两相（线—线）触电和跨步电压触电三种类型。

1. 单相触电

人站在大地上，身体的某一部位触及一根相线或带电导体，这种触电方式称为单相（线—地）触电。这种触电事故的规律及后果与电网中性点连接方式有关。

（1）电源中性点接地的单相触电

如图 2-30 所示，这时人体处于相电压之下，危险性较大。如果人体与地面的绝缘较好，危险性可以大大减小。

（2）电源中性点不接地的单相触电

如图 2-31 所示，这种触电也有危险。看起来，似乎电源中性点不接地时，不能构成电流通过人体的回路。其实不然，要考虑到导线与地面间的绝缘可能不良，甚至有一相接地，在这种情况下人体中就有电流通过。

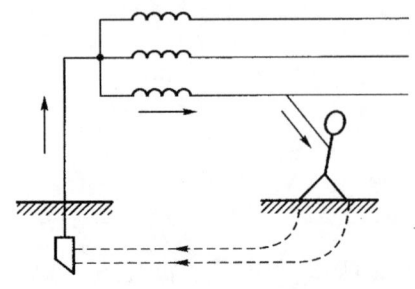

图 2-30 电源中性点接地的单相触电

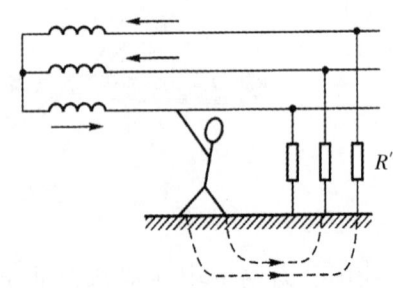

图 2-31 电源中性点不接地的单相触电

2. 两相触电

人体不同的两个部位同时分别接触到电源的两根相线，或者接触到一根相线和中性线，称为两相（线—线）触电，两相触电是相当危险的。

在高压系统中，若人体同时接近两相带电体发生触电事故，也属线—线触电。

3. 跨步电压触电

当架空线路的一根带电导线断落在地上时，落地点的电位就是导线的电位，电流就会从落地点流入地中。距离落地点越远，电流越分散，地面电位也越低。在落地点20米以外，地面电位近似等于零。在8～10米以内，不但地面电位高，而且地面上两点之间的电位差也大。

把电线的落地点作为圆心，画出若干个同心圆，以表示电线落地点周围的电位分布。离电线落地点越近，地面电位越高。如果人的两脚站在离落地电线远近不同的位置上，两脚之间就有电位差，这个电位差叫作跨步电压。落地电线的电压越高，跨步电压也越高。人体触及跨步电压而造成的触电，称为跨步电压触电。

跨步电压触电时，电流仅通过身体下半部及两下肢，基本上不通过人体的重要器官。但当跨步电压较高时，流过两下肢的电流较大，导致两下肢肌肉强烈收缩，此时如身体重心不稳而跌倒在地上，就可能使电流通过人体的重要器官，引起人身触电死亡事故。

2.5.3 保护接地与保护接零

电气设备的金属外壳、构架、底板等部分在正常情况下是不带电的，但因绝缘损坏或其他原因导致这些原本不带电的金属部分变成带电体，从而有可能造成人身触电或跨步电压触电事故。为避免或减少此类事故的发生，在工程上广泛采用"保护接地"或"保护接零"的安全措施。

1. 保护接地

保护接地，就是把在故障情况下可能呈现对地危险电压的金属部分（例如，所有电机、电器的金属外壳、底座、传动装置、框架、金属遮拦、电缆头、布线钢管、电容器箱等等）均与大地紧密连接起来，以保障人身安全。

当电气设备不接地时，如图2-32所示，若绝缘损坏，一相电源碰壳，电流经人体电阻R_b、大地电阻和线路对地绝缘等效电阻R'构成的回路，若线路绝缘损坏，电阻R'变小，流过人体的电流增大，便会触电；当电气设备接地时，虽有一相电源碰壳，但由于人体电阻R_b远大于接地电阻R_0（一般为几欧），所以通过人体的电流I_b极小，流过接地装置的电流I_0则很大，从而保证了人体安全。

保护接地的实质是：将所有不带电的金属构件通过小电阻接地。因此当绝缘损坏时，由于这些金属构件与大地之间的小电阻远远小于人体电阻,所以金属构件短路后的大部分电流均通过此小电阻流入大地中,而只有极小部分电流通过人体,以达到安全防护的目的。

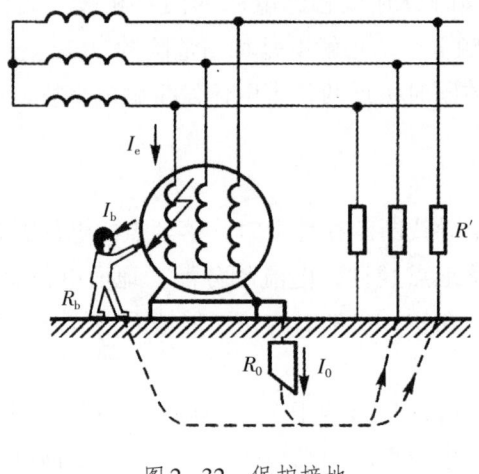

图 2-32 保护接地

2. 保护接零

在中性点直接接地系统中,把电气设备的金属外壳等与电网中的零线做可靠的电气连接称保护接零。如图 2-33 所示。

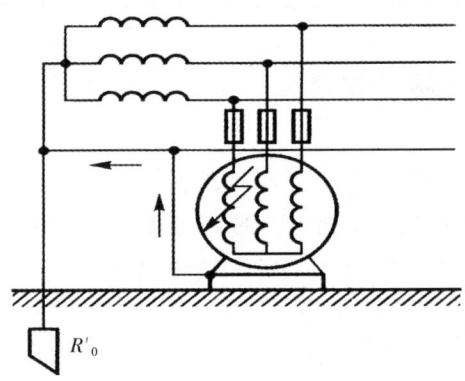

图 2-33 保护接零

保护接零可以起到保护人身和设备安全的作用,其原理为,当一相绝缘损坏碰壳时,由于外壳与零线连通,形成该相对零线的单相短路。短路电流使线路上的保护装置(如熔断器、低压断路器等)迅速动作,切断电源,消除触电危险。对未接零设备,对地短路电流不一定能使线路保护装置迅速可靠动作。

保护接零的实质是短路保护。

【项目小结】

1. 正弦量是指随时间按正弦规律变化的电压或电流。已知三要素,即最大值、频率和初相位,就可以表示出正弦量。

2. 正弦量可以用解析式、波形图及相量来表示。相量表示是为了便宜交流电路的分析和计算,它可以转化成对应的矢量代数运算。

3. 交流电路中电阻、电感、电容元件的特性

(1) 在电阻元件的交流电路中,电流和电压是同相的。电压和电流的参考方向是相同的。两者的关系由欧姆定律确定。

(2) 在电感元件电路中,在相位上电流比电压滞后90°。电压的幅值(或有效值)与电流的幅值(或有效值)之比值为 X_L,称为感抗,它的单位为欧姆。当电压一定时,L 愈大,则电流愈小。对交流电流起阻碍作用,而对直流则可视作短路。

(3) 在电容元件电路中,在相位上电流比电压超前90°。电压的幅值(或有效值)与电流的幅值(或有效值)之比值为 X_C,称为容抗,它的单位为欧姆。电容元件对高频电流所呈现的容抗很小,可视作短路;而对直流所呈现的容抗很大,可视作开路,电容元件有隔断直流的作用。

4. 正弦交流电路的功率:有功功率、无功功率、视在功率。三者之间的关系为:

$$S^2 = P^2 + Q^2$$

5. 对称三相电源连接和三相负载连接电路中电压、电流、功率的特点。

6. 保护接地和保护接零。

【思考与练习】

1. 填空题

(1) 已知交流 $i = 2.2\sqrt{2}\sin(100\pi t + 90°)$ A,该正弦电流的有效值为_____,频率为_____,初相位为_____。

(2) 电阻元件上任一瞬间的电压电流关系可表示为_____,电感元件上任一瞬间的电压电流关系可表示为_____,电容元件上任一瞬间的电压电流关系可表示为_____。

(3) 在 RLC 串联电路中,已知电流为5A,电阻为30Ω,感抗为40Ω,容抗为80Ω,那么电路的阻抗为_____,该电路为_____性电路。电路中吸收的有功功率为_____,吸收的无功功率又为_____。

(4) 有一对称三相负载做 Y 连接,接在380V 的三相四线制电源上。此时负载端的相电压等于_____倍的线电压,相电流等于_____倍的线电流,中线电流等于_____。

(5) 有一对称三相负载成星形连接,每相阻抗均为22Ω,功率因数为0.8,又测出负载中的电流为10A,那么三相电路的有功功率为_____,无功功率为_____,视在功率为_____。

(6) 工程机械用发电机转子的作用为_____,定子的作用为:_____。

（7）为避免或减少设备触电事故的发生，工程上广泛采用_____或_____的安全措施。

2. 判断题

（1）一个正弦量的三要素是指幅值、周期和初相位。（　　）

（2）因为正弦量可以用相量来表示，所以说相量就是正弦量。（　　）

（3）电压三角形是相量图，阻抗三角形也是相量图。（　　）

（4）正弦交流电路的视在功率等于有功功率和无功功率之和。（　　）

（5）一个实际的电感线圈，在任何情况下呈现的电特性都是感性。（　　）

（6）正弦交流电路的频率越高，阻抗越大；频率越低，阻抗越小。（　　）

（7）中性线的作用就是使不对称星形连接负载的端电压保持对称。（　　）

（8）三相负载做三角形连接时，总有 $I_L = \sqrt{3} I_P$ 成立。（　　）

（9）三相不对称负载越接近对称，中性线上通过的电流就越小。（　　）

3. 选择题

（1）某正弦电压有效值为380V，频率为50Hz，计时起始数值等于380V，其瞬时值表达式为（　　）。

A. $u = 380\sin 314t$ V
B. $u = 537\sin(314t + 45°)$ V
C. $u = 380\sin(314t + 90°)$ V
D. $u = 537\sin(314t - 45°)$ V

（2）已知 $i_1 = 10\sin(314t + 90°)$ A，$i_2 = 10\sin(628t + 30°)$ A，则（　　）。

A. i_1 超前 i_2 60°
B. i_1 滞后 i_2 60°
C. i_1 超前 i_2 90°
D. 相位差无法判断

（3）电容元器件的正弦交流电路中，电压有效值不变，频率增大时，电路中电流将（　　）。

A. 增大
B. 减小
C. 不变

（4）在 RLC 串联电路中，$U_R = 4$V，$U_L = 12$V，$U_C = 9$V，则总电压为（　　）。

A. 2V
B. 3V
C. 5V
D. 4V

（5）某感性负载用并联电容器法提高功率因数后，该负载的无功功率将（　　）。

A. 保持不变
B. 减小
C. 增大
D. 无法判断

（6）三相四线制供电线路，已知做星形连接的三相负载中，A相为纯电阻，B相为纯电感，C相为纯电容，通过三相负载的电流均为10A，则中性线电流为（　　）。

A. 30A
B. 10A
C. 7.32A
D. 1.732A

4. 计算题

（1）电路如图 2-34 所示，已知 $u = 100\sin(314t + 30°)$ V，$i = 22.36\sin(314t + 19.7°)$ A，$i_2 = 10\sin(314t + 83.13°)$ A，试求 i_1、Z_1、Z_2，并说明 Z_1、Z_2 的性质，绘出相量图。

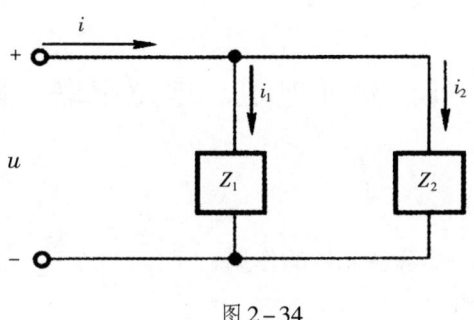

图 2-34

（2）有一 RLC 串联的交流电路，已知 $R = X_L = X_C = 10\Omega$，$I = 1A$，试求电压 U、U_R、U_L、U_C 和电路总阻抗 $|Z|$。

（3）电路如图 2-35 所示，已知 $R_1 = 40\Omega$，$X_L = 30\Omega$，$R_2 = 60\Omega$，$X_C = 60\Omega$，接于 220V 电源上。试求各交流电流及总的有功功率。

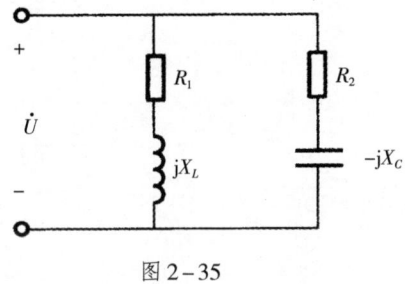

图 2-35

（4）已知电路如图 2-36 所示，电源电压 $U_L = 380V$，每根负载的阻抗为 $R = X_L = X_C = 10\Omega$。试求：①该三相负载能否称为对称负载？为什么？②中性线电流，作出相量图。③三相负载总功率。

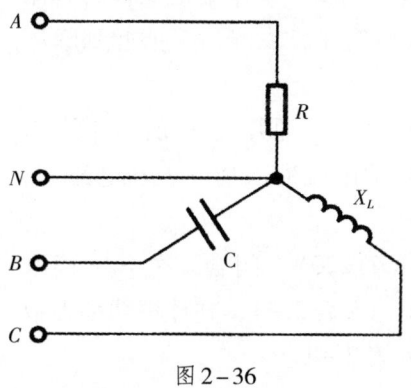

图 2-36

(5) 三相四线制电路中,电源线电压为380V,对称三相负载的额定电压为380V,每项负载 $R = 10\Omega$、$X_L = 10\Omega$。试求:①三相负载做何种方式连接?②线电流和相电流。③三相负载的总功率。

【技能训练】

实训 2-1　验证电阻、电感串联电路特性

1. 实训目的

(1) 熟悉日光灯电路,了解各元件的作用;
(2) 会组装日光灯电路;
(3) 验证 RLC 串联电路中各电压的关系;
(4) 进一步加深了解并联电容器是提高电路功率因数的有效方法。

2. 实训器材

(1) 单相交流电源 1 台;
(2) 交流电流表 1 只;
(3) 交流电压表 1 只;
(4) 单相功率表 1 只;
(5) 日光灯元件 1 套;
(6) 电容器箱 1 只;
(7) 导线、开关等若干。

3. 实训内容及步骤

日光灯电路是由日光灯管、镇流器、启辉器组成,如图 2-37 所示。启辉器相当于一个自动开关,其作用是配合镇流器产生瞬间高压使灯管发光,在灯丝电路接通后又自动断开。镇流器是电感量较大的铁芯线圈,其作用是配合启辉器产生瞬间高压使灯管发光,在灯管正常发光后又能起到降压限流的作用。

(1) 按图 2-38 接线,在合上电源开关 S_1 前,开关 S_2 应闭合,防止日光灯较大的启动电流冲击功率表和电流表。电容器箱开关全部断开。

日光灯点亮后,调整电压至 220V,闭合开关 S_2,读取电流表、电压表、功率表数值记入表 2-1,并计算功率因数 $\cos\varphi$ 和交流阻抗、R、X_L 填入表 2-1。

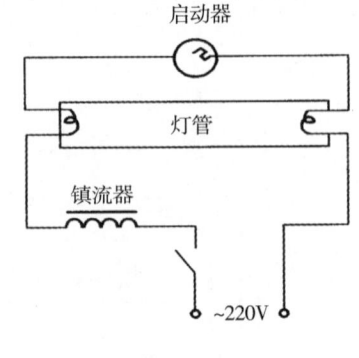

图 2-37

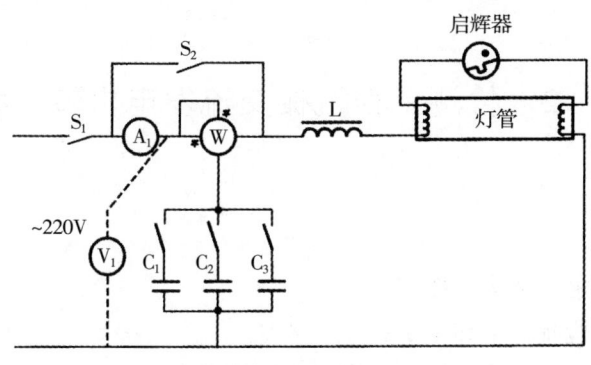

图 2-38

（2）在日光灯电路的电源输入端并联电容，读取电流表、电压表、功率表数值记入表 2-1。计算功率因数 $\cos\varphi$，填入表 2-1。

表 2-1　并联电容器功率因数计算表

电路情况	测量值			计算值			
	U（V）	I（A）	P（W）	Z（Ω）	R（Ω）	X_L（Ω）	$\cos\varphi$
未并电容							
并入电容 C_1							
并入电容 C_2							
并入电容 C_3							

4. 注意事项

（1）单相功率表共有两个线圈，四个接线端子，其中两个是电压线圈的接线端子，测量时应与被测电路并联。另两个是电流线圈的接线端子，测量时应与被测电路串联。注意不可接错。

（2）电容器箱在试验前应处于断开状态，根据试验情况逐步增大电容量，应注意电容器的耐压要符合要求。

（3）日光灯线路连接要正确，防止损坏灯管。

5. 思考题

（1）日光灯正常发光后，能否拆除启辉器？

（2）灯管电压、镇流器电压、电源电压有何关系？

实训 2-2 检测工程机械交流发电机转子和定子

1. 实训目的

(1) 熟悉转子和定子结构、作用；
(2) 会用万用表检测转子和定子；
(3) 能够通过检测结果分析转子和定子电路情况。

2. 实训器材

(1) 工程机械用交流发电机 1 台；
(2) 数字式万用表 1 只；
(3) 电工拆装工具 1 套。

3. 实训内容及步骤

(1) 根据发电机的转子电路组成连接，作出电路图；
(2) 利用万用表检测转子电路，读取数值记入表 2-2；
(3) 根据发电机的定子电路组成连接，作出电路图；
(4) 利用万用表检测定子电路，读取数值记入表 2-2。

表 2-2 交流发电机转子、定子检测表

	定子检测	转子检测
测量项目		
万用表挡位		
标准值		
测量值		
结果分析		

4. 思考题

(1) 发电机转子采用电刷与滑环连接的目的是什么？
(2) 分析发电机三相电源的连接方式，指出线电源和相电压。

项目 3　认识工程机械电磁器件

> **知识目标**

1. 了解磁路和铁磁材料的基本知识；
2. 了解直流、交流铁芯线圈工作特性；
3. 熟悉变压器的基本工作原理和结构；
4. 掌握电磁铁的基本工作原理和结构；
5. 掌握工程机械继电器的基本工作原理、结构以及类型。

> **能力目标**

1. 能够正确识别电路中电磁设备的文字符号和图形符号；
2. 会用万用表检测工程机械继电器。

工程中应用的各种电动机、很多电器、电工测量仪表、控制及保护装置等都离不开铁芯线圈，铁芯线圈中的线圈构成电路，铁芯构成磁路，其不仅有电路的问题，同时还有磁路的问题。

工程机械上电磁原理的典型应用有：起动机、发电机、点火系统、各种控制继电器等。只有掌握了电路和磁路的基本理论，才能对各种电工设备的工作原理做全面的分析。

任务 3.1　学习磁路的基础知识

物体能够吸铁、钴、镍等物质的性质叫磁性，具有磁性的物体叫磁体。磁体具有磁性与指向性。磁体上磁性最强的地方叫磁极。一个磁体有两个磁极，称为 N 极（北极）、S 极（南极）。同名磁极互相排斥，异名磁极互相吸引。磁体周围存在磁场，为形象描绘磁场的空间分布情况，通常使用磁感应线（磁力线）。磁感应线的疏密表示磁性的强弱，磁感应线的箭头表示磁场的方向，指向为 N→S（由北极指向南极）。

3.1.1 磁路

1. 磁路的定义

奥斯特实验表明：电流周围存在磁场，即电流的磁效应。通电螺旋管的磁场分布与条形磁体相似。磁极的分布可用右手螺旋定则来判断。在工程机械大量的电气设备中，为了获得较强的磁场，都含有线圈（励磁线圈）和铁芯，将线圈缠绕在有一定形状的铁芯上，当绕在铁芯上的线圈通电后，产生磁场（原磁场），铁芯就会被磁化而形成磁铁，生成较强的附加磁场，它叠加在线圈的原磁场上，使整体磁场大大增强。也就是说铁芯线圈，给线圈通以较小的电流，便可产生较强的磁场。

铁芯是一种铁磁性材料，它的导磁性能很好，因此几乎所有磁力线都从铁芯中通过，形成一闭合路径，磁通（磁力线）经过的闭合路径称为磁路。如图3-1常用电气设备铁芯磁路示意图，通过铁芯和空气隙的磁通称为主磁通，通过线圈和空气闭合的极少部分的磁通称为漏磁通。

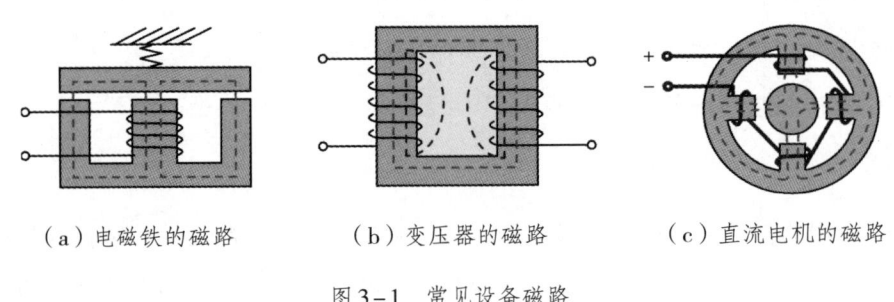

（a）电磁铁的磁路　　（b）变压器的磁路　　（c）直流电机的磁路

图3-1　常见设备磁路

2. 磁场的基本物理量

（1）磁感应强度 B

表示磁场内某点的磁场强弱和方向的物理量。它是一个矢量，其方向与该点的磁力线方向一致，磁感应强度方向与产生该磁场的电流方向之间的关系符合右手螺旋定则。其大小可用式（3-1）表示：

$$B = \frac{\Phi}{S} \tag{3-1}$$

由式（3-1）可见，磁感应强度在数值上可以看成与磁场方向垂直的单位面积所通过的磁通，故磁感应强度又称为磁通密度。如果用磁感线来描述磁场，使磁感线的疏密反映磁感应强度的大小，磁感应强度又可以理解为通过与磁场方向垂直的单位面积的磁感线的总数。

在国际单位制中，磁感应强度 B 的单位是特斯拉（T）。

如果磁场中某区域内各点的磁感应强度大小相等、方向相同，则该区域磁场称为均匀磁场（匀强磁场）。

(2) 磁通 Φ

在匀强磁场中，磁感应强度 B 与垂直于磁场方向的面积 S 的乘积，称为通过该面积的磁通 Φ。

$$\Phi = BS \tag{3-2}$$

在国际单位制中，磁通的单位是韦伯（Wb）。

(3) 磁导率 μ

处在磁场中的任何物质均会或多或少地影响磁场的强弱，而影响程度则与该物质的导磁性能有关。磁导率就是用来衡量物质导磁性能的物理量，用符号 μ 表示。它的单位是亨/米（H/m）。

真空磁导率为 $\mu_0 = 4\pi \times 10^{-7} \text{H/m}$

为了便于比较物质导磁能力的高低，我们引入相对磁导率 μ_r。相对磁导率即某材料的磁导率与真空磁导率的比值，即

$$\mu_r = \frac{\mu}{\mu_0} \tag{3-3}$$

根据相对磁导率 μ_r 值的不同，自然界的物质大致可分为两大类：

① 非磁性物质

如空气、塑料、铜、铝、橡胶等。这些物质的导磁能力很差，磁导率均与真空的磁导率非常接近，它们的相对磁导率均约等于 1。非磁性物质的磁导率可认为是常量。

② 铁磁性物质

如铁、镍、钴、钢及其合金等。这些物质的导磁能力非常强，其磁导率一般为真空的几百、几千乃至几万、几十万倍。如铸铁，其相对磁导率 $\mu_r \approx 200 \sim 400$；铸钢的相对磁导率 $\mu_r \approx 500 \sim 2200$；硅钢的 $\mu_r \approx 7000 \sim 10000$；镍钴合金的 $\mu_r \approx 20000 \sim 200000$。显然，铁磁性物质的磁导率不是常量，而是一个范围，即随外部条件变化。铁磁性物质的相对磁导率大于 1。

(4) 磁场强度 H

磁场强度是进行磁场计算时引入的一个物理量，也是一个矢量，用符号 H 表示，它与磁感应强度之间的关系为

$$H = \frac{B}{\mu} \quad \text{或} \quad B = \mu H \tag{3-4}$$

在国际单位制中，磁场强度的单位为安每米（A/m）。

在环形线圈的磁场中（如图 3-2 所示），磁场强度和电流的关系遵循安培环路定律（又称全电流定律），即磁场中磁场强度 H 沿任何闭合曲线的线积分，等于穿过该闭合曲线所包围曲面的电流代数和。即

$$\oint H dl = \sum I \tag{3-5}$$

式（3-5）中右项电流正方向与闭合曲线的绕行方向符合右手螺旋法则时为正，反则

取负号。

如果穿过闭合曲线所包围面积的有 N 匝线圈,有:

$$\sum I = NI \tag{3-6}$$

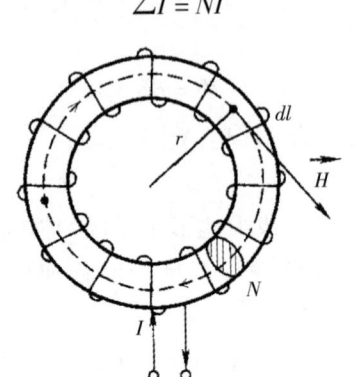

图 3-2 环形线圈的磁路

对于图 3-2 所示的环形螺线管,假设线圈均匀密绕,线圈内磁介质性质均匀,取磁感应线作为闭合回线,其方向作为回线的绕行方向时,有:

$$\oint_l H dl = Hl$$

则环形定律可表示为:

$$Hl = NI$$

线圈匝数 N 与电流 I 的乘积称为磁动势 F,即 $F = NI$,磁通就是由它产生的,则磁场强度可表示为:

$$H = \frac{NI}{l} = \frac{F}{l} \tag{3-7}$$

3.1.2 铁磁材料磁性

1. 高导磁性

为产生较高的磁感应强度并使磁场主要集中在规定的路径内,需要用导磁性能较好的材料来制作磁路。铁、镍、钴及其合金以及铁氧体等材料,磁导率很高,导磁性能好,因此被称为铁磁材料,是电工设备中构成磁路的主要材料,如各种变压器、电动机、电磁铁等设备中线圈中的铁芯几乎都由磁性材料构成,利于其高导磁性,使得在较小的电流情况下得到尽可能大的磁感应强度和磁通。而对于非磁性材料没有磁畴的结构,所以不具有磁化特性。

导磁材料具有很强的导磁能力,其相对磁导率可达 $10^2 \sim 10^5$ 量级。这是因为在它的内部分子中电子的绕核运动和自转形成分子电流,分子电流产生磁场,形成了很多具有磁场的区域,这些小区域称为磁畴。在没有外磁场作用时,各磁畴是混乱排列的,如图 3-3(a)所示。当有外磁场作用时,磁畴就逐渐转到与外磁场一致的方向上,形成一个与外磁场方向一致的磁化磁场,如图 3-3（b）所示,从而磁性物质内的磁感应强度大大增加。

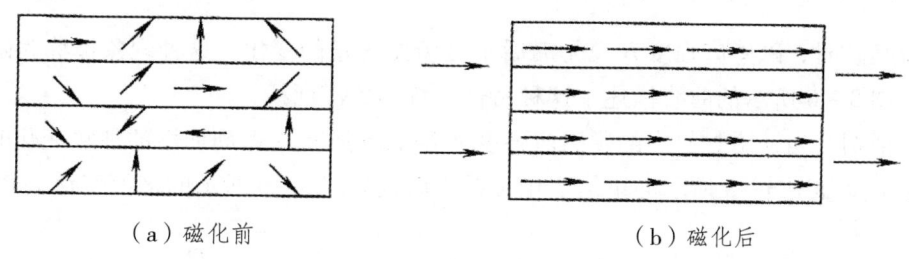

图 3-3　磁性物质的磁化示意图

2. 磁饱和性

当线圈中通入不大的励磁电流时,铁芯中就会产生具有足够大磁通和磁感应强度的磁场。铁磁材料由于磁化所产生的磁化磁场不会随外磁场的增加而无限增强。当外磁场 H（或励磁电流）增大到一定值时,磁化磁场的磁感应强度 B 达到饱和。

铁磁材料的 B、H 之间的关系没有准确的数学表达式,只能用 $B-H$ 曲线来描述,这条曲线称为磁化曲线。图 3-4 是用实验方法在铁磁材料反复磁化的情况下得到的曲线,称为基本磁化曲线。由图 3-4 中可以看出,在同一 H 值的作用下,硅钢片的 B 值最大,所以电机的机体常采用导磁性好的硅钢片组成。从图 3-4 中我们可以看出,铁磁材料在反复的磁化中,先是 H 从 0 开始增大时,B 值随之加大,但是随着 H 增大到一定值时 B 值的曲线趋于平直,它表明了铁磁材料在磁化时有磁饱和现象。

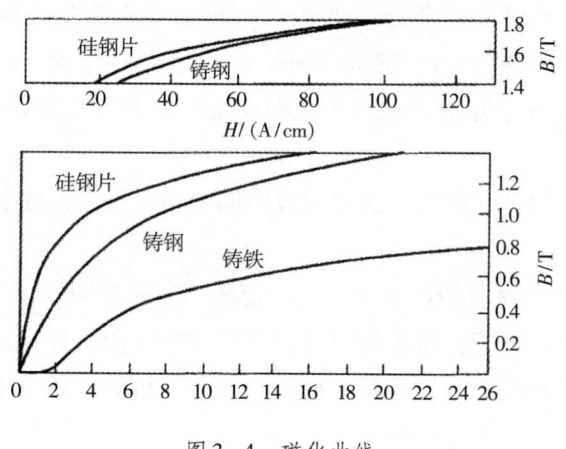

图 3-4　磁化曲线

材料的磁导率不是常数,u 与 H 的关系如图 3-5 所示。u 的值开始很小,在 $B-H$ 的曲线最陡处最大,当 B 趋于饱和时 u 又变小。

磁饱和性也就是磁性物质因磁化产生的磁场是不会无限制增加的,当外磁场（或激励磁场的电流）增大到一定程度时,全部磁畴都会转向与外磁场一致的方向。变压器铁芯线圈在励磁电流的作用下,铁芯受到磁化。

3. 磁滞性

交流励磁时,磁感应强度 B 总是滞后于磁场强度 H 的变化,这种现象被称为磁性材料磁滞性。图3-6所示的曲线描述了这种特性,称为磁滞回线。

实验证明,当铁磁材料中的磁感应强度 B 和磁场强度 H 做周期性的往复变化时,B 和 H 的关系不是如图3-5所示的单值变化关系,而是如图3-6所示的多值变化关系。

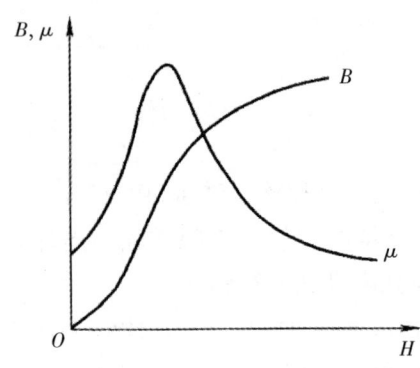

图3-5　μ-H曲线和B-H曲线

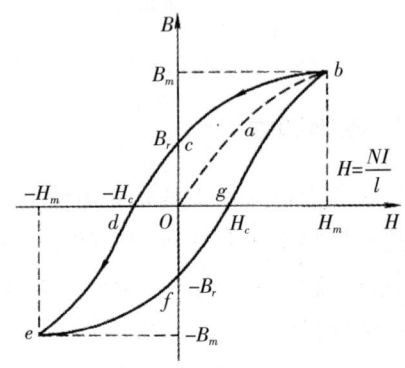

图3-6　磁滞回线

4. 剩磁性

磁场强度由 H_m 减小到零时,磁感应强度并不减小到零,而是等于 B_r,B_r 称为剩余磁感应强度,简称剩磁。若要去掉剩磁,使 $B=0$,就必须在相反方向上加外磁场,即施加反向磁场强度 H_c,H_c 称为矫顽力。继续增加反向 H 达到 $-H_m$ 时,B 才等于 $-B_m$。如此往复变化,这种 B 滞后于 H 变化的现象即为磁滞现象,而 B-H 曲线所围成的回线即为磁滞回线。

磁性材料的特性不同,它们的磁滞回线也不同。根据磁滞回线形状常把磁性材料分成如下几种:

(1) 软磁材料:这种材料的矫顽力、剩磁都较小,磁滞回线较窄,如图3-7(a)所示。硅钢、铸钢及坡莫合金等都属于软磁材料,是制造电动机和变压器等电工设备铁芯的良好材料。软磁铁氧体也属于软磁材料,而半导体收音机的磁棒、中周变压器的铁芯等都是用软磁铁氧体制成的。

(2) 硬磁材料:这类材料的矫顽力、剩磁都较大,磁滞回线较宽,如图3-7(b)所示。这种材料不易退磁,很适合于制造永久磁铁。常用的有碳钢、钴钢及铁镍铝钴合金等。

(3) 矩磁材料:这种材料在两个方向上的剩磁都很大,接近饱和。但矫顽力却很小,在较小的外磁场作用下就能使它正向或反向饱和磁化,即易于"翻转",去掉外磁场后,与饱和磁化时方向相同的剩磁稳定地保持下去,即它具有记忆性,如图3-7(c)所示。

因此在计算机和控制系统中可用作记忆元件、开关元件和逻辑元件。常用的有镁锰铁氧体及铁镍合金等。

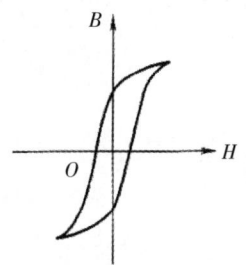 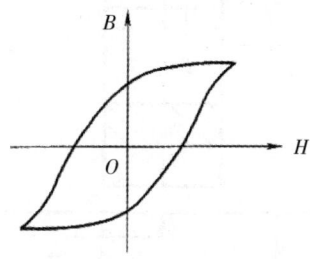 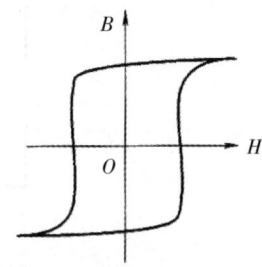

（a）软磁材料的磁滞回线　　（b）硬磁材料的磁滞回线　　（c）矩磁材料的磁滞回线

图 3-7　磁性材料的磁滞回线

3.1.3　磁路的分析

安培环路定律是计算磁路的基本定律。根据安培环路定律可以导出磁路的欧姆定律和基尔霍夫定律。

对于图 3-2 所示的均匀环形螺线管磁路，由

$$B = \frac{\Phi}{S} H = \frac{B}{\mu} Hl = NI$$

由此可导出

$$NI = \frac{\Phi l}{\mu S}$$

令 $R_m = \dfrac{l}{\mu S}$，而 $F = NI$，则

$$\Phi = \frac{F}{R_m} \tag{3-8}$$

式（3-8）与电路欧姆定律的形式相同，因此称为磁路欧姆定律。式（3-8）中，F 为磁动势，而 R_m 称为磁阻，表示磁路的材料对磁通的阻碍作用。

由于一般电气设备的磁路都是由铁磁材料制成的，而铁磁材料的磁导率不是常数，所以磁阻 R_m 是非线性的。因此磁路欧姆定律一般只适用于对磁路进行定性分析，而不像电路欧姆定律那样能够进行定量计算。

1. 磁路的基尔霍夫第一定律

图 3-8 所示电磁铁结构是一个典型的有分支磁路。图 3-8 中，中间的铁芯截面积 S_1 较大，通电流的线圈（又称励磁线圈）匝数为 N，套在中间铁芯柱上。两边为磁分路，截面积为 S_2，上部铁芯不能移动，称为静铁芯（定铁芯），下部为可移动的动铁芯（衔铁），其截面积为 S_3，与静铁芯之间的距离为 δ。

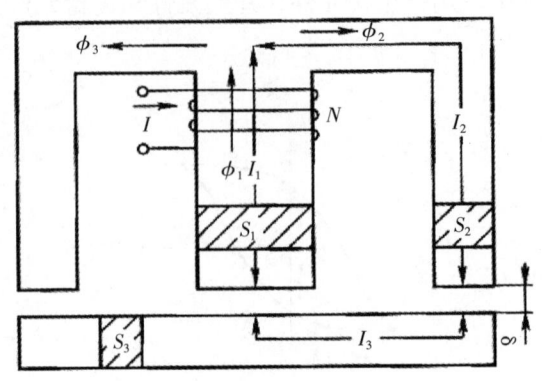

图 3-8 有分支的磁路

忽略漏磁,根据磁通连续性原理,在磁路分支处应满足:

$$\Phi_1 = \Phi_2 + \Phi_3$$

其一般化公式为:

$$\sum \Phi = 0 \qquad (3-9)$$

式(3-9)所表示的磁路中磁通的关系称为磁路的基尔霍夫第一定律。它表明,在磁路的任一分支处的磁通的代数和恒等于零。

2. 磁路的基尔霍夫第二定律

在图 3-8 所示磁路的右边回路中,磁路由几段组成,每段的平均长度为 l_1、l_2、l_3 和 l_0,其中 $l_0 = 2\delta$ 为气隙磁路平均长度。在工程计算时,常略去漏磁通不计,认为磁通全部在铁芯和气隙组成的磁路内闭合,各段磁通的值不变,截面积不变,故 B 和 H 也不变,它们分别为:B_1、B_2、B_3 和 B_0,H_1、H_2、H_3 和 H_0。对此回路应用安培环路定律,可得

$$H_1 l_1 + H_2 l_2 + H_3 l_3 + H_0 l_0 = NI \qquad (3-10)$$

式(3-10)等号左边为磁路内各段磁压降之和,而等号右边则为磁动势。其一般表达式可写成

$$\sum (Hl) = \sum (F) \qquad (3-11)$$

式(3-11)就是磁路的基尔霍夫第二定律。它表明在闭合的磁回路内各磁压降的代数和等于磁动势的代数和。在式(3-11)中,顺着回路方向的磁压降取正号,反之取负号;与回路绕行方向成右手螺旋关系的磁动势取正号,反之取负号。

3. 简单磁路的计算

磁路与电路一样,也可分为直流磁路和交流磁路。励磁线圈中通入直流电流的磁路为直流磁路,通入交流电流的磁路为交流磁路。磁路和电路的物理量及其基本定律有相似之处,可以用类比方法列出电路和磁路的对应关系,见表 3-1。

表 3-1

电路	磁路
电流 I	磁通 Φ
电动势 E	磁动势 $F=NI$
电导率 ρ	磁导率 μ
电阻 R	磁阻 R_m
电压降 $U=IR$	磁压降 $Hl=\Phi R_m$
欧姆定律 $I=E/R$	磁路欧姆定律 $\Phi=F/R_m$
基尔霍夫第一定律 $\sum I=0$	基尔霍夫第一定律 $\sum \Phi=0$
基尔霍夫第二定律 $\sum IR=\sum E$	基尔霍夫第二定律 $\sum Hl=\sum NI$

应该指出，磁路虽然与电路具有对应关系，但绝不意味着两者的物理本质相同。例如电路如果开路，虽有电动势也不会有电流，而在磁路中，即使存在着空气隙，只要有磁动势必然有磁通。在电路中直流电流通过电阻时要消耗能量，而在磁路中，恒定磁通通过磁阻时并不消耗能量。

磁路和电路有很多相似之处，但分析与处理磁路比电路难得多。主要原因如下：

（1）在处理电路时不涉及电场问题，在处理磁路时却离不开磁场的概念。

（2）在处理电路时一般可以不考虑漏电流，而在处理磁路时一般都要考虑漏磁通。

（3）磁路欧姆定律和电路欧姆定律只是在形式上相似。由于 u 不是常数，其随励磁电流而变，所以磁路欧姆定律不能直接用来计算，只能用于定性分析。

（4）在电路中，当 $E=0$ 时，$I=0$；但在磁路中，由于有剩磁，当 $F=0$ 时，Φ 不为零。

任务 3.2　分析直流和交流铁芯线圈电路

3.2.1　直流铁芯线圈电路

绕在铁芯上的线圈在通以直流电后就是直流铁芯线圈。线圈中的励磁电流只取决于直流电源电压和线圈电路电阻，如果电压和电阻不变则励磁电流大小和方向不变，形成的磁场大小和方向不变。

3.2.2　交流铁芯线圈电路

1. 电磁关系

绕在铁芯上的线圈在通以交流电后就是交流铁芯线圈。以磁路图 3-9 为例讨论其中的电磁关系。当线圈施加交流电压 u 时，线圈中电流 i 也是交变的，并产生交变的磁通势 i_N（N 为线圈匝数）。交变的磁通势 i_N 产生两部分磁通，即穿过全部铁芯闭合的主磁通 Φ 和主要经过空气或其他非铁磁物质而形成闭合回路的漏磁通 Φ_σ。交变的 Φ 和 Φ_σ 分别在线圈中产生感应电动势 e 和漏磁电动势 e_σ。此外，Φ 的交变引起涡流和磁滞损耗使铁芯发热，电流流经线圈时还将产生电阻压降 iR 等。上述发生的电磁关系表示如下：

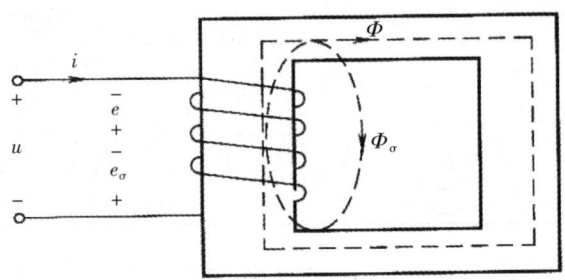

图 3-9 交流铁芯线圈电路

$$u = iR - e - e_\sigma$$

由于线圈电阻上的电压降 iR 和漏磁通电动势 e_σ 都很小，与主磁通电动势 e 比较，均可忽略不计，故上式写成：

$$u = -e$$

设主磁通 $\Phi = \Phi_m \sin \omega t$，则 $e = -\dfrac{N d\Phi}{dt} = -\omega N \Phi_m \cos \omega t = E_m \sin(\omega t - 90°)$

式中 $E_m = \omega N \Phi_m$ 是磁通电动势的最大值，而有效值为

$$E = \frac{E_m}{\sqrt{2}} = \frac{2\pi f N \Phi_m}{\sqrt{2}} = 4.4 f N \Phi_m$$

故

$$U \approx E = 4.4 f N \Phi_m \tag{3-12}$$

$$\Phi_m \approx \frac{U}{4.4 f N} \tag{3-13}$$

式中，Φ_m 的单位是韦伯（Wb），f 的单位是赫兹（Hz），U 的单位是伏特（V）。

由式（3-13）可知，对于正弦激励的交流铁芯线圈，电源的电压和频率不变，其主磁通就基本上恒定不变。磁通仅与电源有关，而与磁路无关。

2. 功率损耗

在交流铁芯线圈中的功率损耗包括铜损 ΔP_{Cu} 和铁损 ΔP_{Fe} 两部分。铜损 ΔP_{Cu} 由线圈电阻上的热效应引起，铁损 ΔP_{Fe} 是由铁芯铁磁物质的涡流和磁滞现象所产生的，因此铁损包括磁滞损耗（ΔP_h）和涡流损耗（ΔP_e）两部分。

(1) 磁滞损耗 ΔP_h

铁芯在交变磁通的作用下被反复磁化,在这一过程中,磁感应强度 B 的变化落后于 H,这一现象称为磁滞。由于磁滞现象造成的能量损耗称为磁滞损耗,用 ΔP_h 表示。它是由铁磁材料内部磁畴反复转向,磁畴间相互摩擦引起铁芯发热而造成的损耗。铁芯单位面积内每周期产生的损耗与磁滞回线所包围的面积成正比。为了减少磁滞损耗,交流铁芯均由软磁材料制成。

(2) 涡流损耗 ΔP_e

当交变磁通穿过铁芯时,铁芯中在垂直于磁通方向的平面内要产生感应电动势和感应电流,这种感应电流称为涡流。铁芯本身具有电阻,涡流在铁芯中要产生能量损耗(称为涡流损耗),涡流损耗也使铁芯发热,铁芯温度过高将影响电气设备正常工作。

为了减少涡流损耗,在低频时(几十到几百赫),可用涂以绝缘漆的硅钢片(厚度有 0.5mm 和 0.35mm 两种)叠成的铁芯,这样可限制涡流在较小的截面内流通,增长涡流流过的路径,相应加大铁芯的电阻,使涡流减小。对于高频铁芯线圈,可采用铁氧体磁心,这种磁心近似绝缘体,因而涡流可以大大减小。

涡流在变压器、电动机、电器等电磁元器件中消耗能量、引起发热,因而是有害的。但有些场合,例如感应加热装置、涡流探伤仪等仪器设备,却是以涡流效应为基础的。

综上所述,交流铁芯线圈电路的功率损耗有以下三部分组成,铜损 ΔP_{Cu}、磁滞损耗 ΔP_h、涡流损耗 ΔP_e,即

$$\Delta P = \Delta P_{Cu} + \Delta P_{Fe} = \Delta P_{Cu} + \Delta P_e + \Delta P_h \tag{3-14}$$

任务 3.3 认识电磁铁

电磁铁是利用通电铁芯线圈产生的电磁吸力来操纵机械装置,以完成预期动作的一种电器。它是将电能转换为机械能的一种电磁元件。被广泛地应用在工程机械继电器、接触器及自动装置中,电磁铁结构类型通常有如图 3-10 所示的几种。

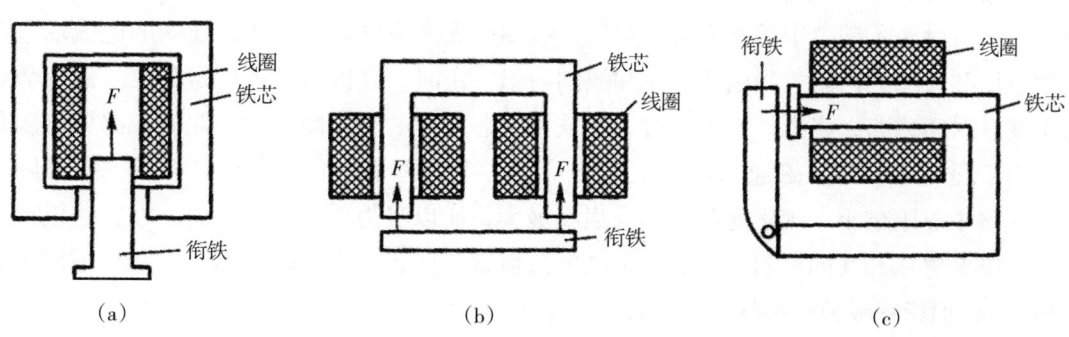

图 3-10 不同衔铁位置的电磁铁应用

3.3.1 电磁铁基本知识

基本组成：电磁铁主要由线圈、铁芯及衔铁三部分组成，如图 3-10。

铁芯和衔铁一般用软磁材料制成。铁芯一般是静止的，线圈总是装在铁芯上。开关电器的电磁铁的衔铁上还装有弹簧，如图 3-11。

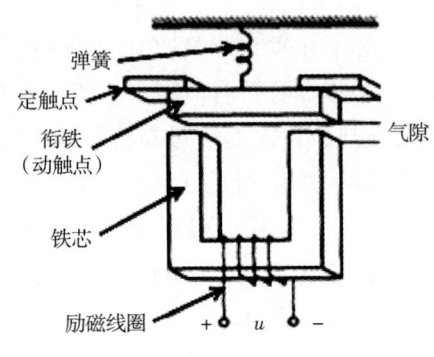

图 3-11 电磁铁开关

基本工作原理：当线圈通电后，铁芯和衔铁被磁化，成为极性相反的两块磁铁，它们之间产生电磁吸力。当吸力大于弹簧的反作用力时，衔铁开始向着铁芯方向运动。当线圈中的电流小于某一定值或中断供电时，电磁吸力小于弹簧的反作用力，衔铁将在反作用力的作用下返回原来的释放位置。

3.3.2 直流电磁铁

当励磁线圈通入电流时，便产生磁场，铁芯和衔铁都被磁化，衔铁受到电磁力的作用而被吸向铁芯。磁路中的空气隙随衔铁的吸合而减小。直流电磁铁的吸力与空气隙的磁感应强度的平方成正比，和空气隙的截面积成正比。

直流电磁铁中既有电路（励磁线圈回路），又有磁路（闭合铁芯磁路）。对于电路，由于是直流励磁，铁芯中的磁通是恒定的，线圈中无感应电动势，所以线圈的电流取决于电源电压和线圈的内阻。当电源电压和线圈内阻一定时，励磁电流就恒定不变，磁动势也就不变。对于磁路，当衔铁刚吸合时，衔铁和铁芯之间的空气隙最大，此时磁路中磁阻最大，由于磁动势一定，磁通和磁感应强度最小，吸力也最小。当衔铁吸合后，空气隙最小，磁路中磁阻最小，则磁通和磁感应强度最大，所以吸力也最大。所以，在直流电磁铁中，当电源电压和线圈电阻一定时，励磁电流恒定不变，与空气隙大小无关（即磁路不影响电路），但衔铁吸力随衔铁吸合过程将逐渐增大。

即直流电磁铁工作特点：

(1) 作用在衔铁上的吸力与衔铁的位置有关。

（2）衔铁与铁芯之间的空气间隙最大时，吸力最小。

（3）衔铁与铁芯完成吸合后，吸力最大。

3.3.3 交流电磁铁

交流电磁铁和直流电磁铁的构造基本相同，也是由励磁线圈、软磁材料铁芯和衔铁三部分组成。当交流电磁铁的铁芯线圈通入正弦交流电时，铁芯中便产生交变磁通，当电源频率和线圈匝数一定时，铁芯中磁通的最大值与电源电压的有效值成正比。当电压有效值不变时，铁芯中磁通的最大值亦保持恒定不变，与磁路的情况（如铁芯材料的磁导率、气隙大小等）无关。

交流电磁铁是用交流电励磁的，气隙中的磁感应强度随时间而变化，所以交流电磁铁的吸力也会随时间而变化。一般计算时，只考虑其平均值，平均吸力是最大吸力的一半。

交流电磁铁的吸力在零与最大值之间脉动，因而衔铁以两倍电源频率在颤动，引起噪音，同时触点容易损坏。为了消除这种现象，可在磁极的部分端面上套一个分磁环。于是在分磁环（或称短路环）中便产生感应电流，以阻碍磁通的变化，因而磁极各部分的吸力也就不会同时降为零，这就消除了衔铁的颤动，除去了噪音。

交流电磁铁的工作特点：

（1）作用在衔铁上的吸力在零和最大值之间脉动。

（2）衔铁受到的吸力时大时小，引起颤动，产生噪音和易导电触头烧坏。

交流电磁铁的铁芯是由硅钢片叠成的。这是因为铁芯中的磁通是交变的，要产生涡流和磁滞损耗。为了减小损耗，铁芯必须用硅钢片叠合而成。而在直流电磁铁中，因磁通是恒定的，无铁芯损耗，所以铁芯是用整块软钢制成的。

在工程机械电路中主要应用直流电磁铁。

3.3.4 电磁铁在工程机械上的应用

利用电磁铁的特点，可制成许多控制部件或执行部件应用到工程机械上，其中比较典型的应用有：

（1）牵引电磁铁：用来牵引机械装置、开启或关闭各种阀门，以执行自动控制任务。

（2）起重电磁铁：用作起重装置来吊运钢锭、钢材、铁砂等铁磁性材料。

（3）制动电磁铁：主要用于对电动机进行制动，以达到准确停车的目的。

（4）自动电器的电磁系统：如电磁继电器和接触器的电磁系统、自动开关的电磁脱扣器及操作电磁铁等。

继电器也是电磁铁的重要应用之一，是自动控制电路中常用的一种器件。它主要是利用小电流（线圈电路电流）控制大电流（衔铁控制的触点开关电路电流），在电路中起着自动操作、自动调节、安全保护等作用。工业用继电器一般体积大，通过的电流和承受的电压大。

工程机械使用的继电器属于小型继电器,常用的有电磁式和干簧式,电磁式继电器主要用作控制执行器,干簧式继电器主要用作传感器。

1. 电磁式继电器

图 3-12 为工程机械常用电磁继电器的外形和电路符号。

工程机械用电磁式继电器有多种形式:按触点开关状态不同,可分为常开、常闭、混合的形式;按接线柱(端子)数不同,可分为 3 端子、4 端子、5 端子等的形式。

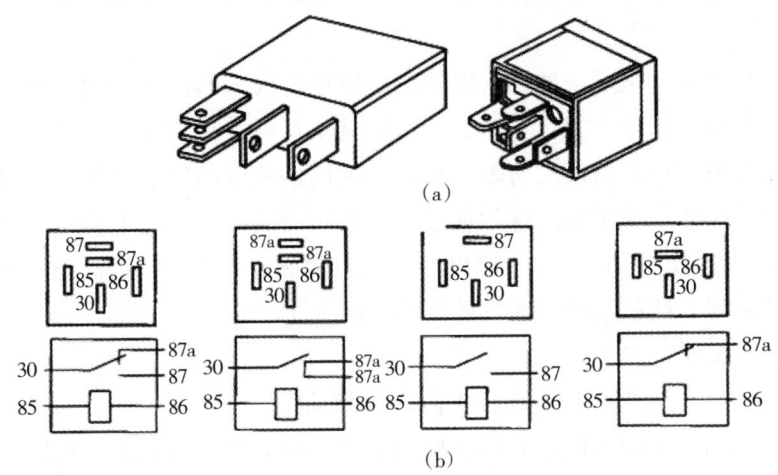

图 3-12 电磁继电器的外形和电路符号

图 3-13 为电磁继电器的内部构造图,是一个有 5 个接线端子混合开关触点的继电器。基本工作过程:励磁线圈通电,形成磁场,使衔铁受到电磁吸力的作用而吸向铁芯,同时衔铁带动动触点移动,使常闭触点断开,常开触点闭合。

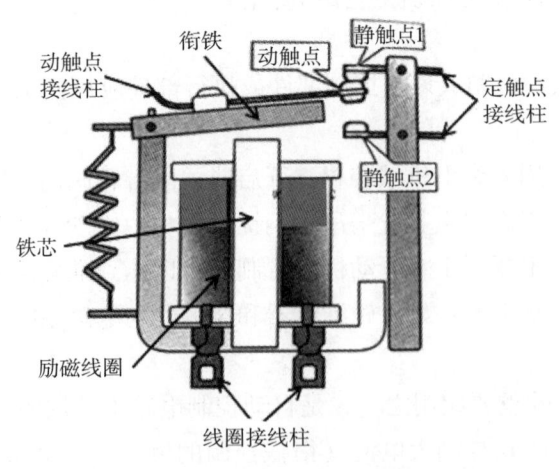

图 3-13 继电器内部构造

2. 干簧式继电器

如图3-14所示为干簧式继电器的基本组成，它的基本工作原理是：簧片开关在线圈的磁场作用下工作，把簧片开关放在磁场中，2片簧片被磁化，触点部分产生N极和S极，互相吸引，当磁吸引力大于簧片的机械弹力时，触点关闭，线圈断电，则触点断开。

在工程机械中常用干簧继电器作为液位传感器，可把线圈变为永磁铁，作为浮子随着液面高度浮动，簧片开关固定在液位监测点，来传输信号。

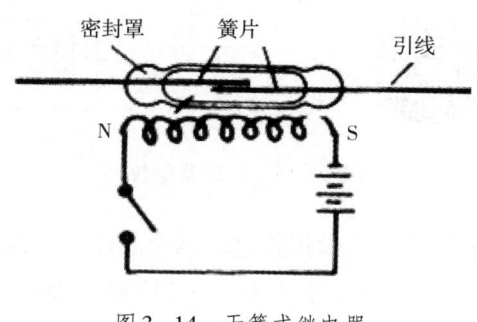

图3-14 干簧式继电器

任务3.4 认识变压器

3.4.1 电力变压器

变压器是根据电磁感应原理制成的一种静止的电气设备。

电力变压器是运用最广泛的一种变压器，其功能是将电力系统中的电压升高或降低，以利电能合理输送、分配和使用。从电厂发出的电能，要经过很长的输电线路输送给远方的用电用户，为了减少输电线路上的电能损耗，必须采用高压或超高压输送。而目前一般发电厂发的电由于受到绝缘水平的限制，电压不能太高，这就要经过变压器将电厂发出的电能的电压升高，然后再送到电力网，这种变压器称为升压变压器。对用户来说，也要经过变压器，将电力系统的高电压变成符合用户各种电气设备要求的电压，作为这种用途的变压器称为降压变压器。

除电力系统外，在许多电气系统中也常常用到变压器，例如汽油发动机上使用的点火线圈，点火线圈及其工作回路可将低压电变换成近20kV的高压电。此外，变压器在通信、广播、冶金、焊接、电子实验、电气测量、自动控制等方面，均有广泛的应用。

1. 变压器的结构

变压器是借助于电磁感应，以相同的频率，在两个或更多的绕组之间交换交流电压或电流的一种电气设备。

变压器的主要结构由铁芯和绕组组成，单相变压器结构如图3-15所示。

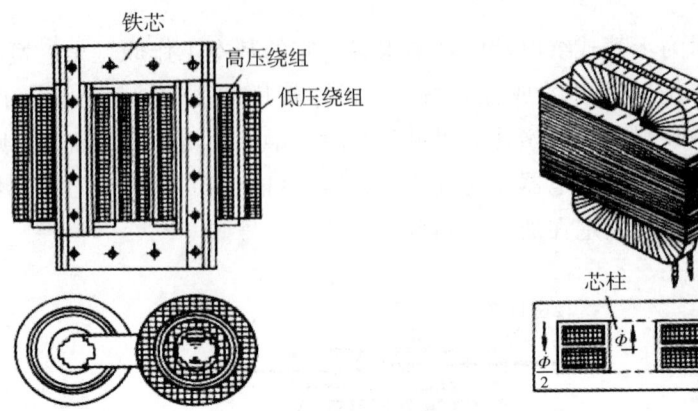

图3-15 变压器结构

铁芯是构成变压器的主体部分，承担着电磁耦合的作用。绕组构成电路的一部分，与电源连接的绕组通常称为一次绕组（原绕组），与负载相连的绕组称为二次绕组（副绕组）。一次绕组由电源输入功率，二次绕组向负载输出功率，一次绕组、二次绕组和铁芯之间都要进行绝缘。工业上使用的大容量的变压器一般都配有散热装置。

三相变压器有三个一次绕组和三个二次绕组，相当于三个单相变压器。三相变压器的一、二次绕组都可以接成星形或三角形。如图3-16（a）为三相变压器的Y—y连接，一次绕组接成Y形，二次绕组也接成Y形，并有中性线引出。而图3-16（b）为三相变压器的Y—△连接，一次绕组接成Y形，二次绕组接成△形。

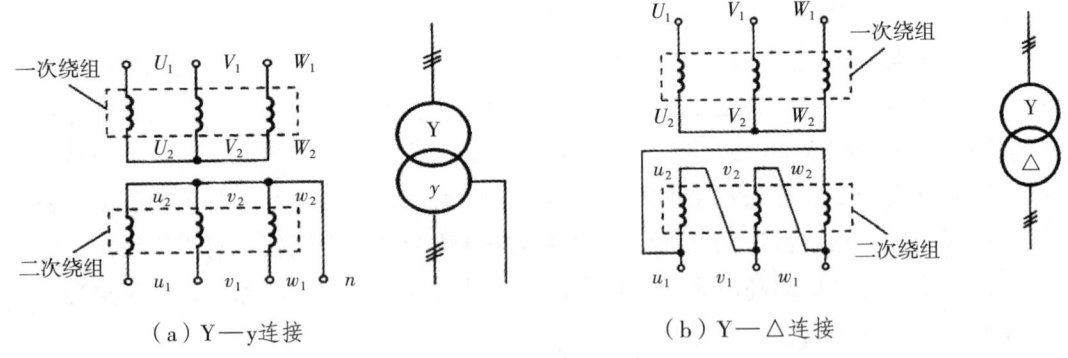

（a）Y—y连接　　　　　　　　　　（b）Y—△连接

图3-16 三相变压器的两种连接

变压器有不同的使用条件、安装环境，有不同的电压等级和容量级别，有不同的结构形式和冷却方式，所以应按不同原则进行分类。

（1）按容量分类：中小型变压器，大型变压器，特大型变压器。

（2）按用途分类：电力变压器，主要用于升压、降压、配电等。专用变压器，包括电流互感器、整流变压器、矿用变压器、音频变压器等。

（3）按相数分类：单相变压器和三相变压器。

（4）按铁芯结构分类：芯式变压器、壳式变压器。

（5）按冷却方式分类：干式变压器、油浸变压器和充气式变压器等。

2. 单相变压器的基本原理

（1）变压器空载运行

将变压器的一次绕组接交流电源，二次绕组开路，称为变压器空载运行。如图 3-17。

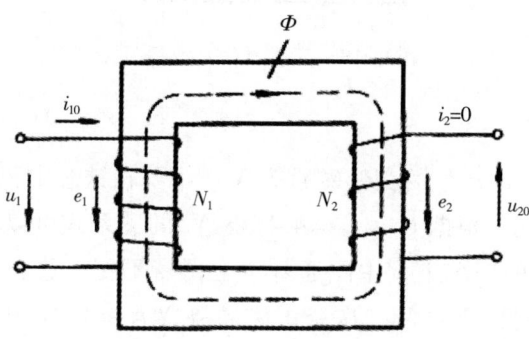

图 3-17 变压器空载运行

在一次绕组上加交流电压 u_1，流过的电流为 i_{10}，二次绕组开路，则 $i_2=0$，二次绕组的开路电压为 u_{20}。主磁通 Φ 通过闭合铁芯，在一、二次绕组中分别感应出电动势 e_1 和 e_2，e_1 和 e_2 的有效值 E_1、E_2 分别为

$$E_1 = 4.44 f \Phi_m N_1$$
$$E_2 = 4.44 f \Phi_m N_2 \tag{3-15}$$

式（3-15）中 f 为交流电源的频率、Φ_m 为铁芯中主磁通的最大值，N_1 和 N_2 分别为一、二次绕组的匝数。

如果不考虑绕组上的电阻，也忽略漏磁通的影响，变压器在空载时的电压变换关系为

$$U_1 \approx E_1$$
$$U_{20} \approx E_2$$
$$\frac{U_1}{U_{20}} = \frac{E_1}{E_2} = \frac{N_1}{N_2} = K \tag{3-16}$$

其中 K 称为变压器的变比。

当 $K>1$ 时，称为降压变压器；

当 $K<1$ 时，称为升压变压器；

当 $K=1$ 时，称为隔离变压器。

（2）变压器有载运行

将变压器的一次绕组接交流电源上，二次绕组接上负载运行，称为变压器的有载运行。变压器负载运行如图 3-18 所示。

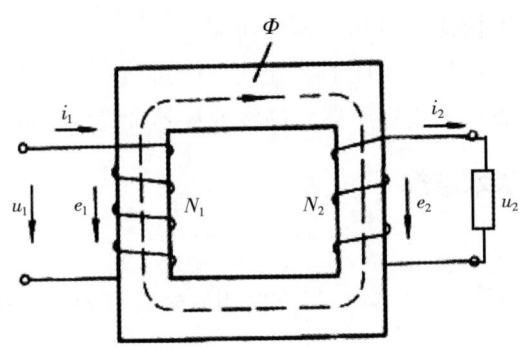

图3-18 变压器的负载运行

①电流变换作用

从电磁的角度来看，i_2产生的交变磁通势N_2i_2也要在铁芯中产生磁通，这个磁通力图改变原来铁芯中的主磁通。根据$U_1 \approx E_1 = 4.4f\Phi_m N_1$的关系式可以看出，在一次绕组的外加电压$U_1$及频率$f$不变的情况下，主磁通基本上保持不变。这表明，变压器有载运行时的磁通是由一次绕组磁通势N_1i_1和二次绕组磁通势N_2i_2共同作用下产生的合成磁通，它与变压器空载时的磁通势N_1i_{10}所产生的磁通相等，各磁通势的相量关系式为：

$$N_1i_1 + N_2i_2 = N_1i_{10} \quad (3-17)$$

这一关系式称为磁通势平衡方程。

由于空载电流很小，所以在额定情况下，N_1i_{10}相对于N_1i_1或N_2i_2可以忽略不计，由式（3-16）可得

$$N_1i_1 = -N_2i_2$$

则有效值的关系为

$$\frac{I_1}{I_2} = \frac{N_2}{N_1} = \frac{1}{K} \quad (3-18)$$

式（3-18）说明，变压器一次、二次绕组的电流在数值上近似地与它们的匝数成反比。必须注意的是，变压器一次绕组电流I_1的大小是由二次绕组电流I_2的大小来决定的。

②电压变换作用

由于此时有：$u_1 \approx -e_1$，$u_2 \approx e_2$

所以有效值的关系为

$$\frac{U_1}{U_2} \approx \frac{E_1}{E_2} = \frac{N_1}{N_2} = K \quad (3-19)$$

③变压器的阻抗变换

在电子设备中，为了获得较大的功率输出，往往对负载的阻抗有一定要求。然而负载阻抗是给定的，不能随便改变，故常采用变压器的阻抗变换来获得所需要的等效阻抗。变压器的这种作用称为阻抗变换，其电路原理如图3-19所示。

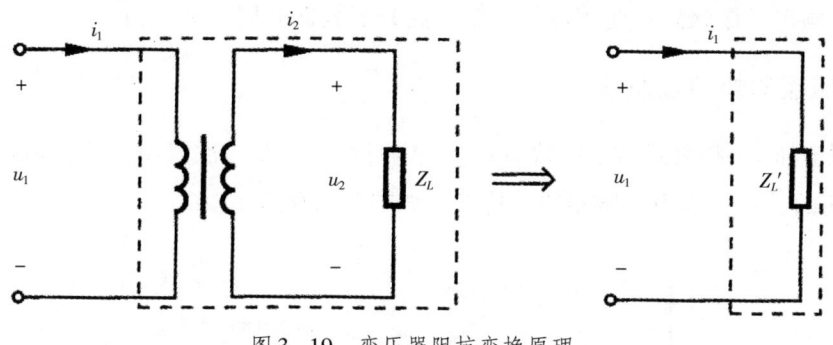

图 3-19 变压器阻抗变换原理

Z_L' 为负载阻抗 Z_L 在一次侧的等效阻抗。负载阻抗 Z_L 的端电压为 U_2，流过的电流为 I_2，变压器的变比为 K，则

$$|Z_L| = \frac{U_2}{I_2}$$

变压器一次绕组中的电压和电流分别为

$$U_1 = KU_2$$

$$I_1 = \frac{I_2}{K}$$

从变压器输入端看，等效的输入阻抗 Z_L' 为

$$|Z_L'| = \frac{U_1}{I_1} = K^2 \frac{U_2}{I_2} = K^2 |Z_L| \tag{3-20}$$

式（3-20）表明，负载阻抗 Z_L 反映到电源侧的输入等效阻抗 Z_L'，其值扩大了 K^2 倍。因此，只需改变变压器的变比，就可把负载阻抗变换为所需数值。

3. 变压器的额定值

额定值是制造厂对变压器在指定工作条件下运行时所规定的一些量值。在额定状态下运行时，可以保证变压器长期可靠地工作，并具有优良的性能。额定值亦是产品设计和试验的依据。额定值通常标在变压器的铭牌上，亦称为铭牌值，变压器的额定值主要有：

（1）额定电流（I_{1N}、I_{2N}）：额定电流是指变压器连续运行时，绕组允许通过的电流，其单位以安（A）表示。一次和二次额定电流分别为 I_{1N} 和 I_{2N}。对三相变压器，额定电流指线电流。

（2）额定电压（U_{1N}、U_{2N}）：一次额定电压 U_{1N} 是指一次绕组的正常工作电压。二次额定电压 U_{2N} 是指变压器空载且一次绕组加额定电压 U_{1N} 时，二次绕组的两端端电压。额定电压的单位用伏（V）或千伏（kV）表示。对三相变压器，额定电压指线电压。

（3）额定容量 S_N：在额定状态下变压器输出的视在功率，称为额定容量。额定容量用伏安（VA）或千伏安（kVA）表示。对三相变压器，额定容量系指三相容量之和。

（4）额定频率 f_N：我国的标准工频为 50 赫兹（Hz）。

此外，额定工作状态下变压器的效率、温升等数据亦属于额定值。

4. 变压器的外特性曲线

当电源电压 U_1 和负载功率因数 $\cos\varphi_2$ 一定时，变压器二次绕组的输出电压 U_2 和负载电流 I_2 之间的关系，称为变压器的外特性，如图 3-20 所示。

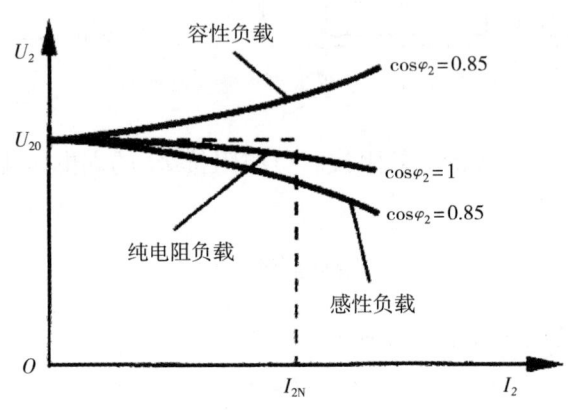

图 3-20 变压器的外特性曲线

（1）当变压器空载时（$I_2=0$），二次绕组的电压值 U_{20} 基本保持不变，即 $U_2=U_{20}$。

（2）由于变压器的绕组存在漏磁通，因此，当 I_2 随负载变化时（$I_2\neq0$），U_2 会出现波动，与负载的功率因数有关。

若负载为纯电阻负载时，U_2 随 I_2 的增高有所降低。

若负载为感性负载时，随着 U_2 的增大而很快减小，这是由于感性负载的无功电流对变压器的主磁通有较强的去磁作用，造成二次绕组的感应电动势 E_2 下降所致。

若负载为容性负载时，U_2 随着 I_2 的增大而增大，这是由于容性负载无功电流具有助磁作用，造成二次绕组的感应电动势 E_2 增加所致。

5. 变压器的电压调整率

对于负载而言，变压器相当于电源，其输出电压越稳定越好。事实上，当负载波动时，变压器二次绕组的输出电压也会波动，其变化程度由电压调整率来描述。电压调整率是指变压器由空载达到额定负载运行时，输出电压的相对变化率 ΔU，即

$$\Delta U = \frac{U_{20}-U_2}{U_{20}} \times 100\% \tag{3-21}$$

式（3-21）中，U_{20} 表示变压器空载时二次绕组的额定电压，U_2 表示变压器额定负载运行时二次绕组的输出电压。变压器的电压调整率较小，在规定的功率因数条件下，电压调整率一般不超过 5%。

3.4.2 特殊变压器

1. 自耦变压器

自耦变压器的特点是一次侧与二次侧共用一个绕组，一次侧、二次侧既有磁的联系又有电的联系。由自耦变压器构成的调压器，其二次侧绕组匝数可以通过滑动触头任意改变，如图3-21。因此，二次侧的电压可以平滑调节。使用自耦变压器时应注意以下几点：

（1）不要把输入、输出端搞错，即不能将电源接在输出端的滑动触头侧，若错接可把调压器烧坏。

（2）电源的输入端一般有三个接头，若错接就会把变压器烧坏。如图3-21（b）所示，它可用于220V和110V的电压。

（3）接通电源前，应将滑动触头旋至零位，然后接通电源，逐渐转动手柄，至所需的数值。

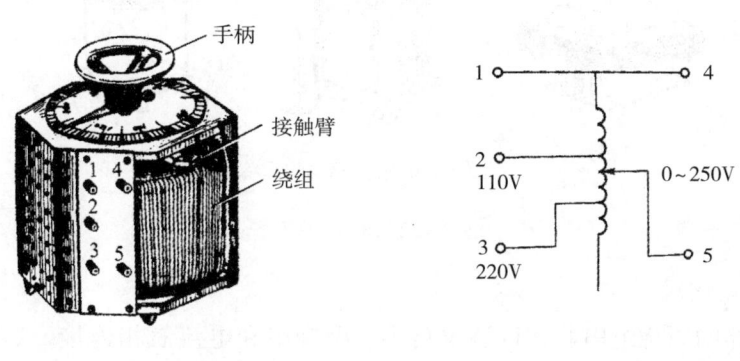

(a) 自耦变压器实物　　　　　　(b) 自耦变压器原理

图3-21　自耦变压器

2. 仪用互感器

在电工测量中经常要测量高电压或大电流，为了保证测量者的安全及按标准规格生产测量仪表，必须将待测电压或电流按一定比例降低，以便于测量。用于测量的变压器称为仪用互感器，按用途可分为电压互感器和电流互感器。

（1）电压互感器

电压互感器的原绕组并联在被测的高压电路上，副绕组和电压表相连，如图3-22。其工作原理为

$$\frac{U_1}{U_2} = \frac{N_1}{N_2}$$

被测电压　　　　　　$U_1 = \left(\dfrac{N_1}{N_2}\right) U_2 = k_U U_2$ 　　　　　　(3-22)

式（3-22）中的 k_U 称电压互感器的电压比（变化率），测量后，只要再将电压表的读数乘以倍率 k_U，就是被测电压 U_1 的值。

为了降低电压的需要，通常规定电压互感器副绕组的额定电压设计成标准值，由于电压互感器的副边电流很大，因此副绕组不允许短路。

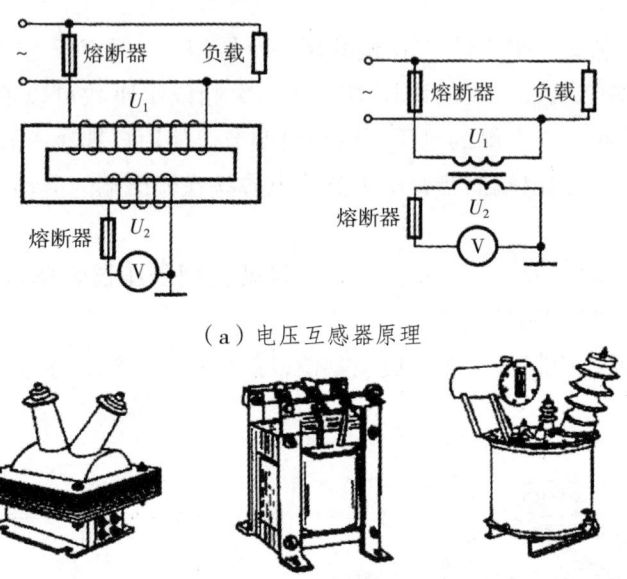

(a) 电压互感器原理

(b) 电压互感器外形

图 3-22 电压互感器

(2) 电流互感器

电流互感器的原绕组串联在待测电路中，副绕组和电流表相连接，如图 3-23 所示。工作原理由图 3-23（a）所示。

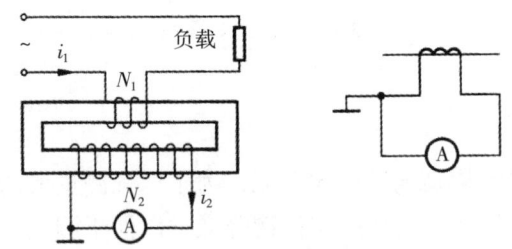

(a) 电流互感器原理

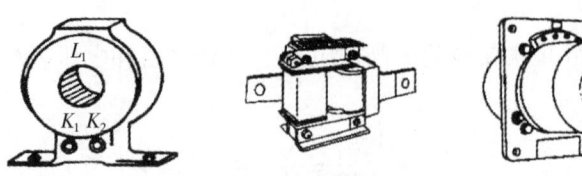

(b) 电流互感器外形

图 3-23 电流互感器

$$\frac{I_1}{I_2} = \frac{N_1}{N_2} = \frac{1}{K}$$

被测电流
$$I_1 = \frac{I_2}{K} \tag{3-23}$$

通常规定电流互感器二次绕组的额定电流设计成标准的 5A。由于电流互感器的原绕组匝数较少，而副绕组匝数较多，这将在副绕组中产生很高的感应电动势，因此电流互感器的副边不允许开路。

(3) 钳形电流表

钳形电流表简称钳形表，是一种便携式交流电流表，使用方便，应用广泛。和普通电流表相比，钳形电流表测量交流电流不用断开被测线路，只要将钳口张开，把被测导线放入钳口内，即可显示被测电流的大小。这种仪表测量精度不高，常用于对线路、设备的运行情况做粗略了解。

有些钳形电流表除了测量交流电流以外，还可以测量电压、电阻等。

钳形电流表由电流互感器和电磁式电流表组成，其外形与结构如图 3-24 所示。电流互感器的铁芯由硅钢片叠成，呈钳形，钳口可以开合，由手柄控制。铁芯上绕线圈，相当于电流互感器的二次线圈，线圈两端连着电流表。钳形电流表有几挡量程，量程的选择由量程选择旋钮控制。使用时，握紧手柄，钳口张开，将被测载流导线放入钳口内。该导线相当于电流互感器的一次线圈。然后松开手柄，钳口闭合，互感器铁芯中的交变磁通在二次线圈中产生感应电流，与被测电流成正比，与二次线圈相连的电流表即可显示被测电流值。

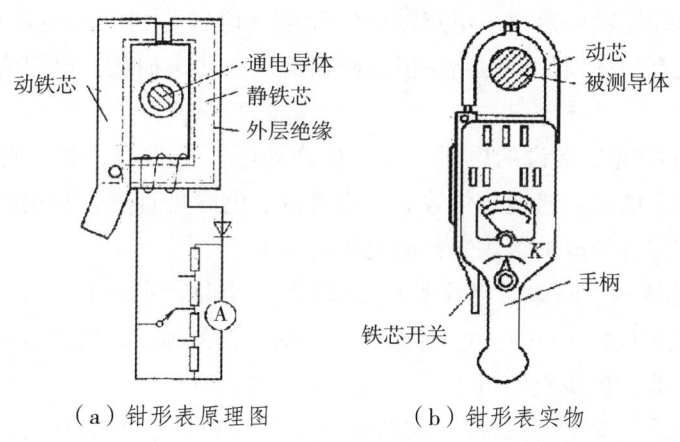

(a) 钳形表原理图　　(b) 钳形表实物

图 3-24　钳形表

3. 点火线圈

工程机械汽油车点火系中的点火线圈，实质上也是一个变压器。如图 3-25 所示，闭磁路点火线圈铁芯上绕有一次线圈和二次线圈。二次绕组匝数多，二次绕组感应产生的电动势应达 15~20kV，才能击穿火花塞间隙，产生足够的火花能量，可靠点火。

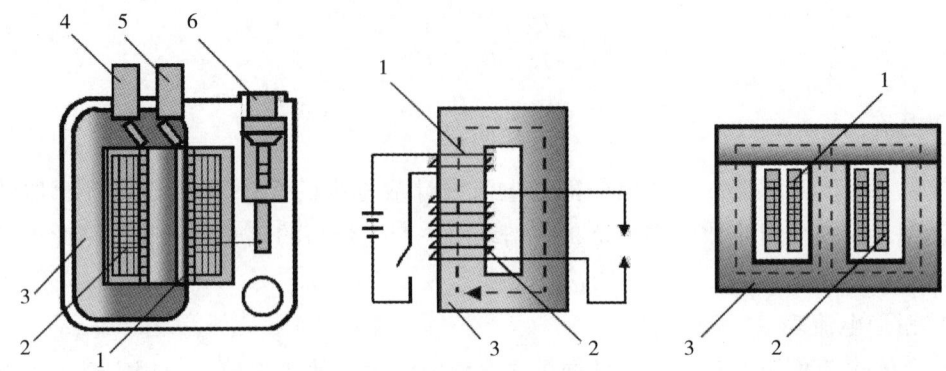

1—初级绕组；2—次级绕组；3—铁芯；4—正接线柱；5—负接线柱；6—高压插孔。

（a）闭磁路点火线圈　　　（b）口字形铁芯　　　（c）日字形铁芯

图3-25　闭磁路点火线圈磁路

【项目小结】

1. 介绍了磁场的基本概念，如磁通、磁感应强度、磁导率、磁场强度之间的关系。电流周围存在磁场，即电流的磁效应。当闭合电路的一部分导体在磁场中做切割磁力线运动时，导体中有感应电流产生的现象，称作"磁生电"。工程机械发电机即是采用该原理制成的。

2. 磁路是磁通集中通过的路径，由于磁性物质具有高导磁性，所以很多电气设备使用铁磁材料作为铁芯构成磁路。磁路与电路具有相似性，如磁通—电流、磁动势—电动势、磁阻—电阻、磁路欧姆定律—电路欧姆定律等。但磁路和电路还是有很多不同点的，如电路中有电流就有功率损耗，磁路中恒定磁通下没有功率损耗；电阻为常数，磁阻为变量等。

3. 直流铁芯线圈就是常说的电磁铁。利用其通电产生磁力、断电则磁力消失的原理可将电磁铁用于控制电路、搬运物体等。工程机械上电源是直流，常用的继电器都是利用直流铁芯线圈工作原理制成的，用来控制电路的通断。

4. 在交流铁芯线圈电路中，当频率f、匝数N一定时，主磁通中Φ_m的大小与电源电压U成正比，当电源电压U一定时，主磁通Φ_m基本保持恒定。此关系适用于一切交流励磁的磁路，如变压器、异步电动机等。

5. 变压器是利用电磁感应原理制成的重要电气设备。它主要由铁芯和绕组构成，具有电压变换、电流变换和阻抗变换的作用。

电压变换：在空载运行时，一次、二次侧电压之间有如下的关系

$$\frac{U_1}{U_2} = \frac{N_1}{N_2} = K$$

电流变换：在负载运行时，一次、二次侧电流之间有如下的关系

$$\frac{I_1}{I_2} = \frac{N_2}{N_1} = \frac{1}{K}$$

阻抗变换：在二次侧接有负载 Z_L，对电源来讲，相当于接入一个 Z_L' 的等效阻抗，即

$$Z_L' = K^2 Z_L$$

6. 为了正确选择和使用变压器，必须了解和掌握其额定值（型号、容量、电压、电流、温升），并了解变压器的外特性和电压调整率的意义和作用。

7. 变压器的损耗包括铜损和铁损，铁损包括磁滞损耗和涡流损耗。

【思考与练习】

1. 填空题

（1）涡流损耗会引起铁芯_____，减小的方法可采用_____叠成铁芯。

（2）变压器是根据_____原理制成的电气设备。

（3）工程机械控制电路用的继电器，其实质是根据_____铁芯线圈特点制成的。

（4）一台理想变压器，其一次线圈 220 匝，二次线圈 440 匝，并接一个 100 欧的负载电阻。

①当一次线圈接在 44V 直流电源上时，二次线圈电压_____V，电流_____A。

②当一次线圈接在 220V 交流电源上时，二次线圈电压_____V，电流_____A。

2. 计算题

（1）已知某单相变压器接在 220V 单相电源上空载运行，它空载时二次电压为 20V，如果它的副绕组为 100 匝，求原绕组的匝数。

（2）单相变压器的初级电压 $U_1 = 6000\text{kV}$，次级电流 $I_2 = 100\text{A}$，其变比 $K = 15$，求次级电压和初级电流各为多少。

（3）某台供白炽灯照明的变压器，副绕组的端电压 $U_2 = 220\text{V}$，电流 $I_2 = 26.5\text{A}$，输入原绕组的功率为 6kVA。求这变压器的效率。

（4）一个效率 80%、电压为 380/36V 的变压器，它的输入功率为 125VA，问：能否向 3 个 36V、40W 的车床照明灯供电？为什么？

（5）已知变压器原边匝数 $N_1 = 990$ 匝，原边电压 $U_1 = 220\text{V}$，当副边接入一电阻性负载，测得流过负载的电流 $I_2 = 1\text{A}$，消耗的功率 $P_2 = 10\text{W}$，求该变压器副绕组的匝数和负载电阻的阻值。

（6）一台单相变压器的额定容量为 2kVA，额定电压为 220/36V，求：

①原边和副边的额定电流；

②当原边加额定电压后，是否在任何负载下原绕组中的电流都是额定值？

③如果副边接 36V、100W 的白炽灯 15 盏，求此时的原边电流。若只接 2 盏，原边的电流又为多少？

(7) 阻抗为8Ω 的扬声器，通过一台变压器接到晶体管放大电路的输出端。已知阻抗完全匹配，且变压器原绕组为500 匝，副绕组为100 匝。求变压器原边电路的阻抗值为多少。

【技能训练】

实训3－1　检测工程机械电磁继电器

1. 实训目的

（1）利用万用表检测电磁继电器的组成结构；
（2）能够分析电磁继电器的工作原理；
（3）绘制电磁继电器的工作原理图。

2. 实训器材

（1）工程机械用电磁继电器；
（2）万用表。

3. 实训内容及步骤

（1）观察电磁继电器外形；
（2）用万用表测量电磁继电器外接线端子，确定内部电路构成；
（3）绘制继电器工作电路图；
（4）打开继电器盖，观察内部组成结构；
（5）用万用表测量继电器线圈。

4. 思考题

（1）3 接线端子、4 接线端子、5 接线端子继电器结构有何区别？
（2）含有二极管的继电器，万用表测量时是否有区别？

实训3－2　检修工程机械电磁继电器电路

1. 实训目的

（1）了解工程机械喇叭控制电路；
（2）掌握工程机械喇叭继电器控制作用；
（3）掌握继电器的检测方法。

2. 实训器材

（1）工程机械用电磁继电器；
（2）万用表；
（3）蓄电池；
（4）工程机械用喇叭及喇叭按钮。

3. 实训内容及步骤

（1）识读电路图，查找喇叭线路。电路如图3-26所示。

（2）用万用表检测电路图3-26中A端电压是否正常。电压不正常，故障在蓄电池到继电器之间的电路中。电压正常，则继续检测。

（3）用万用表测量电路图3-26中C端电压是否正常。电压不正常，继电器线圈故障。电压正常，继续检测。

（4）第（3）项电压正常时，用万用表测量电路图3-26中B端电压是否正常。电压不正常，继电器故障。电压正常，喇叭或继电器到喇叭之间线路故障。

4. 思考题

（1）喇叭按钮接通和断开时，图3-26中C端的电压是否一样，正常值大约为多少？

（2）继电器触点闭合和断开时，图3-26中B端的电压是否一样，正常值大约为多少？

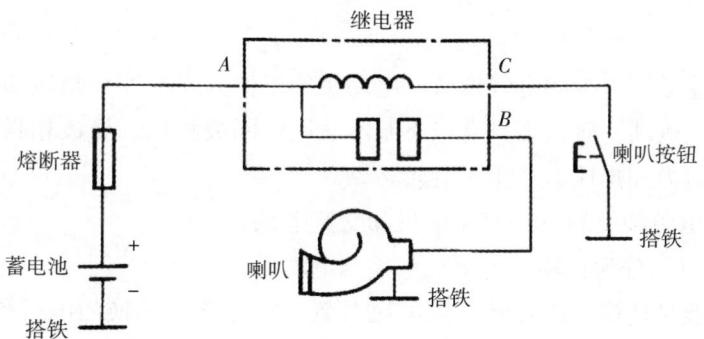

图3-26 喇叭电路

项目4　认识电动机

> **知识目标**

1. 了解三相异步电动机的基本结构组成；
2. 理解三相异步电动机基本工作原理；
3. 掌握三相异步电动机的启动、调速与制动方式；
4. 掌握自行式工程机械起动机用直流电动机的结构、基本工作原理；
5. 了解工程机械常用直流电动机的种类；
6. 掌握步进电机的结构、基本工作原理。

> **能力目标**

1. 能够正确识别电动机在电路图中的文字符号和图形符号；
2. 能够看懂三相异步电动机的铭牌和参数；
3. 能够正确区分三相异步电动机星形和三角形连接。

电动机是工业必不可少的电气设备，电动机的工作方式不外乎与磁铁和磁性相关：电动机使用磁铁产生运动。磁铁都具有以下基本法则：同极相斥，异极相吸。在电动机的内部，就是这些吸引力和排斥力产生了旋转运动。

（1）按工作电源种类划分：直流电机和交流电机；

（2）按用途可划分为：驱动电动机和控制电动机。

电机是实现能量转换或信号转换的电磁装置。用作能量转换的电机称为驱动电动机，用作信号转换的电机称为控制电动机。

驱动电动机有电动工具用电动机、家电用电动机及其他通用小型机械设备用电动机。控制电动机有步进电动机和伺服电动机等。

任务4.1 认识异步电动机

4.1.1 三相异步电动机

三相异步电动机属于交流电动机,其结构简单、制造容易、坚固耐用、维修方便,同时成本低廉、价格便宜,所以被广泛应用于各种生产设备中。

1. 三相异步电动机的结构

三相异步电动机的外形结构如图4-1所示,内部的结构如图4-2所示。它的两个主要部分是固定部分(定子)和旋转部分(转子)。

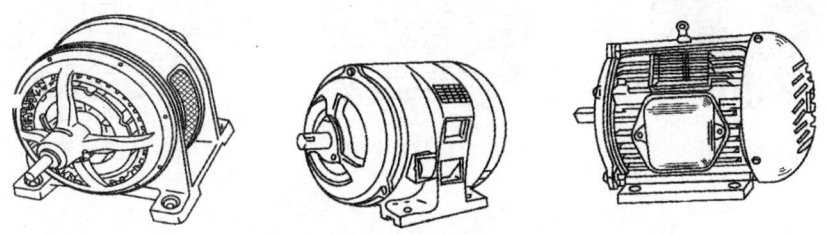

图4-1 三相异步电动机的外形

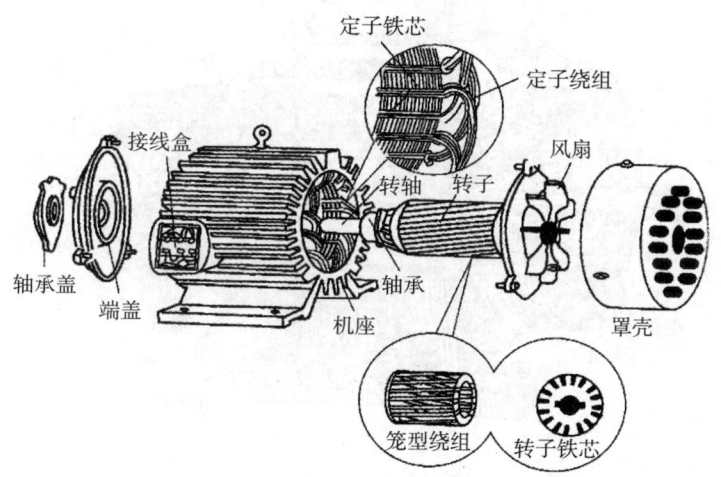

图4-2 三相异步电动机的组成

(1)定子

三相异步电动机的定子是由定子铁芯、定子绕组和机座三部分组成。

定子铁芯由硅钢片叠压而成,用于导磁,其内表面有槽,用于镶嵌定子绕组。定子绕组共有三组,其匝数相同且绕向一致,并按照120°的空间角排列,三组定子绕组连接三相电源,用于产生旋转磁场。机座一般由铸铁制成,起固定支撑、通风散热的作用。

(2) 转子

三相异步电动机的转子主要由转子铁芯、转子绕组和转轴等组成。

转子铁芯呈现圆柱形,固定在转轴上,它常由硅钢片叠压而成,用于导磁,其外表面有槽,用于镶嵌转子绕组。转子绕组用于产生感应电流,形成电磁转矩并拖动负载。

三相异步电动机的转子形式有两种,一种是鼠笼式转子(如图4-3)。鼠笼式转子绕组是在转子铁芯的下线槽内放置铜条,两端用短路环连接,也可以用铸铝的方式制作,制作方法简单。另一种是绕线式转子(如图4-4)。绕线型转子的槽内嵌有用绝缘导线组成的三相绕组,绕组的三个出线端接到设置在转轴上的三个集电环上,再通过电刷引出。

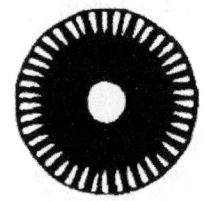 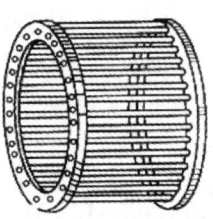 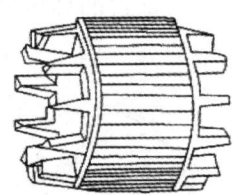

(a) 硅钢片　　　　　(b) 鼠笼式线圈　　　　(c) 鼠笼式铸铝转子

图4-3　三相鼠笼式转子

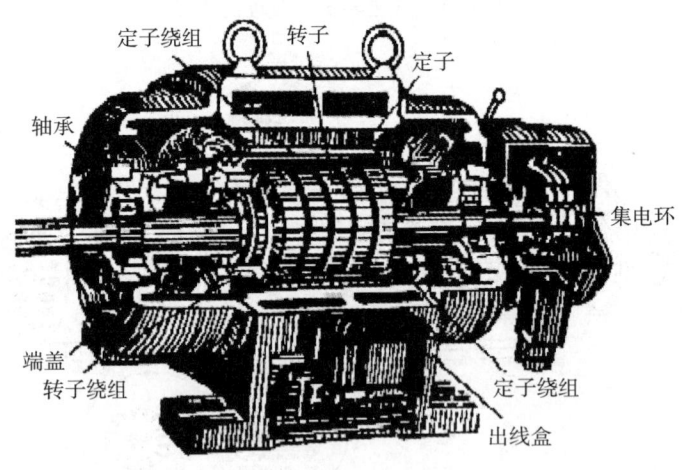

图4-4　三相绕线式电机的组成

与笼型转子相比较,绕线型转子的优点是可以通过集电环和电刷,在转子回路中串入外加电阻,如图4-5(a)。这样可以改善电动机的起动性能并可通过改变外加电阻在一定范围内调节电动机的转速。但绕线型异步电动机比鼠笼型异步电动机结构复杂,价格较贵,运行的可靠性也较差。因此只在要求起动电流小、起动转矩大,或需要调速的场合下使用。

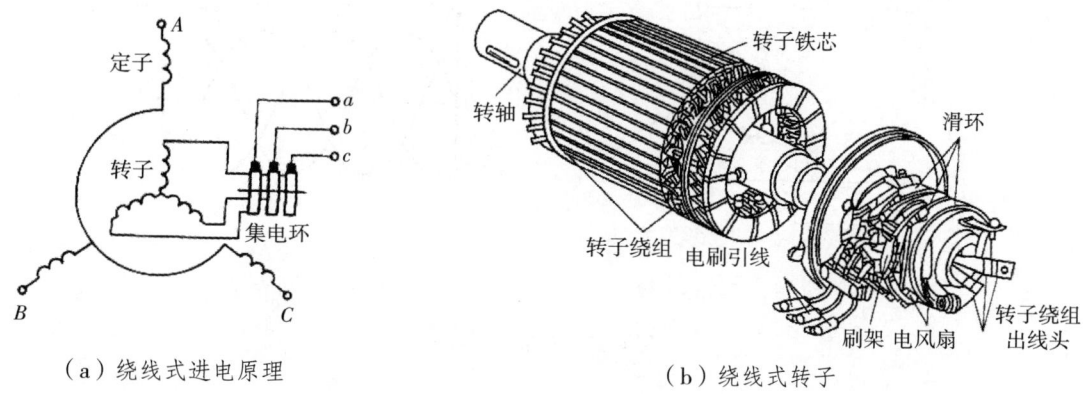

（a）绕线式进电原理　　　　　（b）绕线式转子

图 4-5　三相绕线式电动机

2. 三相异步电动机的转动原理

如图 4-6 所示把一个闭合线圈放在蹄形磁体的两磁极之间，蹄形磁体和闭合线圈都可以绕转轴转动。当转动蹄形磁体时，可以看到线圈随即也跟随着转动起来。蹄形磁体产生的磁场可以视为"旋转磁场"。实际上，三相异步电动机的转动利用的就是"旋转磁场"原理。

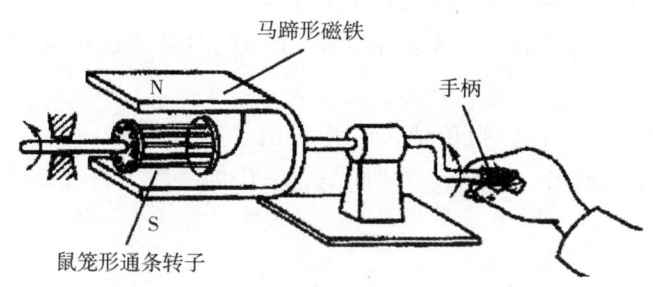

图 4-6　闭合线圈随蹄形磁体转动

（1）旋转磁场的产生

三相异步电动机定子绕组是三相绕组，其各相绕组的首端分别用 U_1、V_1、W_1 表示，末端分别用 U_2、V_2、W_2 表示，它们在空间互差120°角，成 Y 形（或 △ 形）连接，如图 4-7（a）所示。通入三相对称电流，假定电流的正方向由线圈的始端流末端，如图 4-7（b），流过三相的对称电流波形：

$$
\begin{aligned}
i_U &= I_m \sin \omega t \\
i_V &= I_m \sin (\omega t - 120°) \\
i_W &= I_m \sin (\omega t + 120°)
\end{aligned}
\qquad (4-1)
$$

(a)三相对称电流　　　　　　　(b)三相对称电流波形

图 4-7　三相对称电流

图 4-8 所示为三相异步电动机旋转磁场产生的工作原理。

当 $\omega t = 0$ 时，$i_1 = 0$，第一相绕组（U_1、U_2 绕组）无电流；i_2 为负值，第二相绕组（V_1、V_2 绕组）电流从 V_2 流进，从 V_1 流出，与规定的电流参考方向相反；i_3 为正值，第三相绕组（W_1、W_2 绕组）电流从 W_1 流进，从 W_2 流出。画出此时的合成磁场，如图 4-8（a）所示。可以看出，合成磁场的方向和一对磁极产生的磁场一样，相当于 N 极在上、S 极在下的两极磁场，合成磁场的方向是左边进而右边出。

当 $\omega t = 120°$ 时，i_1 为正值，电流从 U_1 流进，从 U_2 流出；$i_2 = 0$，i_3 为负值，电流从 W_2 流进，从 W_1 流出。用同样的方法可画出此时的合成磁场，如图 4-8（b）所示。可以看出，合成磁场的方向按顺时针方向旋转了 120°。

当 $\omega t = 240°$ 时，i_1 为负值，i_2 为正值，$i_3 = 0$。此时合成磁场又朝顺时针方向旋转了 120°，如图 4-8（c）所示。

当 $\omega t = 360°$ 时，$i_1 = 0$，i_2 为负值，i_3 为正值。其合成磁场又沿顺时针方向旋转了 120°，如图 4-8（d）所示。此时电流流向与 $\omega t = 0°$ 时一样，合成磁场与 $\omega t = 0°$ 相比，共转了 360°。

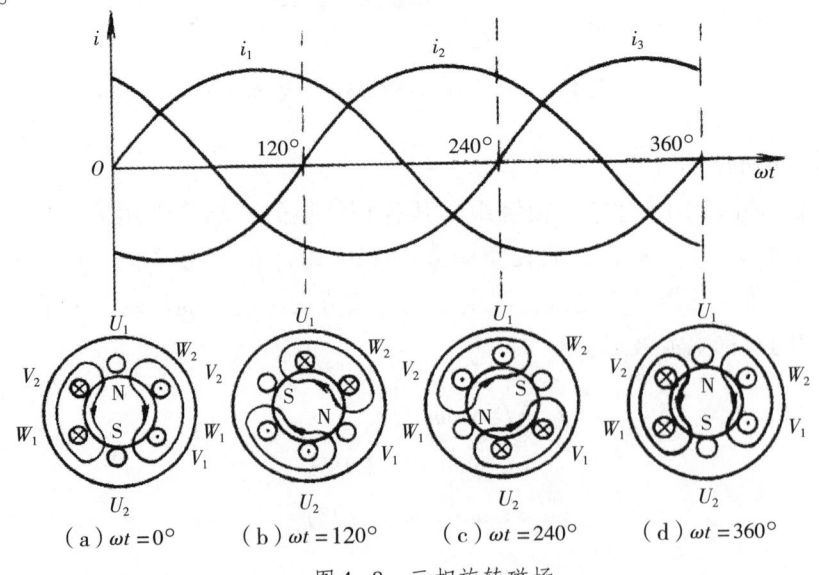

(a)$\omega t = 0°$　　(b)$\omega t = 120°$　　(c)$\omega t = 240°$　　(d)$\omega t = 360°$

图 4-8　三相旋转磁场

由此可见，随着定子绕组中三相电流的不断变化，它所产生的合成磁场也不断地向一个方向旋转。当正弦交流电变化一周时，合成磁场在空间中也正好旋转一周。

上述电动机的定子每相只有一个线圈，所得到的是两极旋转磁场，相当于一对 N、S 磁极在旋转。如果想得到四极旋转磁场，可以把线圈的数目增加 1 倍，也就是每相由两个线圈串联组成，这两个线圈在空间中相隔 180°，这样，定子各线圈在空间中相隔 60°。当这 6 个线圈通以三相交流电时，就可以产生具有两对磁极的旋转磁场。

具有 p 对磁极时，旋转磁场的转速为：

$$n_0 = \frac{60 f_1}{p} \tag{4-2}$$

式（4-2）中，n_0 为旋转磁场的转速（又称同步转速），单位 r/min；

f_1 为定子的电流频率，即电源频率，单位 Hz；

p 为旋转磁场的磁极对数。

（2）感应电流的产生

当三相异步电动机定子的三相绕组接入三相对称交流电源时，就会产生旋转磁场，旋转磁场在定子、转子之间的气隙里以同步转速旋转，这时旋转磁场与转子间有相对转动，转子导体受到旋转磁场磁感应线的切割，根据电磁感应定律，转子导体中会产生感应电流如图 4-9 所示。

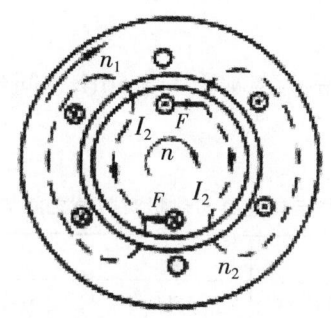

图 4-9 三相异步电动机的磁场与电磁力

根据右手定则，可以判断出导体中感应电动势的方向。因为三相异步电动机转子绕组自行闭合已构成回路，所以在转子导体回路中就将产生感应电流。

（3）电磁转矩的产生

由于电流导体在磁场中会受到电磁力的作用，用左手定则可以判断出转子导体中感应电流所受电磁力的方向。

转子上半部分导体的感应电流的方向是穿出纸面的⊙，下半部分导体的感应电流的方向是进入纸面的⊗，于是转子在磁场中要受到磁场力的作用。根据左手定则可以判定，转子上半部分导体所受磁场力方向向右，下半部分导体所受磁场力方向向左。这两个力对于转轴形成电磁转矩，电磁转矩方向与旋转磁场的旋转方向一致，因此转子顺着旋转磁场的方向旋转起来。这就是三相异步电动机的转动原理。

不难看出,在转动过程中,转子的转速 n 始终低于旋转磁场的转速 n_0。假如转子的转速 n 一旦达到了旋转磁场的转速 n_0 时,转子导体与旋转磁场之间就没有相对运动,转子将不切割磁力线,其电磁转矩也将为零。由于只有转子和旋转磁场之间有了相对运动,才可以产生电磁转矩,维持转子继续旋转。因此,转子总是以 $n<n_0$ 的转速转动,故这种电动机被称为"异步电动机"。

旋转磁场的转速 n_0 与转子转速 n 之差称为转差,转差 Δn 与同步转速 n_0 的比值称为转差率,用 s 表示,即:

$$s = \frac{n_0 - n}{n_0} \tag{4-3}$$

转差率是分析电动机运行情况的一个重要参数。在电动机启动瞬间,$n=0$,$s=1$。随着 n 的上升,s 不断下降。当电动机在额定负载下运行,电动机的额定转速 n_N 接近同步转速 n_0,此时的额定转差率很小,一般为 $1\% \sim 8\%$。

将 $n_0 = \frac{60f}{p}$ 代入 $s = \frac{n_0 - n}{n_0}$,得:

$$n = (1-s)n_0 = (1-s)\frac{60f}{p} \tag{4-4}$$

式(4-4)中:f 为电源频率,p 为旋转磁场磁极对数,n_0 为旋转磁场的转速,n 为转子的转速,s 为转差率。

国产三相异步电动机定子电流频率都为工频50Hz,同步转速 n 与磁极对数 p 之间的关系如表4-1所示。

表4-1 同步转速 n 与磁极对数 p 之间的关系分析

磁极对数 p	1	2	3	4	5
同步转速 n (r/min)	3000	1500	1000	750	600

通过以上分析可知,异步电动机的转动方向与旋转磁场的转动方向是一致的,如果旋转磁场的方向变了,转子的转动方向也要随着改变,而旋转磁场的旋转方向又由三相电源的相序决定。因此,要改变电动机的转动方向,只需改变三相电源的相序,把接到定子绕组首端上的任意两根电源线对调即可。

3. 三相异步电动机的铭牌与参数

铭牌是电动机使用和维修的依据。必须按铭牌上所写额定值和要求去使用和维修电动机。通常电动机铭牌上要标出电动机型号、额定功率、额定电压、额定电流、额定频率、额定效率、额定转速、额定功率因数、转子电压、转子电流、绝缘等级、温升等。图4-10是某三相异步电动机铭牌。

型号	Y112M4	功率	4kW	频率	50Hz
电压	380V	电流	8.6A	接法	△
转速	1440r/min	功率因数	0.85	工作方式	连续
绝缘等级	E	重量	59kg	温升	60℃
出厂编号				出厂日期	
				××电机厂	

图 4-10 三相异步电动机铭牌

（1）型号：如 Y112M4，Y 之意为异步，112 表示机座中心高 112mm，M 为机座长度（S——短机座，M——中机座，L——长机座），4 表示磁极数。

（2）额定功率 P_N：额定功率是指，电动机在铭牌规定条件下正常工作时电动机转轴上的额定输出机械功率，通常用 P_N 表示。

（3）效率：电动机从电源取用的电功率称为输入功率 P_{1N}。

$$P_{1N} = \sqrt{3} U_N I_N \cos \varphi \tag{4-5}$$

式（4-5）中 $\cos \varphi$ 是定子的功率因数。

P_N 与 P_{1N} 之比为电动机的效率，用 η 表示，即

$$\eta = \frac{P_N}{P_{1N}} \tag{4-6}$$

[例 4-1] Y112M4 型电动机的参数如图 4-10 铭牌数据所列，求此电动机的效率。

解：
$$P_{N1} = \sqrt{3} U_N I_N \cos \varphi = \sqrt{3} \times 380 \times 8.6 \times 0.85 = 4.8 \text{kW}$$

$$P_N = 4 \text{kW}$$

$$\eta = \frac{P_N}{P_{N1}} = \frac{4}{4.8} = 83\%$$

（4）额定电压：电动机在额定状态下运行时加到定子绕组上的线电压。

（5）额定电流：额定电流是指在额定电压下，轴上输出额定功率时定子绕组的线电流。

（6）额定转速 n_N：电动机在额定状态下运行时转子的速度。

（7）额定频率：额定频率是指加在电动机定子绕组上的电源频率，工频为 50Hz。

（8）功率因数 $\cos\varphi$：电动机输出额定功率时，定子绕组相电压与相电流之间相位差的余弦。三相电动机的功率因数比较低，在额定负载时为 0.7~0.9，而在轻载或空载时更低，空载有 0.2~0.3。因此，必须正确选择电动机的容量，防止"大马拉小车"，并尽量避免在轻载或空载的情况下运行。

（9）电动机三相绕组接法：电动机三相绕组六个接线端的连接方法有星形（Y）和三角形（△）两种。

（10）温升：在电动机运行中，部分电能转换成热能，使电动机温度升高，经过一定

时间，电能转换的机械能所散发的热能平衡，机身温度达到稳定。在稳定状态下，电动机绕组在工作时平均温度与环境温度之差，规定为电动机温升。而环境温度规定为40℃，如果温升为60℃，表明电动机额定工作温度（用电阻法测量）不能超过100℃。

（11）绝缘等级：电动机绕组所用绝缘材料按它的允许耐热程度规定的等级，它决定电动机工作时允许的最高温度。

表4-2 绝缘材料的耐热等级和极限温度

单位：℃

耐热等级	Y	A	E	B	F	H	C
极限温度	90	105	120	130	155	180	>180

（12）工作方式：电动机的工作方式分为三种，连续工作方式、短时工作方式和断续工作方式。

4. 电动机的种类选择

三相异步电动机应用最广泛。电动机的选择是为了保证生产过程的顺利进行，并获得良好的经济技术指标。应根据生产机械的需要和工作条件，合理地选用电动机的种类、结构形式、电压、转速和功率。选择电动机的原则是可靠、经济与安全。

三相笼型异步电动机具有构造简单、价格便宜、运行可靠、硬机械特性、具有一定过载能力、控制及维护方便等优点。因此凡额定功率小于100kW，而且不要求调速的生产设备，如水泵、风机、运输机、压缩机、金属切削机床等设备，都广泛使用三相笼型异步电动机。

（1）结构形式的选择

生产机械的种类繁多，它们的工作环境也各不相同。如果电动机在潮湿或含有酸性气体的环境中工作，则绕组的绝缘很快受到侵蚀；如果在灰尘很多的环境中工作，则电动机很易脏污，致使散热条件恶化。因此，电动机外形结构的选择，一方面要保证安全可靠地工作，另一方面要考虑经济节约。

（2）电压和转速的选择

电动机电压等级的选择，取决于电动机类型、功率以及使用地点的电源电压。功率小于100kW的Y系列笼型电动机的额定电压只有380V一个等级，只有功率大于100kW，才可在允许的条件下选用3kV、6kV或10kV的高压电动机。三相异步电动机同步转速有3000r/min、1500r/min、1000r/min、750r/min、600r/min等，功率相同的电动机，同步转速愈高，极对数愈少，体积就愈小，价格也愈便宜。因转速高的电动机具有较高的经济指标，一般选用1500r/min的较多，即四极异步电动机。若生产机械要求低速，选用低速电动机可直接传动，省去减速装置，简化传动设备，降低总设备投资，仍是适宜的。

（3）功率（容量）的选择

选择电动机，首先要考虑的是电动机的功率（容量）的选择。合理选择电动机的功率有重大的经济意义。功率的选择，应注意使电动机的功率能得到充分利用，并能降低投资。如果电动机的功率选大了，虽然能保证正常运行，但不经济。因为这不仅使设备投资增加，电动机未被充分利用，而且由于电动机经常不是在满载下运行，它的效率和功率因数都不高。如果电动机的功率选小了，就不能保证电动机和生产机械正常运行，并使电动机由于过载而过早地损坏。因此，电动机的功率应等于或略大于负载功率，才能获得较高的经济效益。正确选择电动机功率除应满足生产机械的转矩及转速的要求外，还必须符合下列三点选择准则：

电动机工作时，其发热应接近许可的温升，不得超过；

电动机必须具有一定的过载能力，以保证短时过载时能正常运行；

电动机应具有生产机械所需要的启动转矩。

5. 电动机维护与使用

做好电动机的维护工作，对保证电动机的正常运行具有重要意义。平时应注意使电动机保持清洁。电动机上的污垢要用干布擦净，内外的灰尘可用压缩空气或手风箱来清除。电动机应放在通风干燥处，不要使它受潮。电动机在运行前要注意检查以下几点：

（1）电动机的紧固螺钉是否齐全，电动机的固定情况是否良好。

（2）电动机的传动机构运转是否灵活、工作是否可靠。

（3）绕线型异步电动机的电刷与滑环之间是否清洁，有无灼伤痕迹。

（4）电动机和电源引入线的接头处有无松散和灼伤现象。

（5）电动机金属外壳上的接地线是否牢固。

（6）检查电动机各绕组之间、绕组与机壳（大地）之间的绝缘电阻。低压电动机的绝缘 E 通常要求在 $0.5M\Omega$ 以上，若绝缘电阻达不到要求，应将电动机烘干再用。维护时测量绝缘电阻一般应该使用电压等级为 500V 的兆欧表。

（7）电动机运行中的监测。电动机在运行中，应注意它的各部分温度是否超过允许值，有没有不正常的振动和噪声，有无绝缘漆被烧焦的气味。如发现有故障，应停止运行，及时检查修理。也可通过对电流的测量，掌握运行中的电动机的运行情况。交流电动机所可以用钳形电流表测量，有的电动机则在控制屏上装有电流表。电流的大小可以反映出电动机所带负载重或轻，电流超过了额定值则说明已经过载，三相电流严重不对称说明定子绕组可能有断路或局部短路故障。

6. 三相异步电动机的启动

电动机接通电源以后，转速由零增加到稳定转速的过程叫启动过程。根据加在定子绕组上的电压的不同，可分为全压启动（直接启动）和降压启动。

（1）全压启动

如果加在电动机定子绕组上的启动电压是电动机的额定电压，这样的启动就叫全压启动。

全压启动的缺点是在电动机刚接通电源的瞬间，旋转磁场已经产生，但是转子还未来得及转动。此刻磁场以同步转速做切割转子导体的运动，必然在转子导体中产生很强的电流。由于互感的作用，在定子绕组中产生很强的互感电流。通常全压启动时的启动电流可达电动机额定电流的 4~7 倍。

启动电流过大，供电线路上的压降也随之增大，使电动机两端的电压减小。这样不仅使电动机本身的启动转矩减小，也将使同一供电线路上的其他用电设备不能正常工作。启动电流过大，还会使电动机绕组散发出大量的热。当启动时间过长或频繁启动时，电动机散发出的热量会影响电动机的使用寿命。长期使用，会使电动机内部绝缘老化，甚至烧毁电动机。

在一般情况下，当电动机的容量小于 10kW 或其容量不超过电源变压器容量的 15%~20% 时，启动电流不会影响同一供电线路上的其他用电设备的正常工作，可允许全压启动。

全压启动的优点是启动设备简单可靠，在条件允许时可采用全压启动。

（2）降压启动

大、中型电动机不允许全压启动，应采取降压启动。启动时降低加在定子绕组上的电压以减小启动电流，当启动过程结束后，再使电压恢复到额定值运行，这种启动方法叫降压启动。降压启动的方法很多，这里介绍 Y—△ 换接降压启动和自耦变压器降压启动。

① Y—△（星形—三角形）换接降压启动

在同一个对称三相电源的作用下，对称三相负载做星形连接时的线电流是其接成三角形时线电流的 1/3，对称三相负载接成星形时的相电压是其接成三角形时相电压的 $1/\sqrt{3}$，这就是 Y—△ 换接降压启动的原理。这种方法只适用于正常运行时定子绕组为三角形连接的电动机。Y—△ 换接启动的原理图如图 4-11（a）所示。

启动时先将开关 Q_1 闭合，然后将开关 Q_2 操作手柄投向"启动"位置，使定子绕组成星形，这样加在每相绕组上的电压为额定电压的 $1/\sqrt{3}$，实现了降压启动。启动过程结束，迅速将开关 Q_2 的操作手柄投向"运行"位置，使定子绕组连接成三角形，每相绕组上的电压为电动机正常工作时的额定电压，电动机正常运行。

Y—△ 换接降压启动的启动转矩较小，适用于空载或轻载启动。

② 自耦变压器降压启动

自耦变压器降压启动是利用三相自耦变压器降低加在电动机定子绕组上的启动电压，从而完成启动过程，其原理图如图 4-11（b）所示。启动时，先将开关 Q_2 闭合，置于"启动"位置上，线电压经自耦变压器降压后加到电动机定子绕组上，这时电动机在低于额定电压的情况下运行，启动电流较小。当电动机转速上升到一定程度时，将转换开关的手柄从"启动"位置迅速倒向"运行"位置，使自耦变压器脱离电源和电动机，电动机在电源电压（额定电压）下正常运行。

通常把启动用的自耦变压器叫作启动补偿器。一般功率在 75kW 以下的笼型异步电动机比较广泛地应用自耦变压器进行降压启动。

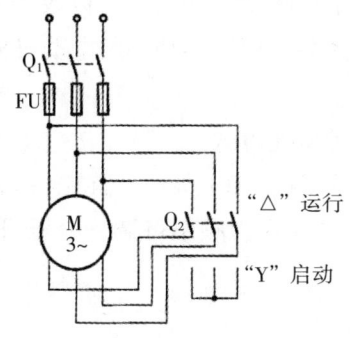
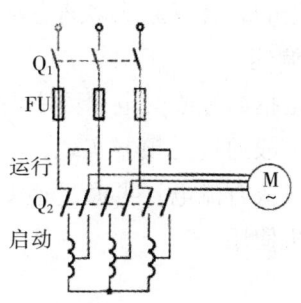

（a）星形—三角形换接降压启动　　　　（b）自耦变压器降压启动

图 4-11　三相异步电动机的降压启动

7. 三相异步电动机的调速

为了保证产品质量和提高生产效率，绝大多数生产机械（各种机床、轧钢机、造纸机、纺织机械等）要求在不同的情况下有不同的工作速度，即要求它们的速度能根据生产的需要而改变，这种改变速度的方法称为调速。

由式（4-4）可知，三相异步电动机的调速方法有三种：变极调速、变频调速和变转差率调速。

（1）变极调速

改变电动机定子磁极对数，是靠改变定子绕组接线而实现的。图 4-12 是三相绕组的示意图。每相绕组可看成是由两个线圈组成。图 4-12（a）表示两个线圈顺向串联，对应的磁极对数 $p=2$。若将两个线圈接成如图 4-12（b）所示，此时两个线圈并联，得到的磁极对数 $p=1$。由此可见，改变接法，电动机的磁极对数会成倍地变化，同步转速也会成倍地变化，所以变极调速属于有级调速。

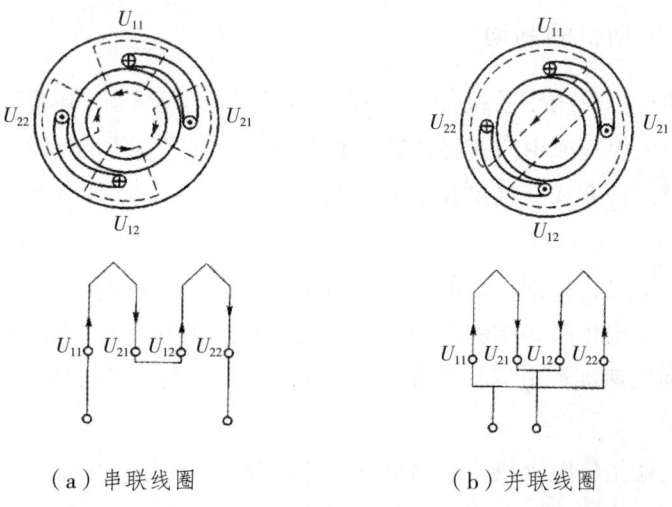

（a）串联线圈　　　　　　　　（b）并联线圈

图 4-12　变极调速

一般三相异步电动机制造后，其磁极对数是不能随意改变的。可以改变磁极对数的是专门设计和制造的，有双速或多速电动机的单独系列，但同样功率的电动机体积较大。

(2) 变频调速

变频调速是指通过改变电源频率而实现的一种调速方式。

变频调速一般通过变频器实现，其工作原理如图 4-13 所示。首先将 50Hz 的交流电通过整流器转换成直流电，再通过逆变器将直流电变换为频率可调、电压可调的交流电，供给异步电动机使用。

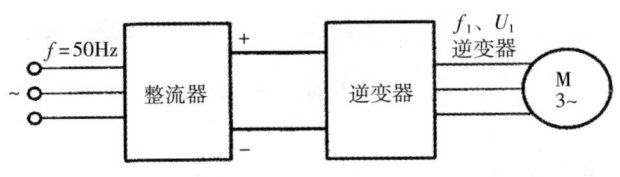

图 4-13 变频器原理

变频调速具有调速范围大、平滑的无级调速、稳定性好、运行效率高的特点，是异步电动机最有发展前途的调速方法。

(3) 变转差率调速

在同一负载转矩下，当降低定子电压时，转速将降低，这种调速方法称为降低电压调速。

转子电阻改变，机械特性曲线的位置将改变，因此在同一负载转矩下，只要在绕线转子异步电动机的转子电路中外串不同电阻就能得到不同的转速。这种调速简单，设备投资不高，它的缺点是只适用于绕线式异步电动机，而且能耗较大、经济性较差。

当定子电压降低或转子串电阻时，旋转磁场的同步转速没有变化，而转速发生变化，由公式 $n = (1-s) n_0$ 可知转差率 s 变化了，故称为变转差率调速。

8. 三相异步电动机的制动

电动机的制动运行应用于系统停车过程。如果仅将电动机从电源断开，则停车较慢。若需使电动机尽快地停车或由高速迅速转为低速运行，则需采用制动措施。电动机的制动通常有机械和电气两种方式，这里介绍电气制动。

(1) 反接制动

所谓反接制动，是将接到电源的三相导线中的任意两根对调，这时定子旋转磁场的旋转方向与转子旋转方向相反，故起制动作用，转子转速迅速下降。在转速接近零时，需将电源切断（可以利用速度继电器将电源自动切断），否则电动机会自动反向启动。

(2) 能耗制动

这种制动方式就是将电动机定子绕组从三相交流电源上断开后，立即接通直流电源，这时定子绕组中的电流是直流电流，于是电机内的磁场变为恒定磁场。转子由于惯性而仍在旋转，转子导体切割此磁场的磁感应线，从而产生感应电动势和感应电流，这时由定子绕组产生的恒定磁场对转子电流所产生的电磁转矩的方向与转子转动方向相反，为一制动转矩，所以使转速下降。通过改变串入定子绕组的电阻 R 的值，调节定子直流电流用于控制制动转矩的大小。将转子的动能转变为电能，消耗在转子电阻上，所以称为能耗制动。

4.1.2 单相异步电动机

由于单相异步电动机由单相电源供电，所以被广泛用于家用电器、医疗设备及轻工设备中。单相异步电动机根据启动方式可分为两大类：分相式单相异步电动机和罩极式单相异步电动机。

在分相式单相异步电动机中常用的是电容分相式单相异步电动机，它的定子铁芯装有工作绕组和启动绕组两个线圈，二者在空间上相差90°，如图 4-14（a）所示。电动机工作绕组和启动绕组接在同一个单相电源上，接线图如图 4-14（b）所示。

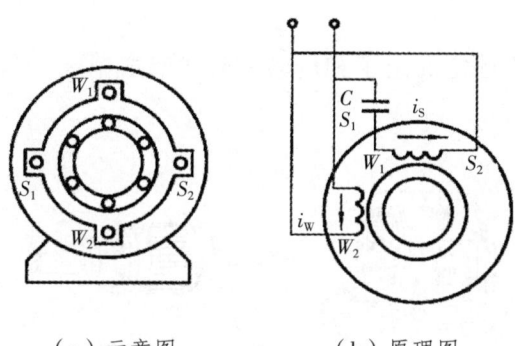

（a）示意图　　　（b）原理图

图 4-14　电容分相式单相异步电动机的基本结构

由于电动机的工作绕组电路为感性电路，启动绕组串联电容后成了容性电路，若电容器容量适当，可使两个电流的相位差恰好为90°，两相电流的波形如图 4-15（b）所示。这样两个具有90°相位差的电流，通入两个空间互差90°的绕组后，所产生的合成磁场也是一旋转磁场，如图 4-15（a）所示。在此旋转磁场作用下，转子上便有了启动转矩，电动机就能转动起来。

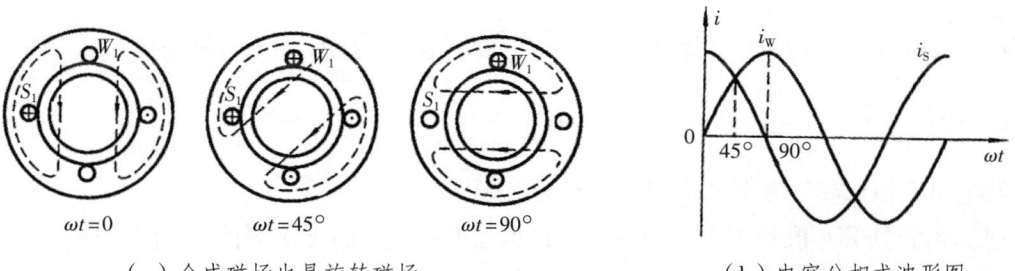

（a）合成磁场也是旋转磁场　　　（b）电容分相式波形图

图 4-15　电容分相式电动机的工作

电动机启动后可以有两种运行方式。如果在启动绕组中串联一个开关（如离心开关），当电动机启动完毕后，将开关断开，电动机只在工作绕组通电的情况下继续运行，这种方式的电动机称为电容启动式电动机。如果电动机启动后不断开启动绕组，则称为电容运转式电动机。

任务4.2　认识直流电动机

与交流电动机相比，直流电动机的结构较复杂，成本较高，可靠性较差，使它的应用受到一定的限制。但由于直流电动机有着良好的启动性和调速性能，使得直流电动机仍有一定的理论意义和实用价值。

4.2.1　直流电动机的基本结构

简单的直流电动机由固定的定子和旋转的转子组成，定子与转子之间为气隙，如图4-16所示。

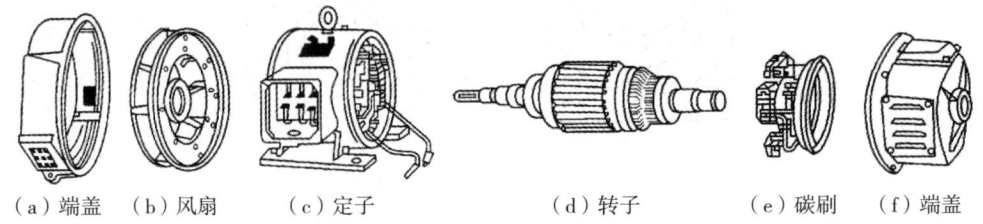

（a）端盖　　（b）风扇　　（c）定子　　　　（d）转子　　　（e）碳刷　　（f）端盖

图4-16　简单直流电动机的结构图

1. 定子

定子由主磁极、机座、电刷、端盖和轴承等组成。

（1）主磁极：建立主磁场，由主极铁芯和套装在铁芯上的励磁绕组构成。

（2）机座：既是电动机的结构框架，又是电动机磁路的一部分。一般用铸钢或铸铁制成。

（3）电刷装置：电枢绕组的引出端，由电刷、刷盒、刷杆和连线等构成。

2. 转子

转子由电枢铁芯、电枢绕组和换向器等组成。

（1）电枢铁芯：既是主磁路的一部分，也是电枢绕组的支撑部件。一般用厚0.5毫米且冲有齿、槽的硅钢片叠压夹紧而成。

（2）电枢绕组：直流电动机的电路部分。用绝缘的圆形或矩形截面的导线绕成，上下层以及线圈与电枢铁芯之间要妥善地绝缘,并用槽楔压紧。

(3)换向器:是由许多楔形铜片排列成一个圆筒,片与片之间用 V 形云母绝缘,两端再用两个环夹紧而构成。

4.2.2 直流电动机的工作原理

在直流电动机中,外加电压是通过两个电刷 A 和 B 及换向器再加到电枢绕组上的。所以,导体中的电流将随其所处磁极极性的改变而同时改变其方向,从而使电枢所受到的电磁转矩的方向始终保持不变,如图 4-17 所示,因此电枢能一直旋转下去。

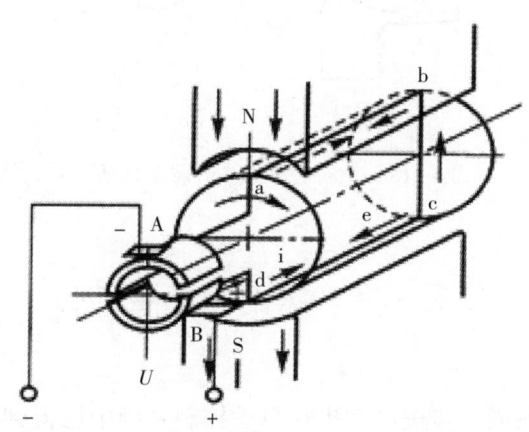

图 4-17 直流电动机的工作原理

电磁转矩常用公式:

$$T = K_T \Phi I_a \tag{4-7}$$

式(4-7)中,K_T 是与电机结构有关的常数;Φ 是一个磁极的磁通,单位是韦[伯](Wb);I_a 是线圈中通过的电流,单位是安(A);T 是电磁转矩,单位是牛·米(N·m)。

4.2.3 直流电动机的励磁方式

励磁绕组的供电方式称为励磁方式。直流电动机的性能与它的励磁方式有密切的关系。按励磁方式,直流电动机分为他励和自励两大类。

1. 他励式

他励式是指励磁绕组与电枢绕组由不同的直流电源供电,两者不相连。如图 4-18(a)所示。

2. 自励式

自励式是指励磁绕组和电枢绕组由同一电源供电。

自励式又有以下几种方式：

（1）并励式：励磁绕组与电枢绕组并联，如图4-18（b）所示；

（2）串励式：励磁绕组与电枢绕组串联，如图4-18（c）所示；

（3）复励式：装有两个励磁绕组，一为与电枢并联的并励绕组，二为与电枢串联的串励绕组，如图4-18（d）所示。

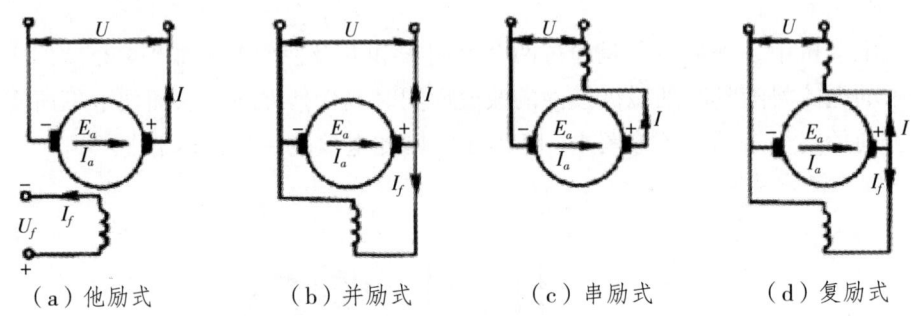

（a）他励式　　　（b）并励式　　　（c）串励式　　　（d）复励式

图4-18　直流电动机按励磁方式分类

任务4.3　认识步进电动机

随着计算机技术的发展，步进电动机在自动控制系统中已得到了广泛的应用，例如数控机床、绘图机、计算机外围设备、自动记录仪表、钟表和数/模转换装置等。步进电动机是种数字电动机，它是受脉冲信号控制，并将脉冲信号转换成相应的角位移或线位移的控制电动机，如图4-19步进电机驱动示意图所示。它由专用电源供给电脉冲，每输入一个脉冲，步进电动机就移进一步，所以称为步进电动机。又因其绕组上所加的电源是脉冲电压，有时也称它为脉冲电动机。

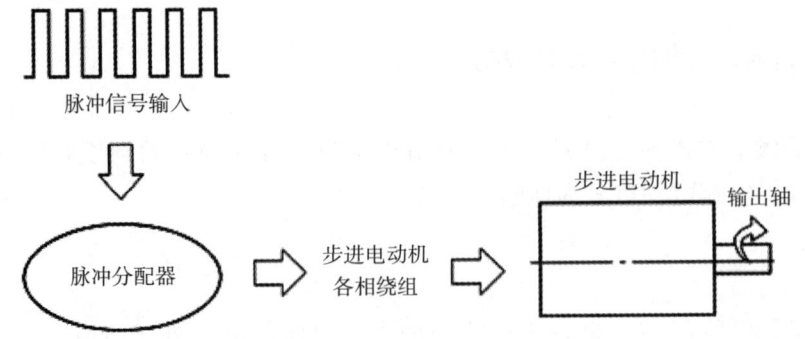

图4-19　步进电动机驱动示意图

步进电动机受脉冲信号控制，它的直线位移量或角位移量与电脉冲数成正比，所以电动机的线速度或转速也与脉冲频率成正比，通过改变脉冲频率的高低就可以在很大的范围内调节电动机的转速,并能快速起动、制动和反转。由于步进电动机受脉冲控制,电动机的步距角和转速大小不受电压波动和负载变化的影响,也不受环境条件如温度、气压、冲击和振动等影响,它仅与脉冲频率有关。它每转一周都有固定的步数,在不失步数的情况下运行,其步距误差不会长期积累。这些特点使它完全适用于数字控制的开环系统中作为伺服元件,并使整个系统大为简化而又运行可靠。当采用了速度和位置检测装置后,它也可以用于闭环系统中。

步进电动机种类繁多,按其运动形式有旋转式步进电动机和直线步进电动机两大类。按其工作原理又可分为永磁式、反应式和永磁感应式(又称混合式)三类。

4.3.1 永磁式步进电动机

永磁式步进电动机包括一个永磁转子、线圈绕组和导磁定子。激励一个线圈绕组将产生一个电磁场,分为北极和南极。定子产生的磁场使转子转动到与定子磁场对直。通过改变定子线圈的通电顺序可使电机转子产生连续的旋转运动。

如图4-20显示了一个两相电动机的典型的步进顺序。在第一步中,两相定子中的A相被通电,因异性相吸,其磁场将转子固定在图示位置。在第二步中,当A相关闭、B相被通电时,转子顺时针旋转90°。在第三步中,B相关闭、A相被通电,但极性与第一步相反,这促使转子再次旋转90°。在第四步中,A相关闭、B相通电,极性与第二步相反。重复该顺序促使转子按90°的步距角顺时针旋转。

步进电机将电脉冲转换成特定的旋转运动。每个脉冲所产生的运动是精确的,并可重复。

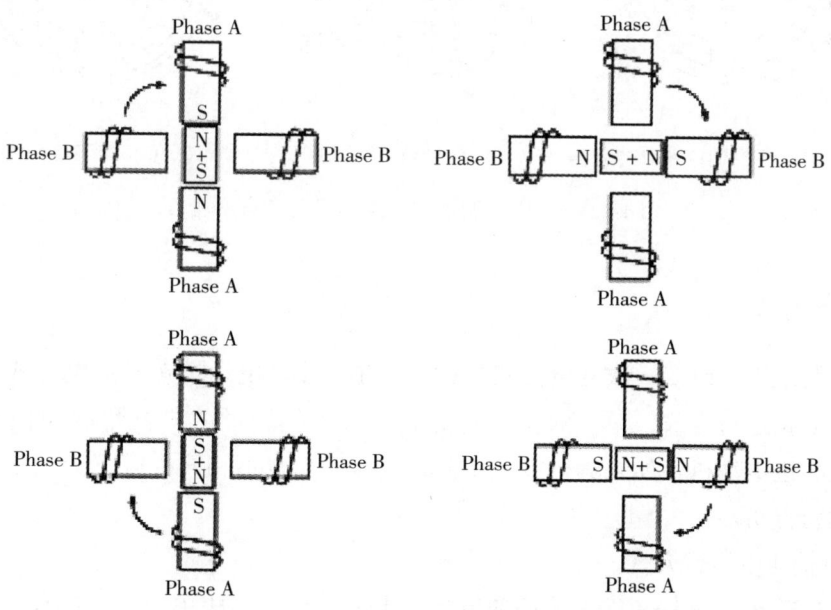

图4-20 两相电动机的单相通电步进速度

4.3.2 反应式步进电动机

反应式步进电动机遵循磁通总是沿磁阻最小的路径闭合的原理,产生磁吸力形成转矩,即磁阻性质的转矩。所以反应式步进电动机也称为磁阻式步进电动机。

1. 基本工作原理

图 4-21 为一台三相反应式步进电动机的工作原理图。它的定子上有 6 个极,每个极上都装有控制绕组,每相对的两极组成一相。转子由 4 个均匀分布的齿组成,其上没有绕组。当 A 相控制绕组通电时,因磁通要沿着磁阻最小的路径闭合,将使转子齿 1、3 和定子极 A—X 对齐,如图 4-21(a)所示。当 A 相断电、B 相控制绕组通电时,转子将在空间中逆时针转过 30°,即步距角为 30°,转子齿 2、4 与定子极 B—Y 对齐,如图 4-21(b)所示。如再使 B 相断电、C 相控制绕组通电,转子又在空间逆时针转过 30°,使转子齿 1、3 和定子极 C—Z 对齐,如图 4-21(c)所示。如此循环往复,按 A—B—C—A 顺序通电,电动机便按一定的方向转动。电动机的转速取决于控制绕组与电源接通或断开的变化频率。若按 A—C—B—A 的顺序通电,则电动机反向转动。控制绕组与电源的接通或断开,通常是由电子逻辑线路或微处理器来控制完成的。

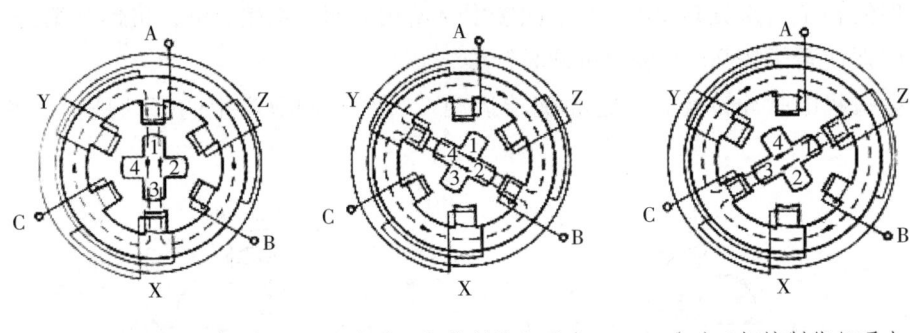

(a) A 相控制绕组通电　　(b) B 相控制绕组通电　　(c) C 相控制绕组通电

图 4-21　三相反应式步进电动机的工作原理图

2. 运行方式

定子控制绕组每改变一次通电方式,称为一拍。步进电动机按其通电方式可分为单拍运行方式,双拍运行方式,单、双拍运行方式。每一拍转过的机械角度我们称它为步距角。同一台步进电动机,如果运行方式不同,其步距角也不相同。以下为三相反应式步进电动机的运行分析。

(1) 单拍通电运行方式

如图 4-21 按 A—B—C—A 顺序通电的通电方式称为三相单三拍。"单"是指每次只有一相控制绕组通电;"三拍"是指经过三次切换后控制绕组回到了原来的通电状态,完成了一个循环。对于图 4-21 的步进电动机，在三相单三拍通电运行方式中，步进电动机的步距角为 30°。

（2）双拍通电运行方式

在实际使用中，由于单三拍通电运行方式在切换时一相控制绕组断电后另一相控制绕组才开始通电，这种情况容易造成失步。此外，由单一控制绕组通电吸引转子，也容易使转子在平衡位置附近产生振荡，故运行的稳定性较差，所以很少采用。通常将它改为"双三拍"通电运行方式，即按 AB—BC—CA—AB 的顺序通电，即每拍都有两个绕组同时通电，假设此时电动机为正转，那么按 AC—CB—BA—AC 的通电顺序运行时电动机则反转。在双三拍通电方式下步进电动机的转子位置如图 4-22 所示。当 A、B 两相同时通电时，转子齿的位置同时受到两个定子极的作用，只有 A 相极和 B 相极对转子齿所产生的磁拉力相等时转子才平衡，如图 4-22（a）所示。当 B、C 两相同时通电时，转子齿的位置同时受到两个定子极的作用，只有 B 相极和 C 相极对转子齿所产生的磁拉力相等时转子才平衡，如图 4-22（b）所示。当 C、A 两相同时通电时，原理相同，如图 4-22（c）所示。从上述分析可以看出，双拍运行时，同样三拍为一循环，所以，按双三拍通电方式运行时，它的步距角与单三拍通电方式相同，也是 30°。

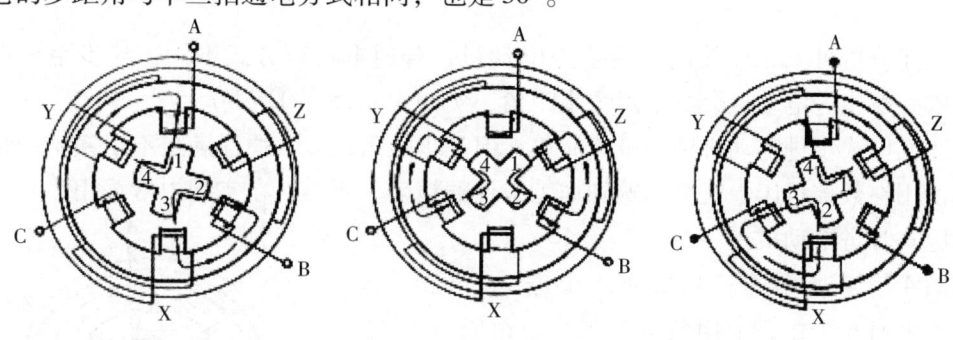

（a）AB 相控制绕组通电　　（b）BC 相控制绕组通电　　（c）CA 相控制绕组通电

图 4-22　双拍运行时的三相反应式步进电动机

（3）单、双六拍通电运行方式

若控制绕组的通电顺序为：A—AB—B—BC—CA—A，或是 A—AC—C—CB—B—BA—A，我们称步进电动机以三相单、双六拍通电方式在工作。即 A 相绕组先通电，然后 A、B 相绕组同时通电，然后断开 A 相控制绕组、由 B 相控制绕组单独通电，再使 B、C 相控制绕组同时通电，依此进行。在这种通电方式中，定子三相控制绕组需经过 6 次切换通电状态才能完成一个循环，故称"六拍"。在六拍通电方式中，有时是单个控制绕组通电，有时两个绕组同时通电（这时转子齿的位置将位于通电两相的中间位置），因此称为"单、双六拍"。采用这种通电方式时，步距角也有所不同。如图 4-23 所示，当 A 相控制绕组通电时和单三拍运行的情况相同，转子齿 1、3 和定子极 A—X 对齐，如图 4-23（a）所示。当 A、B 相控制绕组同时通电时，转子齿 2、4 在定子极 B—Y 的吸引下使转子沿逆时针方向转动，直至转子齿 1、3 和定子极 A—X 之间的作用力与转子齿 2、4 和定子极 B—Y 之间的作用力相平衡为止,如图 4-23（b）所示。A、B 两相同时通电时和双拍运行方式相同。当断开 A 相控制绕组而由 B 相控制绕组通电时,转子将继续沿逆时针方向转过一个角度使转子齿 2、4 和定子极 B—Y 对齐,如图 4-23（c）所示。在这种通电方式下,步距角为 15°。若继续按 BC—C—CA—A 的顺序通电,步进电动机就按逆时针方向连续转动。如通电顺序变为 A—AC—C—CB—B—BA—A 时,电动机将按顺时针方向转动。

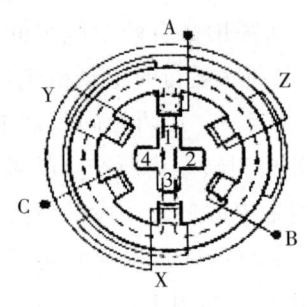 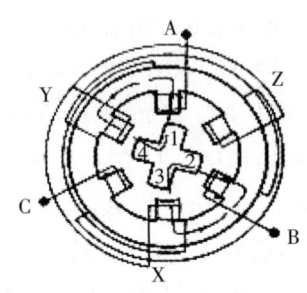 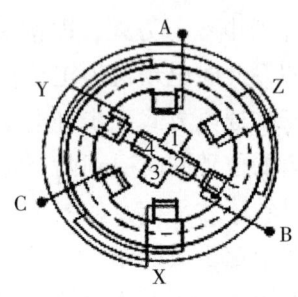

（a）A 相控制绕组通电　　　（b）AB 相控制绕组通电　　　（c）B 相控制绕组通电

图 4-23　单、双六拍运行时的三相反应式步进电动机

从上述分析可知,即使同一台步进电动机,若通电运行方式不同,其步距角也不相同。所以一般步进电动机会给出两个步距角,例如 3°/1.5°、1.5°/0.75°。

上述反应式步进电动机结构虽然简单,但是步距角较大,往往满足不了系统的精度要求,如使用在数控机床中就会影响到加工工件的精度。所以,在实际中常采用小步距角的三相反应式步进电动机。

如图 4-24 所示的三相反应式步进电动机,它的定子上有 6 个极,上面装有控制绕组组成 A、B、C 三相。转子上均匀分布 40 个齿。定子每个极面上也各有 5 个齿,定子、转子的齿宽和齿距都相同。当 A 相控制绕组通电时,电动机中产生沿 A 极轴线方向的磁场,因磁通总是沿磁阻最小的路径闭合,转子受到磁阻转矩的作用而转动,

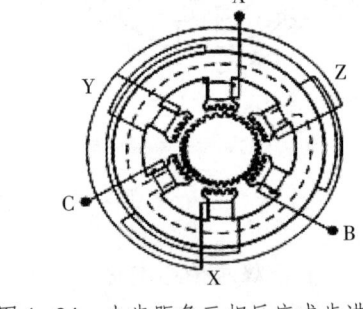

图 4-24　小步距角三相反应式步进电动机

直至转子齿和定子 A 极极面上的齿对齐为止。因转子上共有 40 个齿,每个齿的齿距为 360°/40=9°,而每个定子磁极的极距为 360°/6=60°,所以每一个极距所占的齿距数不是整数。当 A 极极面下的定、转子齿对齐时,Y 极和 Z 极极面下的齿就分别和转子齿相错 1/3 的转子齿距,即 3°。

图 4-24 中若断开 A 相控制绕组而由 B 相控制绕组通电,这时电动机中产生沿 B 极轴线方向的磁场。同理,在磁阻转矩的作用下,转子按顺时针方向转过 3°使定子 B 极极面下的齿和转子齿对齐,相应定子 A 极和 C 极面下的齿又分别和转子齿相错 1/3 的转子齿距。依此类推,当控制绕组按 A—B—C—A 顺序循环通电,转子就沿顺时针方向以每一拍转过 3°的方式转动。若改变通电顺序,即按 A—C—B—A 顺序循环通电,转子便沿反方向同样

以每拍转过 3°的方式转动。此时为以单三拍通电方式运行。若采用三相单、双六拍通电方式，其原理与前述相同，只是步距角将要减小一半即为 1.5°。

任务 4.4　学习电动机在工程机械上的应用

4.4.1　直流电动机在工程机械上的应用

自行式工程机械采用直流电，机械上的电动机也采用直流电动机。在自行式工程机械中主要有两种形式的直流电动机，一种是电磁式，一种是永磁式。起动机（图 4-25）是电磁式应用的典型代表。雨刮电动机（图 4-26）、空调鼓风电动机、电动车窗电动机等都是永磁式电动机。

图 4-25　起动机

图 4-26　雨刮电动机

1. 直流串励式电动机

工程机械电力起动中，采用的起动是由直流串激式电动机、传动机构和控制装置三部分组成的。直流串激式电动机的功能是在直流电作用下产生电磁转矩。直流串激式电动机主要由磁极、电枢、换向器、电刷及机壳等组成。

（1）磁极

磁极又称为定子，其主要作用为在电机内部产生磁场。电磁式直流电动机的磁场为电磁场，其磁极由铁芯和励磁绕组两部分组成。铁芯用低碳钢制成，并固定在电动机壳体的内壁，励磁绕组套装在铁芯上，如图 4-27 所示。

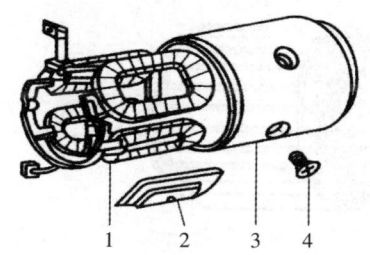

1-磁极绕组；2-磁极铁芯；3-电动机外壳；4-螺钉。

图 4-27　电磁式直流起动机磁极的结构

闭合点火开关，电机通电，有电流通过励磁绕组，在铁芯中就会产生磁场，即电磁场。这种直流电动机磁极多（一般为4个，有的大功率起动机为6个），励磁绕组的横截面积大，增大了起动机的电磁转矩。励磁绕组由裸铜线绕制，线的截面一般为矩形，并且匝间绝缘，外部用玻璃纤维带包扎。有的起动机将励磁绕组的各个线圈相互串联后，再与电枢绕组相串联，而多数起动机是将励磁绕组的线圈分为两组，每组内各线圈相互串联，然后两组再并联，最后与电枢绕组串联，如图4-28所示。由于励磁绕组与电枢绕组相串联，因此称之为串励式直流电动机。

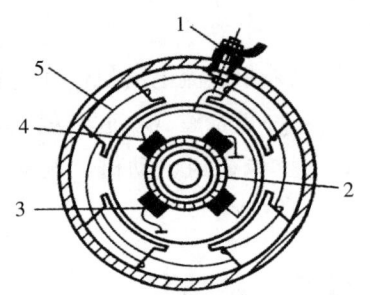 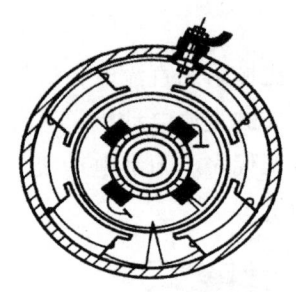

1—绝缘柱；2—换向器；3—搭铁电刷；4—绝缘电刷；5—励磁绕组。

（a）四个绕组相互串联　　　　（b）两个绕组串联后再并联

图4-28　励磁绕组的接法

（2）电枢

电枢是电机的转子部分，其主要作用是产生电磁转矩，由电枢铁芯、电枢绕组、电枢轴和换向器组成，结构如图4-29所示。电枢铁芯呈圆柱状，由多片相互绝缘的硅钢片叠装在电枢轴上而成，铁芯的叠片结构可以减小涡流电流。硅钢片的外圆表面中有槽，嵌装电枢绕组。为了产生较大的转矩，电枢绕组中需要通过较大的起动电流（可达到百安培），因此电枢绕组一般将很粗的矩形截面的铜线采用波绕法绕制而成，即绕组一端线头接的换向器铜片与另一端线头接的换向器铜片相隔90°或180°。为了避免绕组之间因相互连接造成短路，在铜线和铁芯间、铜线和铜线间用绝缘纸隔开。换向器的结构如图4-30所示，由一定数量的燕尾形铜片组成，通过轴套和压环组装成一体，压装在电枢轴上，相邻铜片之间及铜片与轴套压环之间用云母绝缘，保证电枢绕组产生的电磁转矩的方向保持不变。

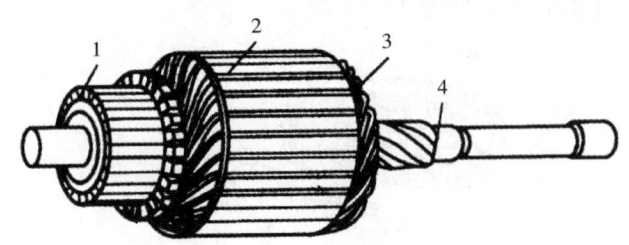

1—换向器；2—铁芯；3—电枢绕组；4—电枢轴。

图4-29　电枢的结构

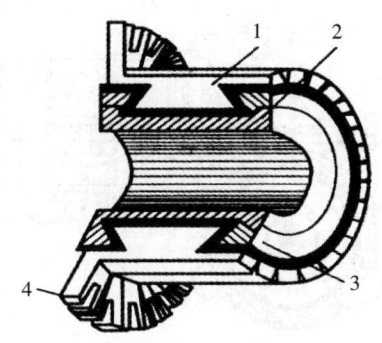

1—换向片；2—轴套；3—压环；4—焊线凸缘。

图 4-30 换向器结构

(3) 电刷

电刷的作用是将电流引入电枢绕组。电刷总成结构如图 4-31 所示，主要由电刷、电刷架和电刷弹簧组成。电刷用铜粉与石墨粉按一定的比例混合模压而成，一般来讲，起动机电刷的含铜量为 80% 左右，这样可以减小阻值并增加耐磨性。电刷安装在电刷架内，由电刷弹簧将其紧压在换向器上，电刷弹簧的压力一般为 12~15N。电刷架固定在电刷支架或端盖上。负电刷的电刷架直接固定在支架或端盖上，正电刷的电刷架与电刷支架或端盖之间安装有绝缘垫片。

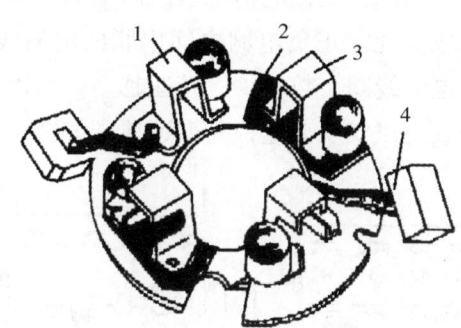

1—搭铁电刷架；2—绝缘垫；3—绝缘电刷架；4—搭铁电刷。

图 4-31 电刷总成结构

(4) 外壳

壳体用铸铁浇铸或钢板卷焊而成，壳体上设有一个接线端子或引出一根电缆引线，接线端子或电缆引线端子通常称为"C"端子。对电磁式电动机而言，在内部它直接与励磁绕组的一端连接；对永磁式电动机而言，它则直接与正电刷连接。

2. 雨刮永磁式直流电动机

如图 4-32 所示为雨刮直流电动机。一般刮水电动机有高、低两种工作速度。减速机构采用蜗轮蜗杆，和电动机一体，使结构紧凑。

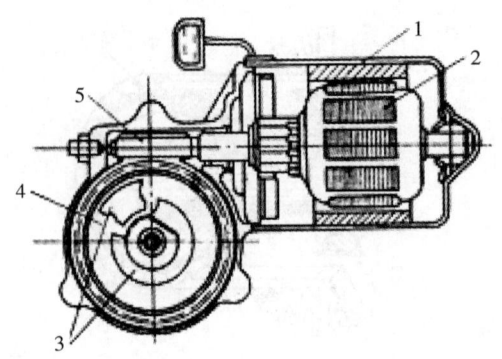

1-永久磁铁磁极；2-电枢；3-自动停位滑片；4-蜗轮；5-蜗杆。

图 4-32 永磁式电动机

永磁式电动机的磁场由铁氧体永久磁铁产生，磁场的强弱不能改变，为了改变工作速度可采用三刷式电动机，利用三个电刷改变正负电刷之间串联的电枢线圈个数以实现变速。直流电动机旋转时，在电枢绕组内同时产生反电动势，其方向与电枢电流的方向相反。当电枢转速上升时，反电动势也相应上升，当电枢电流产生的电磁力矩与运转阻力矩平衡时，电枢的转速趋于稳定。由于运转阻力矩一定时，电枢稳定运转所需要的电枢电流一定，对应的电枢绕组反向电动势高低就一定。而电枢绕组反向电动势与转速和正负电刷之间串联的电枢线圈个数的乘积成正比，电枢绕组反向电动势高低一定时，转速和正负电刷之间串联的电枢线圈个数成反比。正负电刷之间串联的电枢线圈个数越多，转速越低，反之，正负电刷之间串联的电枢线圈个数越少，转速越高。所以，利用三个电刷改变正负电刷之间串联的电枢线圈个数可以实现变速，其变速原理如图 4-33 所示。

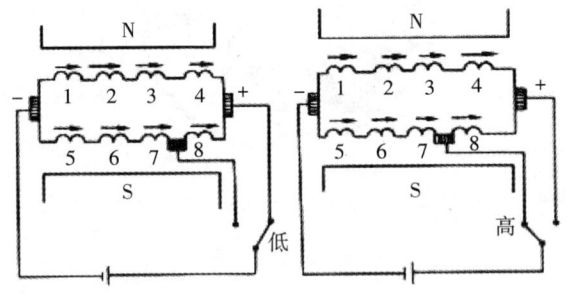

图 4-33 三刷电动机变速原理

当刮水器开关拨至低速挡时，电源电压加在"+"与"-"电刷之间，使其内部形成两条对称的并联支路，一条支路由线圈 1、2、3、4 串联组成，另一条支路由线圈 5、6、7、8 串联组成，各支路反向电动势方向如图中箭头所示。由于各线圈反向电动势方向相同，互相叠加，相当于 4 对线圈串联，电动机以较低转速稳定旋转。当刮水器开关拨至高速挡时，电源电压加在"-"电刷与偏置电刷之间，从图中可以看出电枢绕组的一条支路由五个线圈 1、2、3、4、8 串联，另一条支路由三个线圈 5、6、7 串联，其中线圈 8 与线圈1、2、3、4的反向电动势方向相反，互相抵消后，相当于只有三对线圈串联，因而只有转速升高，才能使反向电动势达到与运转阻力矩相应的值，形成新的平衡，故此时转速较高。

4.4.2 步进电动机在工程机械上的应用

油门电动机（油门马达）是带动工程机械电控油门开闭的执行元件。它是工程机械中典型的步进电动机的运用。

油门马达又称油门执行器，由油门控制器发出的控制信号来驱动步进电动机转动相应角度，同时步进电动机带动喷油泵调速杆，控制油门大小，从而控制发动机转速和输出功率。步进电动机轴转至不同位置时，便对应不同的供油量。为了检测步进电动机轴转动的实际角度，电动机又通过齿轮传动带动一电位器，控制器通过测量电位器的输出电压，而间接测出电机轴的转角即油门拉杆的位置。直到步进电机转角电位器所反馈的电机实际位置（即实际供油量或发动机转速）与油门旋钮的位置相符为止。

【项目小结】

1. 直流电动机是由固定的定子和旋转的转子组成的，定子由主磁极、电刷、机座、端盖和轴承等组成。转子由电枢铁芯、电枢绕组和换向器等组成。

2. 直流电动机以其良好的启动性和调速性能著称。

3. 直流电动机的励磁方式分为他励和自励两类，自励又包括并励式、串励式和复励式三种。

4. 异步电动机的构造包括定子和转子两部分。定子由机座、定子铁芯和定子绕组等组成。定子三相绕组可连接成星形或三角形。转子由转子铁芯、转子绕组和转轴等组成。根据转子绕组的构造不同，异步电动机分为笼型和绕线型转子两种。

5. 向定子三相对称绕组中通入三相对称电流，便会产生旋转磁场。旋转磁场与转子产生相对运动，在转子绕组中产生感应电流。转子感应电流与旋转磁场相互作用产生电磁转矩，驱动电动机旋转。

6. 旋转磁场的转速（同步转速）与电源频率和磁极对数有关，即 $n_0 = 60f/p$。旋转磁场的转向取决于三相电流的相序。转子的转速（电动机的转速）n 通常略小于 n_0，两者相差的程度常用转差率 s 表示。

7. 三相异步电动机的转速 n 与电磁转矩 T 之间的关系 $n = f(T)$ 曲线称为机械特性曲线。机械特性曲线有4个特征：启动、临界、额定和理想空载点，曲线上近似直线段的硬特性是电动机的稳定运行区。T_m/T_N 反映了电动机的过载能力，T_{St}/T_N 反映了电动机的启动性能。

8. 电动机的铭牌数据标明电动机的额定值和主要技术数据，是电动机的运行依据。在使用电动机时必须遵守铭牌的规定。

9. 异步电动机有直接启动和降压启动两种启动方法。小容量的电动机采用直接启动的方法。而电动机容量较大时，常采用降压启动方式。

绕线转子异步电动机通过在转子电路中串接适当的附加电阻启动，这样既可限制启动电流，又可增大启动转矩。在要求重载启动的情况下，应使用绕线转子异步电动机。

10. 异步电动机的调速方法主要是变频调速和变极调速。绕线转子异步电动机，可以通过改变转子电路的附加电阻来达到变转差率调速的目的。

11. 电动机处于电气制动状态时，电磁转矩与电动机转动方向相反，常用的电气制动方法有反接制动、能耗制动等。

12. 步进电动机定子控制绕组每改变一次通电方式，称为一拍。步进电动机按其通电方式可分为单拍运行方式，双拍运行方式，单、双拍运行方式。每一拍转过的机械角度称之为步距角，同一台步进电动机，如果运行方式不同，其步距角也不相同。

【思考与练习】

1. 判断题

（1）旋转磁场是异步电动机工作的基础。（　　）

（2）Y—△换接启动不仅能用于空载或轻载启动，而且可用于重载启动。（　　）

（3）三相异步电动机运行的必要条件是转子转速等于同步转速。（　　）

（4）三相异步电动机只需将接到电动机上的三根电源线中的任意两根对调一下，便可实现反转。（　　）

2. 选择题

（1）三相异步电动机旋转磁场的旋转方向是由三相电源的（　　）决定。

A. 相序　　　　B. 相位　　　　C. 频率　　　　D. 幅值

（2）电动机铭牌上的定额是指电动机的（　　）。

A. 运行状态　　B. 额定转速　　C. 额定转矩　　D. 额定功率

（3）Y—△降压启动时，电动机定子绕组中的启动电流可以下降到正常运行时电流的（　　）。

A. 3　　　　B. 1/3　　　　C. $\sqrt{3}$　　　　D. $1/\sqrt{3}$

（4）在相同条件下，若将异步电动机的磁极数增多，电动机输出的转矩（　　）。

A. 增大　　　　B. 减小　　　　C. 不变　　　　D. 与磁极数无关

3. 计算题

（1）已知一台异步电动机的额定功率 $P_N=15\text{kW}$，额定转速 $n_N=970\text{r/min}$，电源频率 $=50\text{Hz}$。求同步转速 n_0、额定转差率 s_N、额定转矩 T_N。

（2）有一台磁极对数为 6 的异步电动机，电源频率 50Hz，额定转差率 0.04，试求电动机额定运行时的转速。

(3) 有一台异步电动机,额定转速 $n_N = 1440 \text{r/min}$,转子电阻 $= 0.04\Omega$,转子感抗 $X_{20} = 0.08\Omega$,转子电动势 $E_{20} = 20\text{V}$,电源频率 $= 50\text{Hz}$。试求电动机在起动时及额定转速下的转子电流 I_2。

(4) 已知一台三相异步电动机的额定功率 $P_N = 30\text{kW}$,额定转速 $n_N = 1470\text{r/min}$,$T_m/T_N = 2.2$,$T_{St}/T_N = 2.0$。求额定转矩 T_N,并大致画出该电动机的机械特性曲线。

(5) 已知一台异步电动机的技术数据如下:$P_N = 10\text{kW}$,$U_N = 220/380\text{V}$,$\eta_N = 0.86$,$\cos\varphi = 0.85$。试分别求出电动机额定运行时定子绕组在两种连接下的线电流和相电流。

(6) 一台 Y180M-4 型异步电动机,技术数据如下:$P_N = 18.5\text{kW}$,$U_N = 380\text{V}$,电源频率 $= 50\text{Hz}$,三角形连接,$S_N = 0.02$,$\cos\varphi = 0.86$,$\eta_N = 0.91$,$I_{St}/I_N = 2.0$,试求:①I_N、T_N、T_m;②采用星形—三角形降压起动时的起动电流 I_{St}、起动转矩 T_{St}。

(7) 一台异步电动机的起动转矩 $T_N = 1.4T_N$,现采用星形—三角形换接减压起动,试问:①当负载转矩 $T_2 = 0.5T_N$ 时,能否带负载起动?②如果负载转矩 $T_2 = 0.25T_N$ 时,是否可以带负载起动?

(8) 一台异步电动机的技术数据如下:$P_N = 10\text{kW}$,$U_N = 380\text{V}$,三角形连接,$n = 1450\text{r/min}$,$\eta = 86\%$,$\cos\varphi = 0.85$,$T_{St}/T_N = 1.4$,$T_m/T_N = 2.2$,$I_{St}/I_N = 2.0$。试求:①电动机直接起动和星形—三角形换接降压起动时的起动电流;②负载转矩 $T_2 = 0.5T_N$ 时,电动机的转速;③在电动机额定运行时,电网电压突降为 320V,试问电动机能否继续运行?

【技能训练】

实训 4-1 学习使用三相异步电动机

1. 实验目的

(1) 理解三相异步电动机铭牌数据的意义;
(2) 认识三相异步电动机组成结构特点;
(3) 学习三相异步电动机定子绕组首、末端的判别方法。

2. 实验器材

(1) 电工实验装置;
(2) 三相异步电动机;
(3) 万用表;
(4) 兆欧表。

3. 实验内容与步骤

(1) 抄录三相异步电动机的铭牌数据

(2) 机械检查

①检测引出线是否齐全、牢靠；

②检测转子转动是否灵活、均匀、有异响。

(3) 电气检查

三相异步电动机绝缘性能的检查。

①用万用表的电阻挡，判断每相绕组的两个出线端并测量其电阻值，记入表 4-3 中，以判别各相绕组的电阻是否平衡；

②用兆欧表测量电动机绕组的绝缘电阻，测量数据记入表 4-3 中；

由于兆欧表在不使用时，指针是停在任意位置的，因此必须以约大于 120r/min 的速度摇转兆欧表手柄，并保持手摇速度不变，读取数据。测量点必须干净，无油漆和灰尘。

注意：兆欧表在被摇转时，其两个测试端之间的电压可达 500V，所以测试时手不能接触测试端。

③判断三相绕组的首末端（从引到实验桌上的 6 根线判断），并与接线板上的标志核对，查看是否相符。

表 4-3 电动机绕组绝缘电阻数据记录表

各相绕组电阻（Ω）			各相对机壳（地）的绝缘电阻（MΩ）			相间绝缘电阻（MΩ）		
A 相	B 相	C 相	A 相	B 相	C 相	A、B 相	B、C 相	C、A 相

4. 思考题

(1) 说明三相异步电动机的铭牌的含义；

(2) 从所测绝缘电阻判断电动机绝缘情况；

(3) 简要说明电动机三相绕组首尾端测试方法的原理。

实训 4-2 检测工程机械起动机的直流电动机

1. 实训目的

(1) 起动机结构的认识和工作原理的理解；

(2) 了解起动机拆装操作顺序，为检测、调整、维护打好基础；

(3) 学会独立进行全部拆装、检测工作。

2. 实训器材

(1) 起动机；

(2) 拆装工具；

（3）万用表。

3. 内容及步骤

（1）起动型起动机的分解
（2）直流电动机主要部件的检修
检测结果记入表 4-4 中。
①励磁绕组的检修
用万用表励磁绕组的检修主要是检查有无断路、搭铁和短路故障。
②电枢的检修
电枢的检修主要是检查电枢绕组有无断路、搭铁和短路故障以及电枢轴是否弯曲。
③换向器的检修
换向器工作表面应平整光滑。当换向器表面有轻微烧伤时，用细砂纸打磨即可；严重烧蚀，圆度误差大于 0.025mm 时，应车削。换向片的径向厚度须大于等于 2mm，云母片应低于换向片 0.4~0.8mm。
④电刷与电刷架的检修
电刷的高度应符合技术要求，新电刷的高度一般为 14mm，其使用的极限高度为标准高度的 2/3，小于极限值时，应更换电刷。电刷在刷架内不应有卡住现象，电刷与换向器的接触面积不应小于其表面积的 75%，否则需要对其进行打磨。
用弹簧秤测量电刷架弹簧的弹力。正常情况下，一般为 11.7~14.7N。如果弹力不够，可以向与螺旋相反的方向扳动，以增加弹力，若此法无效，应更换弹簧。

表 4-4 直流电动机检测表

起动机型号			
检查项目		检测记录	结果分析
电枢总成检测	电枢绕组		
	换向器		
定子总成检测	磁极绕组		
电刷总成	电刷		

（3）起动机的组装
起动机的组装程序随其形式不同而不尽相同，但基本原则都是按分解时的相反顺序进行组装。

4. 思考题

（1）试写出电动机内部电路流程；
（2）分析电动机的励磁方式。

项目 5 分析工程机械控制器件及控制电路

知识目标

1. 了解各种常见的工程机械控制器件的结构、原理、选用等知识;
2. 掌握接触器-继电器控制电路图的分析方法;
3. 掌握工程机械电动机的一些常见控制电路。

能力目标

1. 能够正确识别电路中控制器件的文字符号和图形符号;
2. 能够分析接触器-继电器以及开关的控制电路。

任务 5.1 认识工程机械控制电气元件

控制电气元件是一种能根据外界的信号和要求,手动或自动地接通、断开电路,以实现对电路或非电对象的切换、控制、保护、检测、变换和调节的元件或设备。

工程机械的种类繁多,有适应不同工程工作需要的机型,不同工作方式的机械的电气控制系统选择的电气元件都有各自的特点。大部分固定式的工程机械,如塔式起重机、混凝土拌和站,它们主要就地取用当地的电力系统作为电气电路的电源,电气系统中控制的电压和电流相对较大。有许多工程机械是带发动机的自行式机械,如挖掘机、装载机、汽车起重机等,它们采用起动型蓄电池和车用发电机作为电源,电气系统中控制的电压和电流相对较小。

5.1.1 电气控制元件的分类

1. 按动作方式分类

(1) 自动电器:依靠自身参数的变化或外来信号的作用,自动完成接通或分断等动作,如接触器、继电器等。

(2) 手动电器:用手动操作来进行切换的电器,如刀开关、转换开关、按钮等。

2. 按触点类型分类

（1）有触点电器：利用触点的接通和分断来切换电路，如继电器、接触器、刀开关、按钮等。

（2）无触点电器：无可分离的触点。主要利用电子元件的开关效应，即导通和截止来实现电路的通、断控制，如接近开关、霍尔开关、电子式时间继电器等。

3. 按工作原理分类

（1）电磁式电器：根据电磁感应原理动作的电器，如接触器、继电器、电磁铁等。

（2）非电量控制电器：依靠外力或非电量信号（如速度、压力、温度等）的变化而动作的电器，如转换开关、行程开关、速度继电器、压力继电器、温度继电器等。

5.1.2 开关

1. 刀开关

（1）刀开关的结构

刀开关又叫闸刀开关，是一种结构简单、应用广泛的手动电器，一般用于不频繁操作的低压电路中，用作接通和切断电源，有时也用来控制小容量电动机的直接启动与停机。

刀开关由闸刀（动触点）、静插座（静触点）、手柄和绝缘底板等组成，见图5-1（a）。刀开关的种类很多，按刀的极数可分为单极、双极和三极；按刀的转换方向可分为单掷和双掷；按操作方式可分为直接手柄操作式和远距离连杆操作式；按灭弧情况可分为有灭弧罩和无灭弧罩；按封装方式可分为开启式和封闭式。

（2）刀开关的电气符号和常用型号

图5-1（b）和（c）为刀开关的外形图和电路符号。

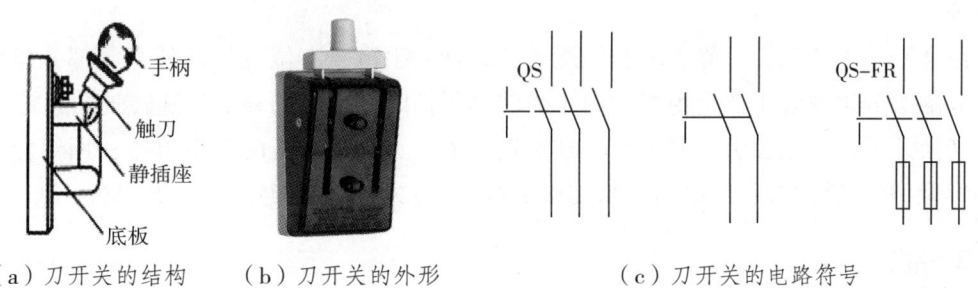

（a）刀开关的结构　　（b）刀开关的外形　　（c）刀开关的电路符号

图5-1　刀开关

目前常用的闸刀开关有HD系列刀型隔离器、HS系列双投闸刀开关、HK系列胶盖闸刀开关、HH系列负荷闸刀开关（铁壳开关）和HR系列熔断式闸刀开关。

(3) 刀开关的选用原则

①根据使用场合，选择刀开关的类型、极数及操作方式。

②刀开关额定电压应大于或等于线路电压。

③刀开关额定电流应等于或大于线路的额定电流。对于电动机负载，开启式刀开关额定电流可取电动机额定电流的 3 倍，封闭式刀开关额定电流可取电动机额定电流的 1.5 倍。

2. 转换开关

转换开关又称组合开关，图 5-2 为转换开关的结构、外形和电路符号图。

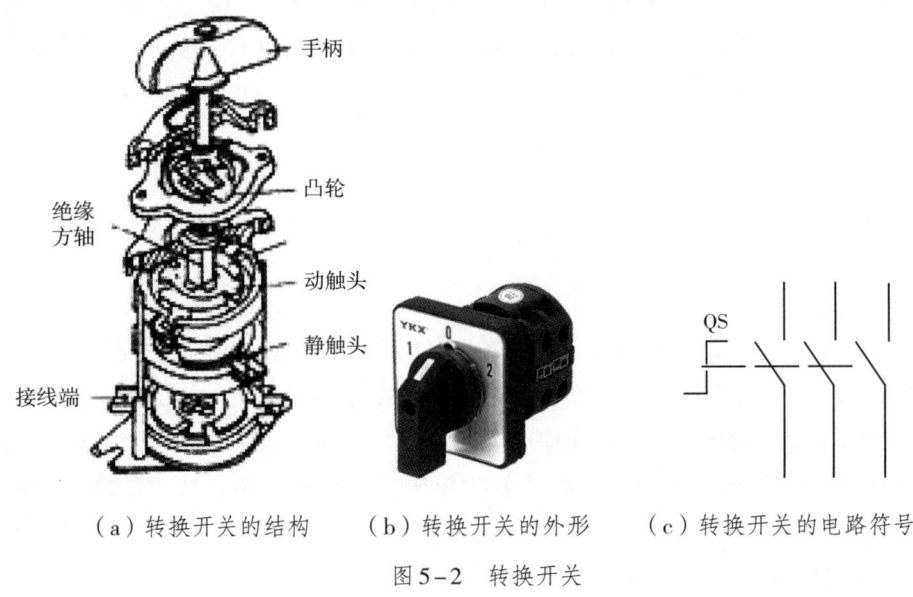

(a) 转换开关的结构　　(b) 转换开关的外形　　(c) 转换开关的电路符号

图 5-2　转换开关

组合开关由于体积小且接线方法多，所以使用方便。常用于电气线路中手动不频繁地接通或分断电路，换接电源，控制小容量交、直流电动机的正反转，Y—△启动和变速，换向等。

组合开关由动触头、静触头、绝缘连杆转轴、手柄、定位机构及外壳等部分组成。其动、静触头分别叠装于数层绝缘壳内，当转动手柄时，每层的动触片随转轴一起转动。

转换开关作为电源引入开关时，其额定电流应大于电动机的额定电流；用组合开关控制小容量的电动机的启动或停止时，其额定电流应为电动机额定电流的 3 倍。

3. 按钮

(1) 按钮的分类

按钮是一种短时接通或分断小电流电路的电器，通常用于控制电路中发出启动或停止等指令，以控制接触器、继电器等电器的线圈电流的接通或断开，再由它们去接通或断开主电路。按钮一般分为常闭按钮（动断按钮）、常开按钮（动合按钮）和复合按钮等。

（2）按钮的结构

图 5-3（a）为按钮的结构示意图，图 5-3（b）和（c）为按钮的外形和符号图。

1-按钮帽常闭按钮常开按钮复合按钮；2-复位弹簧；3、7-常闭触点；4-桥式触点；5、6-常开触点。

（a）结构示意图　　　　（b）按钮的外形　　　　（c）按钮的符号

图 5-3　按钮

按使用场合、作用不同，通常将按钮帽做成红、绿、黑、黄、蓝、白、灰等颜色。按钮帽颜色一般规定：

① "停止" 和 "急停" 按钮为红色。

② "启动" 按钮的颜色为绿色。

③ "启动" 与 "停止" 交替动作的按钮为黑色、白色或灰色。

④ "点动" 按钮为黑色。

⑤ "复位" 按钮为蓝色（如保护继电器的复位按钮）。

（3）按钮的选用原则

按钮主要根据使用场合、用途、控制需要及工作状况等进行选择。

①根据使用场合，选择控制按钮的种类，如开启式、防水式、防腐式等。

②根据用途，选用合适的形式，如钥匙式、紧急式、带灯式等。

③根据控制回路的需要，确定不同的按钮数，如单钮、双钮、三钮、多钮等。

④根据工作状态指示和工作情况的要求，选择按钮及指示灯的颜色。

4. 点火开关

点火开关（起动电锁）是自行式工程机械电路中最重要的开关（如图 5-4 所示），是各分支电路的控制枢纽，是多挡多接线柱开关。其主要功能挡位有：锁住转向盘转轴（LOCK）、接通点火仪表指示（ON 或 IG）、起动（ST 或 START）挡、附件挡（ACC 主要是收放机专用），如果用于柴油车则增加 HEAT 挡。其中起动、预热挡因为工作电流很大，开关不宜接通过久，所以这两挡在操作时必须用手克服弹簧力，扳住钥匙，一松手就弹回点火挡，不能自行定位，其他挡均可自行定位。点火开关的外形及表示方法如图 5-5 所示。

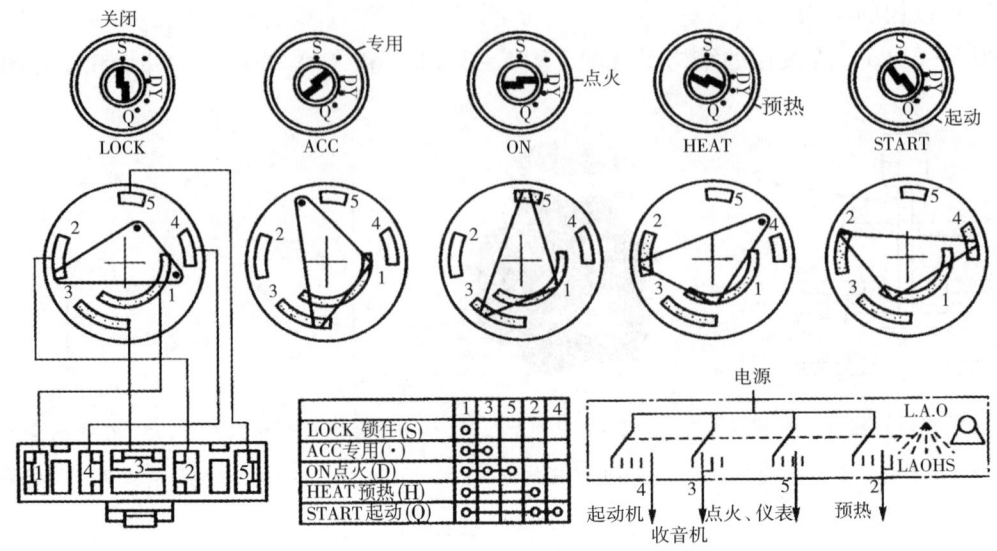

图 5-4 点火开关的结构及表示方法

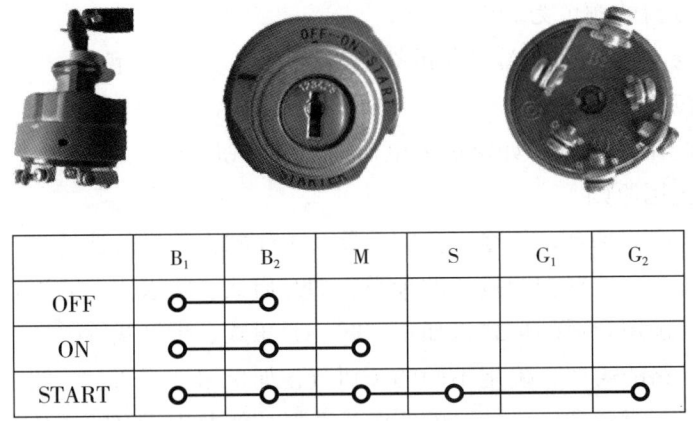

图 5-5 点火开关的外形及表格原理图

(1) 图 5-5 点火开关主要功能挡位（3 挡）：

锁住挡（LOCK 或 OFF）

电源挡（ON 或 IG）

起动挡（ST 或 START）

(2) 图 5-5 点火开关接线端子（6 个端子）：B_1、B_2、M、S、G_1、G_2。

此点火开关（也称电锁）工作原理，将在 5.3.3 章节（ZL50 装载机电源系统电路控制）中应用，之后不再赘述。

(3) 图 5-5 开关原理图

开关在 OFF 挡时只有 B_1 与 B_2 端子连通；

开关在 ON 挡时 B_1、B_2、M 三个端子连通；

开关在 START 挡时 B_1、B_2、M、S、G_2 五个端子接通。

5.1.3 熔断器

熔断器是低压电路及电动机控制电路中主要起短路和严重过载保护作用的元件。熔断器主要由熔体、安装熔体的熔管和熔座三部分组成。

1. 常用的熔断器

（1）插入式熔断器

常见的为瓷插式熔断器，主要用于交流50Hz、额定电压380V、额定电流200A以下的低压线路末端或分支电路中，作为电气设备的短路保护及一定程度上的过载保护用。

图 5-6 为插入式熔断器的结构、外形和电路符号。

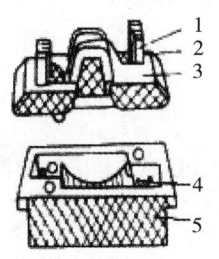  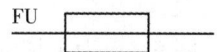

1-动触点；2-熔体；3-瓷插件；4-静触点；5-瓷座。

（a）插入式熔断器的结构　　　（b）插入式熔断器的外形　　　（c）熔断器的电路符号

图 5-6　熔断器

图 5-7 为自行式工程机械常用的插入式（插片式）熔断器结构和外形。

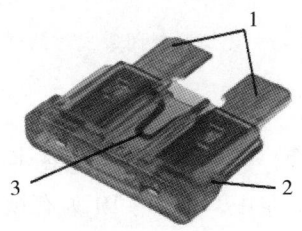

1-片形插头；2-塑料外壳；3-熔丝（片）。

图 5-7　插片式熔断器

塑料外壳的颜色：代表不同额定电流（最大允许电流）规格。比如橙色——5A、棕色——7.5A、红色——10A 等。

(2) 螺旋式熔断器

螺旋式熔断器常用于机床电气控制设备中。螺旋式熔断器分断电流较大，可用于电压等级 500V 及其以下、电流等级 200A 以下的电路中，作短路保护。熔断器熔断后，只需更换熔管即可。

图 5-8 为螺旋式熔断器的结构和外形图。

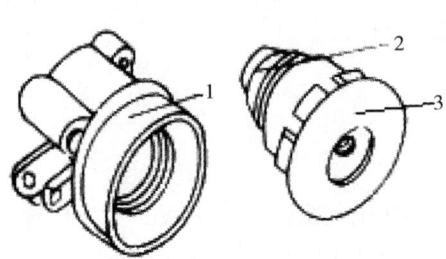

1-底座；2-熔体；3-瓷帽。

（a）螺旋式熔断器的结构　　（b）螺旋式熔断器的外形

图 5-8　螺旋式熔断器

(3) 无填料封闭管式熔断器

无填料密闭式熔断器将熔体装入密闭式圆筒中，用于 500V 以下、600A 以下电力网或配电设备中。

图 5-9 为无填料封闭管式熔断器的外形图。

图 5-9　无填料封闭管式熔断器

(4) 有填料封闭式熔断器

有填料熔断器一般用方形瓷管，内装石英砂及熔体，分断能力强，用于电压等级 500V 以下、电流等级 1kA 以下的电路中。图 5-10 为有填料封闭管式熔断器的外形图。

2. 熔断器的选用原则

熔断器的选择主要包括熔断器类型、额定电压、额定电流和熔体额定电流等的确定。

熔断器的类型主要由电控系统整体设计确定，熔断器的额定电压应大于或等于实际电路的工作电压；熔断器额定电流应大于或等于所装熔体的额定电流。

图 5-10　有填料封闭管式熔断器

确定熔体电流是选择熔断器的关键,具体来说可以参考以下几种情况:

(1) 对于照明线路或电阻炉等电阻性负载,熔体的额定电流应大于或等于电路的工作电流,即

$$I_{fN} \geq I \tag{5-1}$$

式 (5-1) 中, I_{fN}——熔体的额定电流, I——电路的工作电流。

(2) 保护一台异步电动机时,考虑电动机冲击电流的影响,熔体的额定电流可按下式计算

$$I_{fN} \geq (1.5 \sim 2.5) I_N \tag{5-2}$$

式 (5-2) 中, I_N——电动机的额定电流。

(3) 保护多台异步电动机时,若各台电动机不同时启动,则应按式 (5-3) 计算

$$I_{fN} \geq (1.5 \sim 2.5) I_{Nmax} + \sum I_N \tag{5-3}$$

式 (5-3) 中, I_{Nmax}——容量最大的一台电动机的额定电流, $\sum I_N$——其余电动机额定电流的总和。

5.1.4　自动空气开关

自动空气开关又名空气断路器,是低压断路器的一种,是低压配电网络和电力拖动系统中非常重要的一种电器,它集控制和多种保护功能于一身。除了能完成接通和分断电路外,还能对电路或电气设备发生的短路、严重过载、失压及欠压等进行保护,同时也可以用于不频繁地启动小容量电动机。

1. 自动空气开关的结构

自动空气开关的结构如图 5-11 (a) 所示,自动空气开关主要由触点、灭弧系统、各种脱扣器和操作机构等组成。脱扣器又分电磁脱扣器、热脱扣器、欠压脱扣器等多种。

图 5-11 (a) 所示自动空气开关处于闭合状态,3 个主触点通过传动杆 3 与锁扣 4 保持闭合,锁扣可绕轴 5 转动。自动空气开关的自动分断是由电磁脱扣器 6、欠压脱扣器 11 和双金属片 12 使锁扣 4 被杠杆 7 顶开而完成的。正常工作中,各脱扣器均不动作,而当

电路发生短路、欠压或过载故障时,分别通过各自的脱扣器使锁扣被杠杆顶开,实现保护作用。

2. 自动空气开关的电气符号

图 5-11(b)和(c)为自动空气开关的外形图和电路符号。

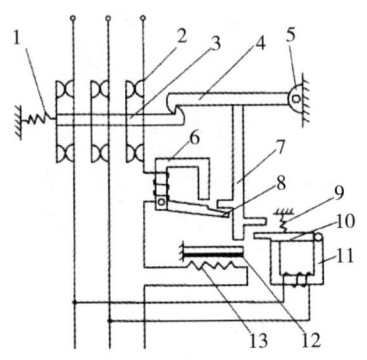

1、9-弹簧；2-主触点；3-传动杆；4-锁扣；
5-轴；6-电磁脱扣器；7-杠杆；8、10-衔铁；
11-欠压脱扣器；12-双金属片；13-发热元件。

(a) 自动空气开关结构示意图

(b) 自动空气开关的外形

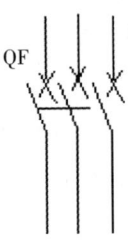

(c) 自动空气开关的电路符号

图 5-11　自动空气开关

3. 自动空气开关的选用原则

自动空气开关的选择应注意以下几点:

(1) 自动空气开关的额定电流和额定电压应大于或等于线路设备的正常工作电流和工作电压。

(2) 自动空气开关的极限通断能力应大于或等于电路最大短路电流。

(3) 欠电压脱扣器的额定电压等于线路的额定电压。

(4) 过电流脱扣器的额定电流大于或等于线路的最大负载电流。

使用自动空气开关来实现短路保护比熔断器优越,因为当三相电路短路时,很可能只有一相的熔断器熔断,造成断相运行。对于自动空气开关来说,只要造成短路都会使开关跳闸,将三相同时切断。另外其还有其他多重自动保护作用,但其结构复杂、操作频率低、价格较高,因此适用于要求较高的场合,如电源总配电盘。

5.1.5　位置开关

位置开关又称行程开关,在控制电路中的作用与按钮类似,按钮为手动,而位置开关是通过生产机械的运动部件(如挡铁)碰撞或接近后使其触点动作的。

图 5-12 为行程开关的结构、外形和符号图。

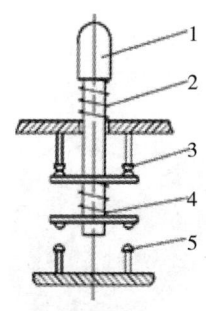 

1-顶杆；2-弹簧；3-常闭触点；
4-触点弹簧；5-常开触点。

（a）行程开关结构示意图　　　（b）行程开关的外形　　　（c）行程开关的符号

图 5-12　行程开关

行程开关按其结构形式分为按钮式、滚轮式、微动开关式等。

行程开关在选用时，应根据不同的使用场合，满足额定电压、额定电流、复位方式和触点数量等方面的要求。

5.1.6　接触器

接触器是一种自动化的控制电器。接触器主要用于频繁接通或分断交、直流电路，具有控制容量大，可远距离操作，配合继电器可以实现定时操作、连锁控制、各种定量控制和失压及欠压保护，泛应用于自动控制电路，其主要控制对象是电动机，也可用于控制其他电力负载，如电热器、照明、电焊机、电容器组等。因此，在电力拖动和自动控制系统中，接触器是运用最广泛的控制电器之一。

接触器按被控电流的种类可分为交流接触器和直流接触器。

1. 交流接触器

交流接触器广泛用于电力系统的开断和控制电路。它利用主触点来开闭电路，用辅助触点来执行控制指令。主接点一般只有常开接点，而辅助接点常有两对具有常开和常闭功能的接点。小型的接触器也经常作为中间继电器配合主电路使用。

图 5-13 为交流接触器的符号和外形图。

接触器的三相主触点一般接在主电路中，可以通过较大电流，通常装有灭弧装置。而辅助触点通过的电流较小，只能用在控制电路中。

交流接触器工作时，一般当施加在线圈上的交流电压大于线圈额定电压值的 85% 时，铁芯中产生的磁通对衔铁产生的电磁吸力克服复位弹簧拉力，使衔铁带动触点动作。触点动作时，常闭触点先断开，常开触点后闭合，主触点和辅助触点是同时动作的。当线圈中的电压值降到某一数值时，铁芯中的磁通下降，吸力减小到不足以克服复位弹簧的拉力时，衔铁复位，使主触点和辅助触点复位。

交流接触器具有失压、欠压保护功能。

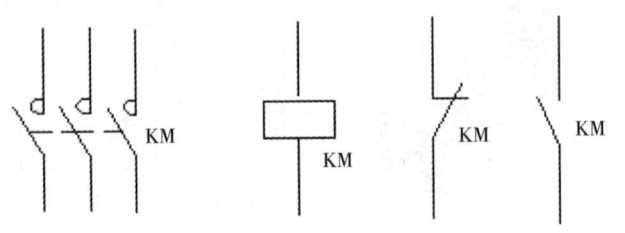

（a）交流接触器符号　　　　　　　　　　　　（b）交流接触器外形

图5-13　交流接触器

2. 直流接触器

直流接触器主要用于远距离接通和分断直流电路以及频繁地启动、停止、反转和反接制动直流电动机，也用于频繁地接通和断开起重电磁铁、电磁阀、离合器的电磁线圈等。直流接触器的结构和工作原理与交流接触器的基本相同，自行式工程机械采用直流电源接触器，如图5-14为MZJ型直流接触器电路图与外形图。

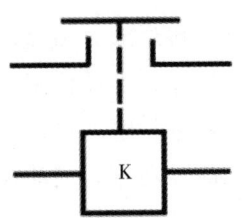

（a）直流接触器电路图　　　　　　　　（b）外形图直流接触器

图5-14　直流接触器

交流接触器和直流接触器是运用比较广泛的两种电器。交流接触器的线圈较短，线径较粗，主要是因为线圈通以交流电后，电抗较大，线径粗可以减小内阻，减少发热量。另外由于交流电过零时会造成线圈电磁力减少，吸合不牢，产生振动现象，所以在磁铁吸合面的部分加短路环，当磁场发生变化时，在短路环形成涡流，进而形成与磁场变化方向相反的电磁力，滞后磁场变化，使电磁铁可以较好地吸合。直流接触器由于通以直流电时不会产生电抗，因此直流接触器的线圈线径比较细，主要是为了增大内阻，防止近似短路现象。因为工作时发热量较大，所以接触器做得较高、较长，主要是为了增大散热空间。

交流接触器与直流接触器不能互换使用，因为交流接触器中通以直流电时没有感抗，而且线径粗而短，内阻较小，通过电流较大，容易烧坏线圈。直流接触器中通以交流电时，由于接触器线圈线径细而长，内阻较大，再加上通以交流电时产生较大的阻抗，使线圈产生的磁场力减小，造成不能正常吸合。

接触器的选择主要从接触器的类型、额定电压和额定电流等多方面考虑。

5.1.7 继电器

继电器是一种自动动作的电器，一般由输入感测机构和输出执行机构两部分组成。输入感测机构的输入量可以是电量（电流、电压、功率等），也可以是非电量（温度、压力、速度等）。当输入量达到规定值时，继电器的输出执行机构便通过触点的接通或分断以达到控制或保护电路的目的。继电器通常应用于自动化的控制电路中，它实际上是用小电流去控制大电流运作的一种"自动开关"。

无论继电器的输入量是电量或非电量，继电器工作的最终目的总是控制触点的分断或闭合，而触点又是控制电路通断的，就这一点来说，接触器与继电器是相同的。但是它们又有区别，主要表现在以下两个方面。

（1）所控制的线路不同。继电器用于控制电信线路、仪表线路、自控装置等小电流电路及控制电路。接触器用于控制电动机等大功率、大电流电路及主电路。

（2）输入信号不同。继电器的输入信号可以是各种物理量，如电压、电流、时间、压力、速度等，而接触器的输入量只有电压。

1. 电磁式继电器

电磁式继电器也叫有触点继电器，结构与动作原理与接触器大致相同。但电磁式继电器在结构上体积较小、动作灵敏、没有庞大的灭弧装置，且触点的种类和数量也较多。如图 5-15 所示。

电流继电器的外形

电压继电器的外形

中间继电器的外形

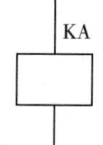
（a）中间继电器线圈

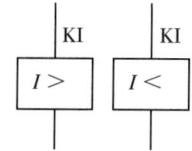
（b）电流继电器线圈

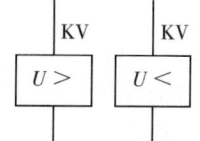
（c）电压继电器线圈

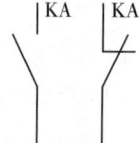
（d）中间继电器常开、常闭触点

图 5-15 电磁式继电器外形、符号

(1) 电流继电器

电流继电器是根据控制电路中电流变化的大小而决定是否动作的。电流继电器可分为过电流继电器和欠电流继电器。

(2) 电压继电器

电压继电器是根据控制电路中电压变化的大小而决定是否动作的。电压继电器可分为过电压继电器和欠电压继电器。

(3) 中间继电器

中间继电器实质上为电压继电器，但它的触点对数多、触点容量较大、动作灵敏。中间继电器的主要作用是解决触点容量、数目与继电器灵敏度的矛盾。

2. 时间继电器

时间继电器的作用是实现触点的延时动作。按动作原理，分为电磁式、空气阻尼式、电动式和晶体管式。

时间继电器按延时方式分为通电延时和断电延时。

(1) 通电延时。接受输入信号后延迟一定的时间，输出信号才发生变化。当输入信号消失后，输出瞬时复原。即"通电延时动作，断电瞬时归位"。

(2) 断电延时。接受输入信号时，瞬时产生相应的输出信号。当输入信号消失后，延迟一定的时间，输出才复原。即"通电瞬时动作，断电延时归位"。

图 5-16 为时间继电器的符号。

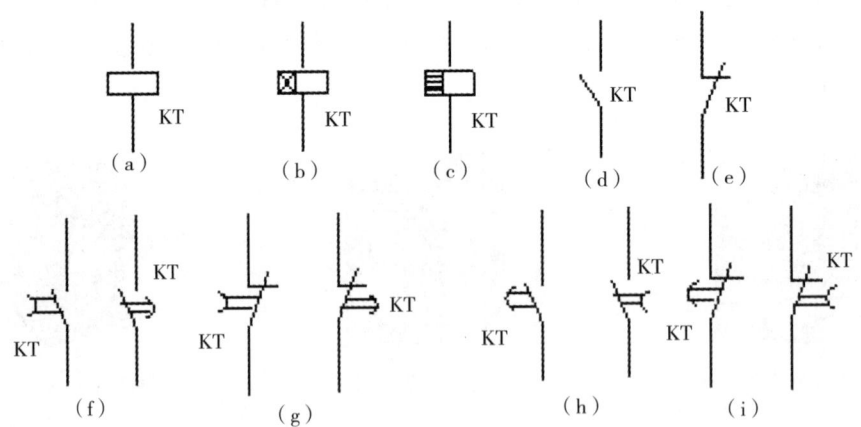

(a) 线圈　(b) 通电延时线圈　(c) 断电延时线圈　(d) 常开触点　(e) 常闭触点
(f) 断电延时断开　(g) 断电延时闭合　(h) 通电延时闭合　(i) 通电延时断开

图 5-16　时间继电器的符号

3. 热继电器

热继电器是利用电流的热效应原理工作的保护电器，在电路中对电动机起到过载保护的作用。在热继电器中应用较多的是基于双金属片的热继电器。

图 5-17 为热继电器的符号和外形图。

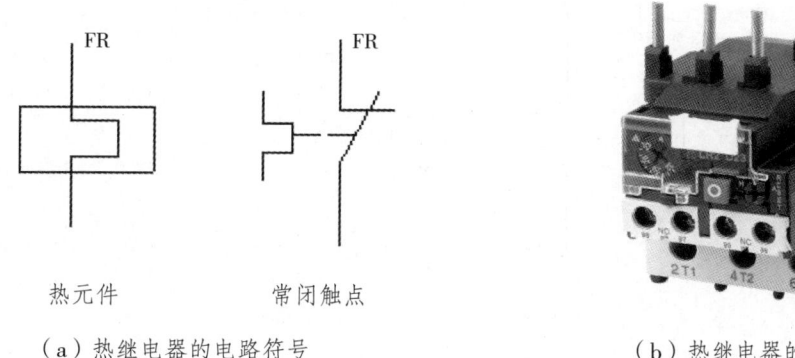

（a）热继电器的电路符号　　　　　　　（b）热继电器的外形

图 5-17　热继电器

热继电器的热元件串联在电动机或其他用电设备的主电路中，而其常闭触点串联在控制电路中。当电动机过载时，流过热元件的电流增大，产生的热量增大，使双金属片产生的弯曲位移增大，超过一定限度时，推动导板使热继电器的常闭触点断开，切断控制电路。

4. 速度继电器

速度继电器的输入量是转速，一般和电动机同轴安装，用以控制电动机的转速或作为电动机停止时反接制动之用。当电动机的转速达到某一数值（一般为 120r/min）时，速度继电器动作（常开触点闭合、常闭触点断开），从而达到接通或断开控制电路的目的。当转速降至某一数值（一般为 100r/min）时，它的触点复位（常开触点断开、常闭触点闭合）。

图 5-18 是速度继电器的电路符号。

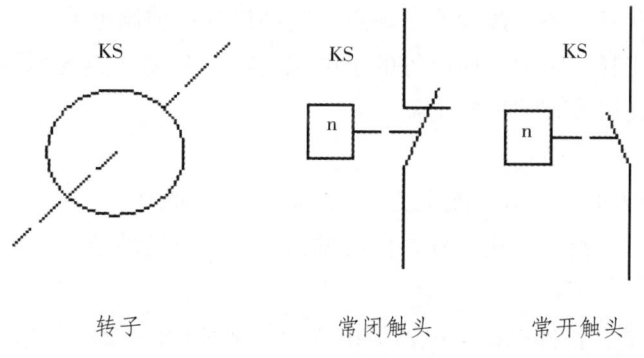

转子　　　　　　常闭触头　　　　　常开触头

图 5-18　速度继电器的电路符号

5. 压力继电器

压力继电器的输入量是压力。压力源有气压、水压、油压等。当系统压力达到一定数值时，压力继电器的触点动作，将压力的变化控制电路接通或断开。

图5-19是压力继电器的电路符号。

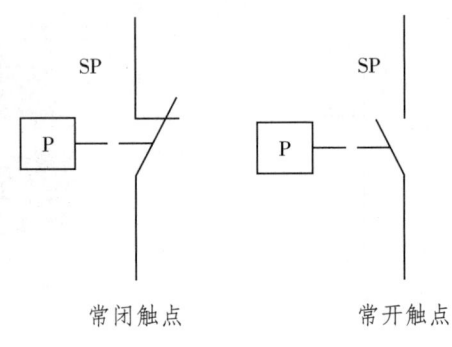

图5-19 压力继电器的电路符号

任务5.2　分析三相电动机接触器-继电器控制电路

5.2.1　基本电气识绘图

主要由接触器、继电器及按钮等组成的电动机或其他电气设备的电气控制系统叫继电器-接触器控制系统。为了分析该系统各种电器的工作情况和控制原理，需要将电路按规定的图形和文字符号表示出来，这种图形叫电气图。

继电器-接触器控制系统电气图可分为：原理图、接线图和安装图。在原理图中各电器及部件都不是按实际位置绘制的，而是根据控制的基本原理和要求分别绘在电路图中各相应位置，便于分析控制线路原理。接线图和安装图是用于维修及安装，一般需画出各种电器件的位置及相互的关系。下面介绍电气原理图。

电动机的电气原理图分为主电路和控制电路两部分。主电路是从电源进线到电动机的大电流连接电路，有刀开关、接触器主触点、电动机等；控制电路是对主电路中各电气部件的工作情况进行控制、保护、检测等的小电流电路，有接触器线圈及其辅助触点、继电器线圈及其触点、按钮等有关控制电器。

绘制原理图的一些原则：

（1）主电路一般画于左侧（或上方），控制电路一般画于右侧（或下方）。电气元件一般均按动作顺序由上到下、从左到右依次排列。十字交叉的节点，若电路相连，应画一个圆点"●"。

（2）在原理图中，各种电机、电器等电气元件必须用国家统一规定的图形符号和文字符号画出。

（3）为了便于阅读，图中同一电气元件的各部件可以不画在一起。如接触器的主触点画在主电路中，而其线圈、辅助触点却画在控制电路中。若有几个辅助触点，也分别画在不同位置。为便于识别，同一电气元件的各部件均以同一文字符号表示，如接触器不论是线圈还是触点，均以"KM"表示。

（4）图中各电气元件的图形符号均以正常状态表示，所谓正常状态是指未通电或无外力作用时的状态。如按钮 SB 表示未按下时的状态；对接触器而言，为线圈未通电、衔铁未吸合时触点所处状态。

识图时，应先看主电路，后看控制电路。看图的原则是由上到下、从左到右的顺序。看主电路需根据电流的流向由电源到被控制的设备，了解生产工艺的要求，以及主电路中有哪些电器、是怎样工作的、有何特点。看控制电路时，按动作先后次序一个一个分析，如接触器线圈得电，应逐一找出它的主、辅助触点分别接通或断开了哪些电路，或为哪些电路的工作做了准备，搞清它们的动作条件和作用，理清它们间的逻辑顺序。此外，还需关注电路中有哪些保护环节。

5.2.2　三相异步电动机的基本控制

1. 三相异步电动机的点动控制

（1）图 5-20 是采用接触器点动控制电动机的线路。

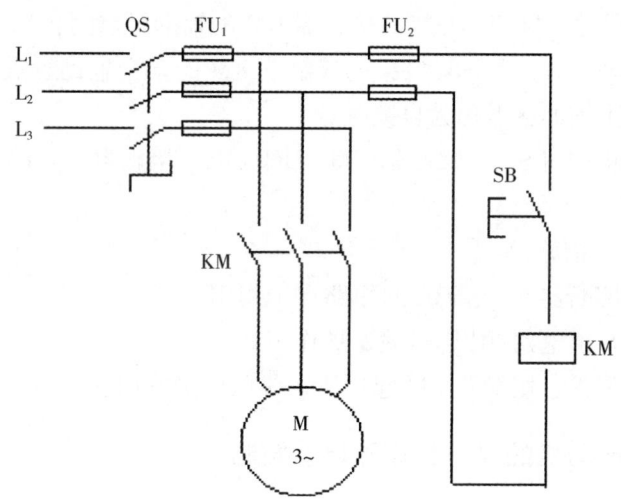

图 5-20　点动控制线路

（2）线路的工作原理：

合上电源开关 QS—按下点动按钮 SB—接触器 KM 线圈通电—主电路中接触器 KM 主触点闭合—电动机 M 转动。

松开点动按钮 SB—接触器 KM 线圈失电—接触器 KM 主触点断开—电动机 M 停转。

2. 三相异步电动机的长动控制

（1）图 5-21 是采用接触器长动控制电动机的线路。

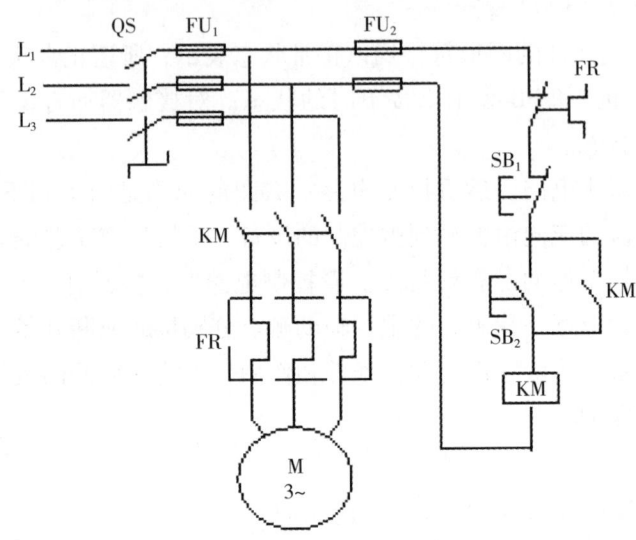

图 5-21　长动控制线路

（2）线路的工作原理：

起动：合上电源开关 QS—按下起动按钮 SB_2—接触器 KM 线圈通电—主电路中接触器 KM 主触点闭合（同时，与 SB_2 并接的接触器 KM 的辅助触点闭合）—电动机 M 转动。

松开起动按钮 SB_2 时，与 SB_2 并接的接触器 KM 的动合辅助触点仍保持闭合状态，电动机继续工作。这个辅助触点称为自锁触点。

停止：按下停止按钮 SB_1—接触器 KM 线圈失电—接触器 KM 的主触点和辅助触点断开—电动机 M 停转。

（3）线路的保护措施：

①短路保护：熔断器 FU_1、FU_2 起短路保护作用。

②过载保护：热继电器 FR 起过载保护作用。

③失压、欠压保护：接触器 KM 起失压、欠压保护作用。

3. 三相异步电动机的 Y—△ 降压起动控制

（1）图 5-22 是 Y—△ 降压起动控制线路。

（2）线路的工作原理：

起动：合上电源开关 QS—按下起动按钮 SB_2—接触器 KM_1 的线圈、接触器 KM_2 的线圈及时间继电器 KT 的线圈同时得电。

接触器 KM_1 线圈得电—主电路中接触器 KM_1 主触点闭合。（同时，与 SB_2 并接的接触器 KM_1 的辅助触点闭合，起自锁作用。）

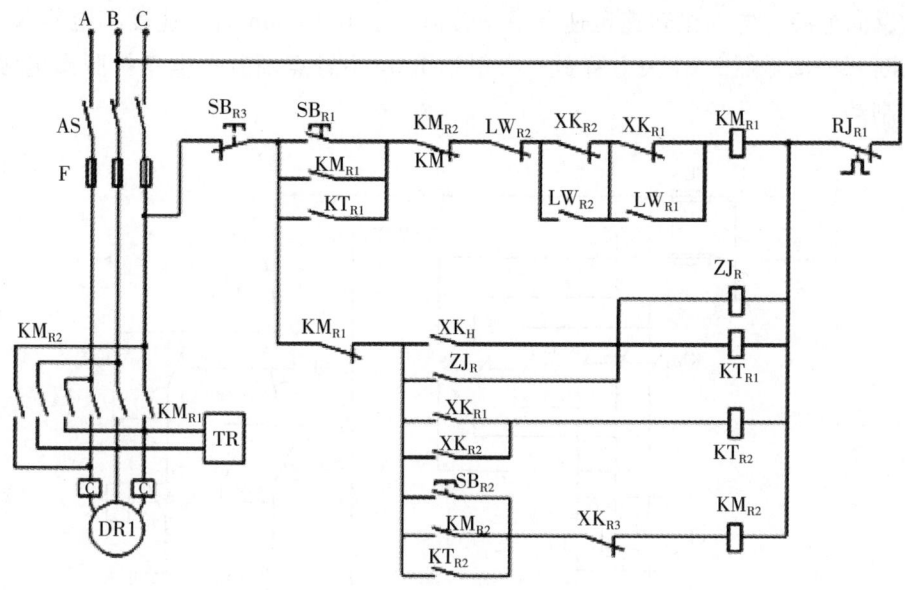

图 5-22 Y—△降压起动控制线路

接触器 KM_2 线圈得电—主电路中接触器 KM_2 主触点闭合,电动机 M 定子绕组在星形连接下运行。(同时, KM_2 的常闭辅助触点断开,保证了接触器 KM_3 不得电,起互锁作用。)

时间继电器 KT 的线圈得电—KT 常闭触点延时继开—KM_2 线圈失电—KM_2 主触点断开,同时 KT 的常开触点延时闭合—接触器 KM_3 线圈得电—其主触点闭合—电动机 M 由星形起动切换为三角形运行—同时接触器 KM_3 的常开辅助触点闭合,起自锁作用。

停车:按下停止按钮 SB_1—控制电路断电—各接触器释放(触点复位)—电动机断电,停车线路在 KM_2 与 KM_3 之间设有辅助触点连锁(互锁),防止它们同时动作造成短路;此外,线路转入三角形运行后,KM_3 的常闭触点分断,切除时间继电器 KT、接触器 KM_2,避免 KT、KM_2 线圈长时间运行而空耗电能,并延长其寿命。

4. 三相异步电动机的反接制动控制

(1) 图 5-23 是单向运行反接制动电路图。
(2) 线路的工作原理:

起动运转:合上电源开关 QS—按下起动按钮 SB_2—接触器 KM_1 线圈通电并自锁—主电路中接触器 KM_1 主触点闭合—接通电动机 M 绕组,电动机 M 转动。此时,接触器 KM_2 线圈回路中的接触器 KM_1 的常闭触点断开,使接触器 KM_2 线圈不能得电。当电动机转速达到 120r/min 以上时速度继电器 KS 的常开触点闭合,为制动做准备。

制动停转:按下停止按钮 SB_1—接触器 KM_1 线圈失电—接触器 KM_1 的所有主触点和辅助触点复位,切断电动机 M 电源—电动机由于惯性,转速依然较高,速度继电器 KS 的常开触点依然闭合—按钮 SB_1 的常开触点闭合—接触器 KM_2 线圈得电并自锁—其主触点闭合,接入反向电源,电动机转速迅速下降—转速小于 100r/min 时,速度继电器 KS 的常开触点复位断开—接触器 KM_2 失电释放—接触器 KM_2 主触点断开—电动机脱离电源迅速停车,完成制动。

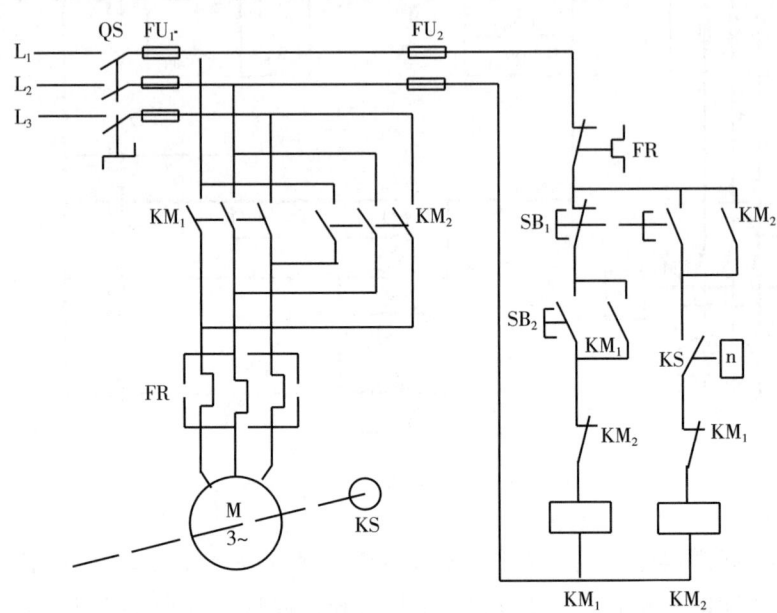

图 5-23 单向运行反接制动电路

任务 5.3 学习三相电动机在工程机械上的运用

沥青混凝土拌和设备是一种路面公路工程机械,用来生产沥青混凝土。主要功能是把沥青、沙石、水泥按一定的比例混合在一起高温加热,再用摊铺机铺到建设的公路上。

沥青混合料搅拌设备的任务主要包括供料控制、温度控制、计量控制、除尘控制、成品仓控制等。其控制系统的任务是按照工艺流程顺序控制各部设备按生产配方自动进行计量拌料。沥青拌和站电气控制系统,每一个工艺流程都涉及电动机运行的控制。现以 ASTEC-LB3000 型沥青拌和站成品料输送电路控制做电路分析。

(1) 用途及工作过程

在沥青混凝土搅拌设备的生产过程中,由于搅拌设备与运输车辆及摊铺设备等之间的生产很难协调,不能使拌和好的成品料及时地运输到施工地点,并且拌和好的沥青混凝土成品料应具有 140~160℃的工作温度(视当地施工时的气温及运输距离而定),才能保证摊铺作业时,沥青混合料具有良好和易性和均匀性,必须把拌和好的成品料先储存在保温和防止氧化措施较好的大型成品料储存仓内。

成品料的输送机包括:运料车、轨道、储料仓、驱动钢绳、滚轮减速器、电磁制动器、电动机行程开关等。成品料从搅拌器到成品料仓的运输是由沿轨道提升的运料车来完成的,运料车由卷扬机来拖动。成品储存仓一般有三到四个,每个储料仓的顶部都有一个料位传感器,当料仓装满时,料位传感器可使运料车把成品料运输到下一个储料仓。当储料仓全部装满时,即使运料车装了成品料,运料车也不会动作,由最后一个储料仓的料位传感器来控制。搅拌器卸料口底部和储料仓附近都有定位的行程开关,当运料车碰到定位行程开关时,运料车就会自动停到相应的位置。

工作中,当运料车盛满成品料后,电动机的动力经减速器增扭减速后使滚筒运转。缠绕在滚筒上的钢绳通过滑轮使运料车沿滑轨上移,移动到成品料仓上方,行程开关等使运料车停止运行,气压力将运料车的斗门开启,将运料车内的成品料投入成品料储存仓内。卸料完毕后,驱动电机反转,运料车靠自重滑落回搅拌机放料闸门下方。提升机的电磁制动器设于驱动电机和减速器之间,它既可使运料车在运行中迅速停止,又可防止运料车停车后在自重作用下沿轨道下滑。

(2)电路工作原理

如图5-24所示为成品料输送电路原理。

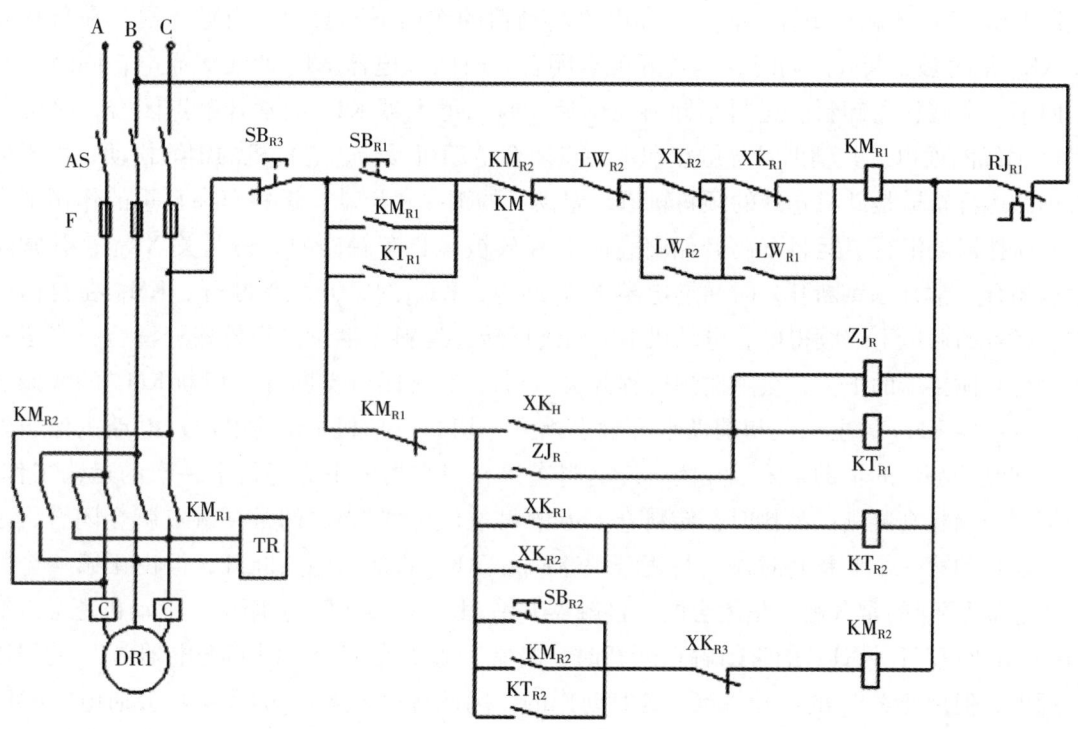

图5-24 成品料输送电路图

电动机主电路:合上电源开关AS之后可由接触器主触点KM_{R1}和KM_{R2}来控制电动机的启动和停止。按下启动按钮SB_{R1}时接触器KM_{R1}通电,常开主触点闭合,电动机启动正转,同时辅助常开触点闭合;当松开启动按钮SB_{R1}时,KM_{R1}的辅助常开触点使线圈KM_{R1}继续通电,使电动机保持运转。按下停止按钮SB_{R3},接触器KM_{R1}线圈断电,辅助常开触点和主触点断开,电动机与电源分离,电动机停止转动。按下启动按钮SB_{R2},接触器

KM_{R2} 的线圈得电吸合，其主触点和辅助常开触点闭合，电动机通电反转，按下 SB_{R3} 停止转动。

成品料输送自动工作原理：当搅拌器中成品料向输送车卸料时，搅拌器的弧形门打开卸料，此时弧形门会触碰到装在弧形门附近的行程开关 XK_H，XK_H 的常开触点闭合，中间继电器 ZJ_R 和时间继电器 KT_{R1} 的线圈同时得电，ZJ_R 的常开触点闭合。当卸料完毕后弧形门关闭，XK_H 的常开触点断开时，由于中间继电器 ZJ_R 的保电作用，KT_{R1} 的线圈继续通电。几秒后，时间继电器 KT_{R1} 的常开开关闭合，接触器 KM_{R1} 的线圈通电吸合，辅助常开触点的主触点闭合电动机 DR 通电启动，同时，KM_{R1} 的常闭触点断开，ZJ_R 和 KT_{R1} 断电，其常开触点断开，而 KM_{R1} 的常开辅助触点已经闭合，即使 KT_{R1} 的常开触点断开，接触器 KM_{R1} 的辅助常开触点为其 KM_{R1} 的线圈通电即自锁，电动机保持运转，电动机 DR 带动卷扬机拖动成品料车动作。运料车在卷扬机的拖动下沿着轨道运行到第一储料仓，运料车会触碰到储料仓上方的行程开关 XK_{R1}，XK_{R1} 的常闭触点会断开，接触器 KM_{R1} 断电，其辅助常开触点和主触点断开，电动机 DR 与电源断开，电动机停止转动，运料车停止运动，接触器 KM_{R1} 的常闭触点闭合，运料车在电磁制动器的作用下不会因为自重下滑。在行程开关 XK_{R1} 常闭触点断开的同时，其常开触点闭合，时间继电器 KT_{R2} 的线圈通电，同时运料车向第一个储料仓卸料。运料车卸料完毕后，时间继电器 KT_{R2} 的常开触点闭合，接触器 KM_{R2} 的线圈通电，其辅助常开触点和主触点闭合电动机反转，卷扬机的钢绳松动，由于运料车的运行轨道是储料仓处的倾斜轨道，卷扬机的钢绳一松动，运料车在自重的作用下自己向搅拌器处滑行。运料车离开储料仓时会释放被运料车触碰的行程开关 XK_{R1}，其常闭触点闭合，常开触点断开，时间继电器 KT_{R2} 断电，KT_{R2} 的常开触点断开，KM_{R2} 在自己的常开触点的通电下继续得电，电动机 DR 继续反转，运料车继续向搅拌器处滑行，当运料车滑行至搅拌器的下方，会触碰到行程开关 XK_{R3}，其常闭触点断开，切断 KM_{R2} 的线圈通电，接触器 KM_{R2} 的主触点和辅助常开触点断开，切断电动机 DR 的电源，电动机停止转动，同时接触器的辅助常闭触点闭合。运料车停在搅拌器的下方等待下一次的运输工作。当第一个储料仓装满成品料时，储料仓上方的料位传感器 LW_{R1} 的常开触点就会闭合，运料车运料到第一个储料仓时碰到行程开关 XK_{R1}，XK_{R1} 的常闭触点断开，但由于第一个料位传感器 LW_{R1} 的常开触点是闭合的，接触器 KM_{R1} 由 LW_{R1} 通电不会断电，电动机还会继续转动。在行程开关 XK_{R1} 的常闭触点断开时，其常开触点会闭合，时间继电器 KT_{R2} 的线圈会通电，但由于 KT_{R2} 的常开触点是延时动作的，因此接触器 KM_{R2} 的线圈不会通电，KM_{R2} 的辅助常开触点也不会切断接触器 KM_{R1} 的电源，电动机还会继续转动。运料车会在很短的时间内离开第一个储料仓，释放被碰到的行程开关 XK_{R1}，向下一个储料仓运行，由于行程开关 XK_{R1} 被释放使 KT_{R2} 断电。运料车到达下一个储料仓时，会触碰到行程开关 XK_{R2}，则运料车会像在第一个储料仓时一样动作，最终回到搅拌器的下方等待下一次的运料工作。当最后一个储料仓也装满成品料，料位传感器 LW_{Rn} 的常闭触点就会断开，即使运料车装满成品料，中间继电器 ZJ_R 和时间继电器 KT_{R1} 的线圈得电，时间继电器 KT_{R1} 的常开触点闭合，接触器 KM_{R1} 的线圈也不会通电，电动机 DR 不会启动，运料车也不动作。

电路中元件说明如表 5-1 所示：

表 5-1　电路中所用元件说明

元件名称	额定电压	元件类型	元件作用	备注说明
接触器（2个）	380V	CJO-20型	用来接通和切断电机与电源的连接	KM_{R1}用来使电机正转拖动运料车，KM_{R2}使电机反转运料车下滑
热继电器（1个）	380V	三相式	保护电机，防止电机过载烧坏	当电机负载过大，电机的工作电流超过额定电流，其常闭触点就会断开，切断电源
中间继电器（1个）	380V		起保电作用	
时间继电器（2个）	380V	空气阻尼式	可使电机延时动作	KT_{R1}为运料车装料时间继电器，KT_{R2}为卸料时间继电器
行程开关（4个）	380V	直动式	使运料车自动工作自动找位	
料位传感器（4个）	380V		控制运料车卸料的仓位	装在各个储料仓的上端，用来控制储料仓装料
按钮开关（3个）	380V		用来手动控制电机的启动力停止	两个启动按钮开关，控制电机的正反转，另一个为停止按钮开关

目前沥青混凝土拌和设备控制系统基本采用 PC+PLC 的控制模式，上位机 PC 主要用于下发控制指令进行生产监控与数据管理，下位机 PLC 负责全部的控制。

【项目小结】

1. 常用低压电器按动作方式可分为手动电器和自动电器，如刀开关、组合开关、按钮等为手动电器，继电器、接触器、行程开关等为自动电器。

2. 常用低压电器按用途可分为控制电器和保护电器，如刀开关、接触器、按钮等为控制电器，熔断器、热继电器等为保护电器。

3. 接触器是用来控制电动机等设备主电路通断的电器，按钮和各种继电器则是控制接触器吸引线圈回路或其他控制回路通断的电器。

4. 用接触器、继电器、按钮等低压电器组合起来对电动机等设备实现的自动控制称为接触器-继电器控制。

5. 电气控制原理图的识读原则。

6. 工程机械典型继电器-接触器的控制电路分析。

【思考与练习】

1. 什么是低压电器？常用的低压电器有哪些？

2. 常用的低压电器我们一般是如何进行分类的?
3. 电动机的主电路中装有熔断器,为什么还要安装热继电器?
4. 为什么热继电器只能作为电动机的过载保护,而不能作为其短路保护?
5. 接触器与继电器的区别主要表现在哪些方面?
6. 三相异步电动机的点动与长动控制区别的关键环节是什么?
7. 图5-25是接触器互锁正反转控制电路,试分析其工作过程。

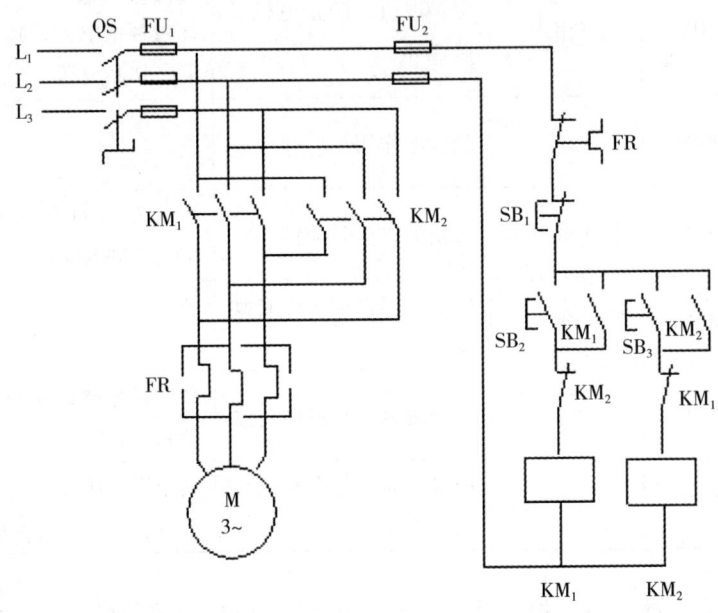

图5-25 接触器互锁正反转控制电路

【技能训练】

实训5-1 学习三相异步电动机的起动和正反转控制

1. 实验目的

(1) 熟悉电动机常用控制器件的结构与动作原理;
(2) 学会三相异步电动机直接启动的线路连接和操作方法;
(3) 学会三相异步电动机正反转的线路连接。

2. 实验器材

(1) 电工实验装置;
(2) 三相小功率异步电动机;
(3) 兆欧表。

3. 实验内容与步骤

三相异步电动机启动、空载运行和反转。

电源电压为 380V，根据电动机额定值及自拟的接线图，正确接线（必须接入三相插座）。

（1）电动机直接启动，观察启动瞬间电流冲击情况及电动机旋转方向。

（2）测量空载电流。待电动机达稳定运行后，用电流表测量电动机每相的空载电流，记入表 5-2 中。

（3）电动机稳定运行后，突然拆除三相电源中的任意一相（注意小心操作，以免触电），观察电动机单相运行时电流表的读数并记录之。再仔细倾听电动机的运行声音有何变化。

（4）电动机启动之前先断开三相电源中的任意一相，作缺相启动，观察电流表的读数并记录之。观察电动机有否启动，再仔细倾听电动机有否发出异常的声响。

（5）反转测试。将电源三根导线中的任意两根线对换接线，再合上电源开关。观察电动机转动方向，记入表 5-2 中。

表 5-2 三相异步电动机启动运行检测记录表

测量项目	启动电流（A）	空载电流（A）	运行声音	转向 （顺时针或逆时针）
正常启动运行				
缺相启动运行				
反转				

4. 思考题

（1）简要说明三相鼠笼式异步电动机的正、反转运行的原理。

（2）试画出电机正、反转时三相电源接线图。

实训 5-2 认识装载机起动系统控制电路

1. 实验目的

（1）能够通过电路原理图识别装载机起动系统的组成部件；

（2）学会通过电路原理图分析装载机起动系统控制电路和主电路；

（3）能够在装载机实际线路中找出起动电路。

2. 实验器材

（1）万用表；
（2）装载机整车电气系统实验台；
（3）装载机起动电路原理图。

3. 实验内容与步骤

（1）在原理图中根据起动要求和起动系统电气元件的电路和文字符号，找出各元件的位置；
（2）通过原理图中线路的标识分析起动电路的工作过程；
（3）运用装载机电气系统实验台，查找出原理图中起动系统组成电气元件；
（4）运用装载机电气系统实验台，查找出原理图中起动系统控制线路。

4. 思考题

（1）起动电路中的控制开关起什么作用？
（2）起动继电器起什么作用？

项目 6　认识半导体器件基础

知识目标

1. 知道半导体的概念及特点；
2. 知道二极管的组成及特性；
3. 知道三极管的组成及作用；
4. 掌握二极管在工程机械上的应用；
5. 掌握三极管在工程机械上的应用。

能力目标

1. 能够正确识别各种二极管及三极管的外形和电路中的图形符号；
2. 会用万用表测量二极管的极性及判断好坏、三极管的管型和管脚极性；
3. 能够分析电路中二极管及三极管的控制作用。

任务 6.1　学习半导体基础知识

6.1.1　导体、半导体和绝缘体

自然界中不同的物质，由于其原子结构不同，因而它们的导电能力也各不相同。按照它们的导电能力，一般分为导体、半导体和绝缘体三类。

导体：很容易导电的物质，如金属。

绝缘体：几乎不导电的物质，如橡皮、陶瓷、塑料和石英。

半导体：导电能力介于导体和绝缘体之间的物质，如硅、锗等。

半导体的导电机理不同于其他物质，所以它具有不同于其他物质的特点：热敏性、光敏性和掺杂性，即当受外界热和光的作用或往纯净的半导体中掺入某些杂质时，会使它的导电能力明显改变。利用光敏性可制成光电二极管和光电三极管及光敏电阻；利用热敏性可制成各种热敏电阻；利用掺杂性可制成各种不同性能、不同用途的半导体器件，例如二极管、三极管、场效应管等。

6.1.2 本征半导体

本征半导体是指完全纯净的具有晶体结构的半导体。

现代电子学中，用得最多的半导体材料是硅和锗，它们都是四价元素，即每个原子的最外层有四个价电子，如图 6-1 所示。

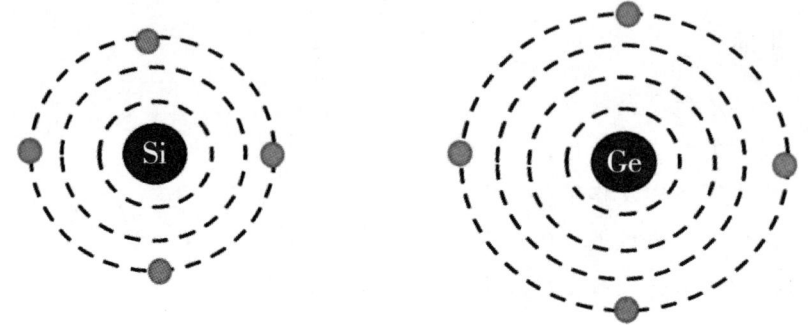

图 6-1 硅晶体和锗晶体

通过一定的工艺过程，可以将半导体制成晶体。相邻的两个原子的一对最外层电子成为共用电子，这样的组合称为共价键结构，如图 6-2 所示。

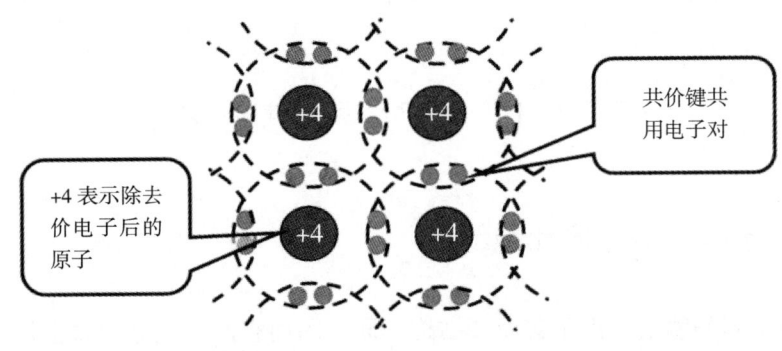

图 6-2 硅和锗的共价键结构

在一定的温度下，由于热激发，有少量的电子获得足够的能量而挣脱共价键的束缚成为自由电子，同时在原来的位置留下了一个空穴，所以在本征半导体中，自由电子和空穴成对产生，称为电子空穴对，即在本征半导体中存在数量相等的两种载流子（自由电子和空穴）。

在外电场力的作用下，空穴吸引附近的电子来填补，这样的结果相当于空穴的迁移，而空穴的迁移相当于正电荷的移动。因此，本征半导体中电流由两部分组成：自由电子移动产生的电流和空穴移动产生的电流。

本征半导体的导电能力取决于载流子的浓度。当温度或光照强度增加时，自由电子和空穴的浓度越高,本征半导体的导电能力越强,所以温度是影响本征半导体性能的一个重要的外部因素。

6.1.3 杂质半导体

杂质半导体,即在本征半导体中掺入某些微量的杂质。与本征半导体相比,在杂质半导体中,某种载流子(自由电子或空穴)的浓度有了大大增加,从而使半导体的导电能力发生显著变化。

杂质半导体有 N 型半导体和 P 型半导体两类。

1. N 型半导体

N 型半导体,即自由电子浓度大大增加的半导体。

在本征半导体硅或锗中掺入微量的五价元素(如磷或锑),则由于每个磷原子的最外层有五个电子,其中的四个分别与邻近的四个硅原子相结合,组成四对共有电子,形成共价键以外,还多出一个受原子核束缚很弱的多余电子,它很容易被激励而成为自由电子,如图 6-3 所示。

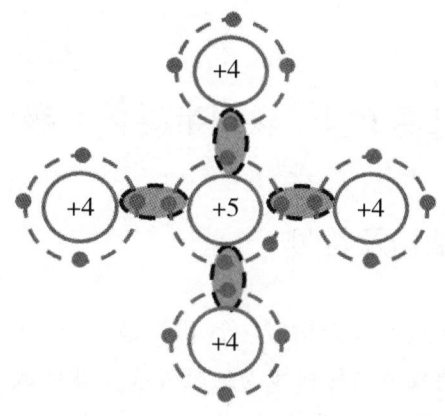

图 6-3 N 型半导体

这种半导体主要依靠自由电子导电,所以 N 型半导体也称电子型半导体。

在 N 型杂质半导体中,自由电子浓度比同一温度下本征半导体的电子浓度大得多,所以加深了导电能力。

2. P 型半导体

P 型半导体,即空穴浓度大大增加的半导体。

在本征半导体硅或锗中掺入微量的三价元素(如硼),则由于每个硼原子的最外层只有三个电子,当它与邻近的四个硅原子相结合而形成共价键时,就自然提供了一个空穴,如图 6-4 所示。

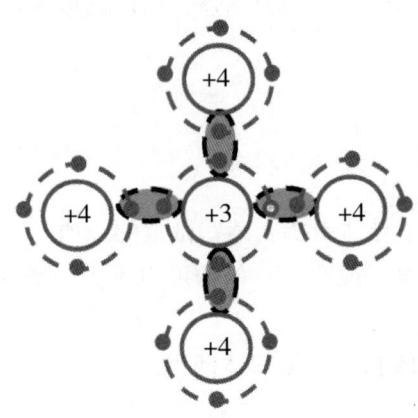

图 6-4　P 型半导体

在这种半导体中，空穴的数量远大于自由电子的数量，所以空穴为多数载流子，自由电子为少数载流子。由于这种半导体主要依靠空穴导电，故称为空穴型半导体。

需要注意，N 型半导体和 P 型半导体都仍然是电中性的。原因是半导体和掺入的微量元素都是电中性的，掺杂的过程不改变电荷，只是半导体中出现了大量可运动的电子或空穴。

任务 6.2　认识半导体二极管

6.2.1　二极管的结构及符号

二极管由管芯、管壳和两个电极构成。管芯就是一个 PN 结，在 PN 结的两端各引出一根引线，并用塑料、玻璃或金属材料作为封装外壳，就构成了晶体二极管。二极管在电路中用字母 D 或 VD 表示。如图 6-5 所示。

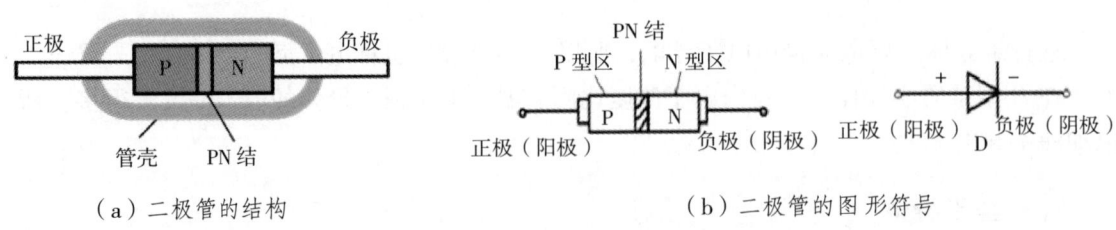

（a）二极管的结构　　　　　　　　　　（b）二极管的图形符号

图 6-5　二极管的结构及符号

P 区引出的电极称为正极或阳极，N 区引出的电极称为负极或阴极。

6.2.2 二极管的单向导电性

二极管的核心是 PN 结。PN 结，即当一块半导体单晶上一侧掺杂成为 P 型半导体，另一侧掺杂成为 N 型半导体时，在两个区域的交界处形成的一个特殊薄层。

PN 结具有单向导电性。单向导电，即是正向导通，反向截止。

当二极管正极加上高电平（+），负极加上低电平（-）时，PN 结外加电场与内电场方向相反，内电场被削弱，N 区的电子（多子）不断扩散到 P 区，P 区的空穴（多子）也不断扩散到 N 区，形成较大的正向电流，二极管（或说 PN 结）导通，如图 6-6（a）所示。二极管导通，相当于开关闭合，电路接通，如图 6-6（b）所示，灯泡发亮。

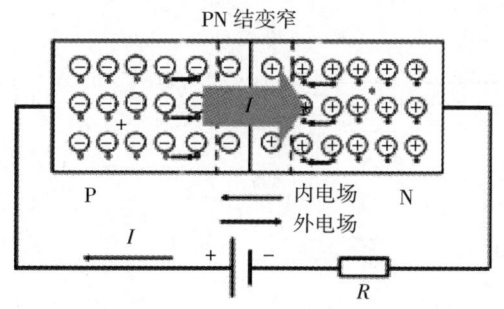 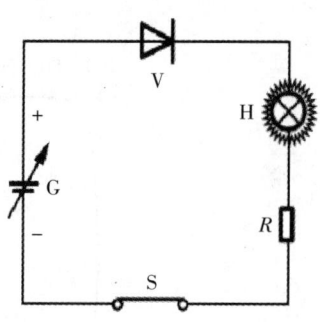

（a）二极管接正向电压时的导电情况　　　　　　（b）二极管的导通状态

图 6-6　二极管的单向导电性（正偏）

当二极管正极加上低电平（-），负极加上高电平（+）时，PN 结内、外电场方向相同，内电场增强，使多子（P 区的空穴与 N 区的电子）扩散难以进行，PN 结对反向电压呈高阻特性，几乎无电流通过，此时，少子的运动虽然被加强，但由于数量极少，反向电流一般情况下可忽略不计，二极管（或说 PN 结）截止，如图 6-7（a）所示。二极管截止时，相当于开关断开，电路不通，如图 6-7（b）所示，灯泡熄灭。

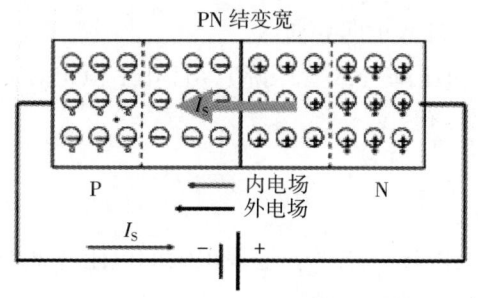 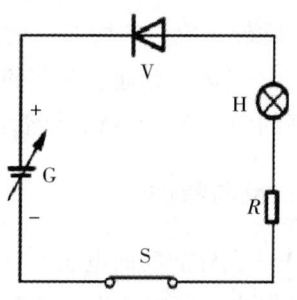

（a）二极管接反向电压时的导电情况　　　　　　（b）二极管的截止状态

图 6-7　二极管的单向导电性（反偏）

6.2.3 二极管的伏安特性

二极管的伏安特性是指加在二极管两端的电压和流过二极管的电流之间的关系，用于定性描述这两者关系的曲线称为伏安特性曲线。通过晶体管图示仪观察到硅二极管的伏安特性如图 6-8 所示。

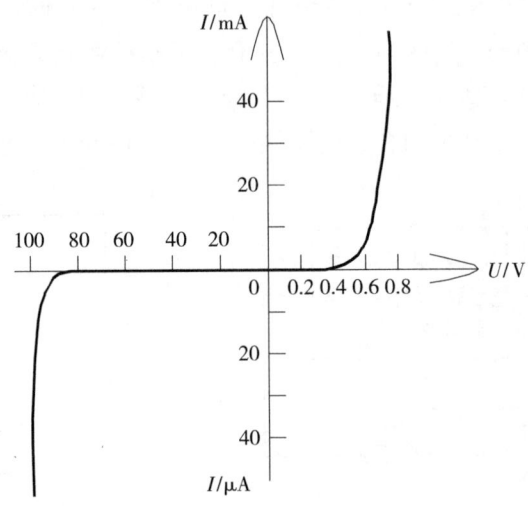

图 6-8 二极管的伏安特性曲线

1. 正向特性

（1）当外加正向电压较小时，外加电压不足以克服内电场对多数载流子扩散运动的阻力，二极管呈现的电阻较大，正向电流很小，近似为零，这个一定数值的正向电压称为死区电压，其大小与管子材料、环境温度有关。在室温条件下，硅管的死区电压约为 0.5V，锗管的死区电压约为 0.2V。

（2）当外加正向电压超过死区电压时，PN 结内电场几乎被抵消，二极管呈现的电阻很小，随外加电压的增加，正向电流迅速上升，进入正向导通区。

（3）二极管导通后两端的正向电压称为正向压降（或管压降），且几乎恒定。硅管的管压降约为 0.6~0.8V，锗管的管压降约为 0.2~0.3V。

2. 反向特性

（1）当外加反向电压时，加强了 PN 结的内电场，二极管呈现很大的电阻，此时的反向电流极小，可以认为二极管基本上是不导通的，即截止的。

（2）当反向电压增加到一定数值时，反向电流会突然剧增，二极管失去了单向导电性，这种现象称为反向击穿，此时的反向电压称为反向击穿电压。二极管被击穿后电流过大将使管子损坏，因此，除稳压管外，二极管的反向电压不能超过击穿电压。

6.2.4 二极管的主要参数

二极管的参数是合理地选择和使用二极管的依据。二极管的主要参数有：

1. 最大整流电流 I_{FM}

最大整流电流是指二极管长期工作，允许通过的最大正向平均电流值。如果电流过大，发热过甚，就会把 PN 结烧毁。在选用二极管时，工作电流不能超过它的最大整流电流。一般点接触型二极管的最大整流电流在几十毫安以下，面结合型二极管的最大整流电流可达数百安以上。

2. 最高反向工作电压 U_{RM}

最高反向工作电压是指为确保二极管安全使用所允许施加的最大反向电压，一般给出的最高反向工作电压为击穿电压的一半或三分之二。在选用二极管时，加在二极管上的反向工作电压峰值不允许超过最高反向工作电压值。一般点接触型二极管的最高反向工作电压是数十伏，而面结合型二极管的最高反向工作电压可达数百伏。

3. 反向饱和电流 I_{RM}

反向饱和电流是指给二极管加最高反向工作电压时的反向电流。此值越小，则二极管的单向导电性就越好。反向饱和电流受温度的影响较大。

6.2.5 二极管的检测

对二极管检测的目的是进行极性和好坏的判断。

1. 二极管极性的检测

二极管极性判别指的是正极或负极的判断。由于二极管具有单向导电的特性，所以接在电路中应该正向连接，否则，二极管可能会被反向击穿而损坏。二极管极性判别可以通过目测法或万用表检测实现。

（1）目测法

目测法就是通过观察二极管管壳上的标记来判断极性。通常，普通二极管有色端（不同于本身颜色）标识的一极为负极，如图 6-9（a）所示。二极管外形标记的方法见图 6-9（b）所示。

（2）万用表检测法

将数字万用表的红、黑表笔分别接至二极管的两个电极，若测得的电阻值很小，则红表笔接的电极为二极管的正极，黑表笔接的电极为二极管的负极；若测得的电阻值很大，则红表笔接的电极为二极管的负极，黑表笔接的电极为二极管的正极，如图6-10所示。

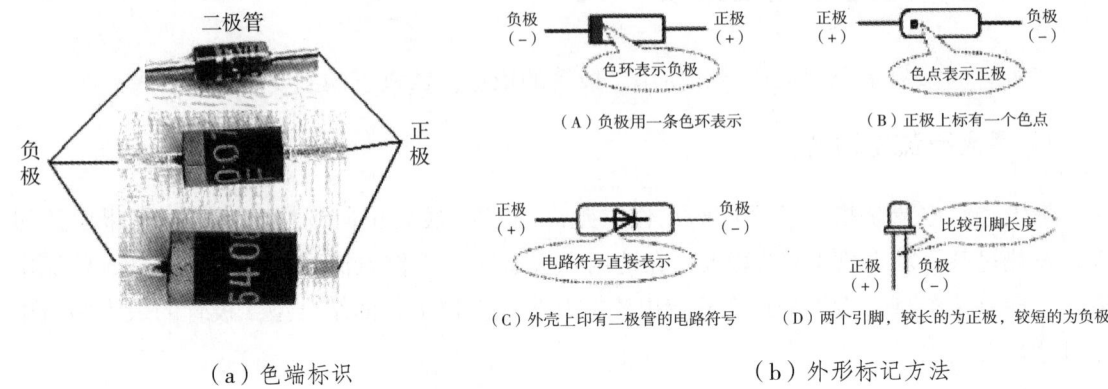

(a) 色端标识　　　　　　　　　　　　　(b) 外形标记方法

图6-9　二极管极性标记

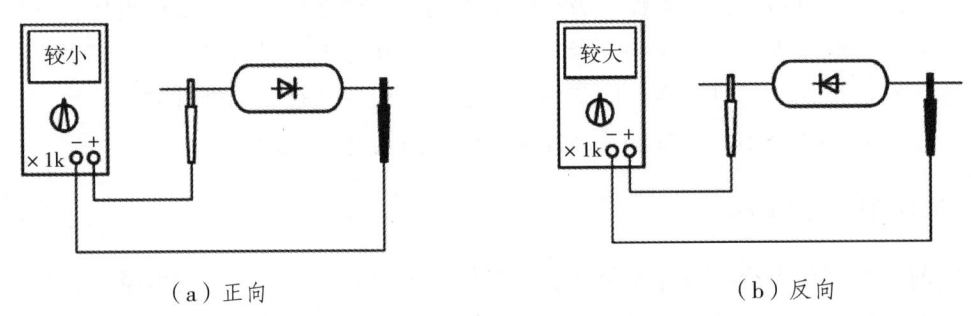

(a) 正向　　　　　　　　　　　　　(b) 反向

图6-10　二极管极性测试

2. 二极管好坏的判定

二极管损坏一般指短路或断路，可以通过万用表检测判断。

因二极管具有单向导电性，所以用万用表检测二极管电阻时，两次检测（正向与反向）阻值应一次很大，一次很小。若两次检测结果都很大或很小，则说明管子已损坏。二极管损坏指的是短路故障或断路故障。

（1）短路

若测得正向和反向电阻值都很小，则表明二极管短路，已损坏。

（2）断路

若测得正向和反向电阻值都很大，则表明二极管断路，已损坏。

6.2.6　二极管的应用

普通二极管的应用范围很广，这里结合工程机械电路中二极管的使用，重点介绍整流、续流及防止逆电流等作用。

1. 整流

整流，即将交流电变成直流电。二极管整流的作用主要是应用在交流发电机的整流器上，将三相交流电变成单向脉动的直流电。在发电机上起整流作用的二极管有正二极管和负二极管之分，安装情况参见图 6-11 所示。正、负极管可通过安装位置、管壳标记或万用表检测等方式来判别。

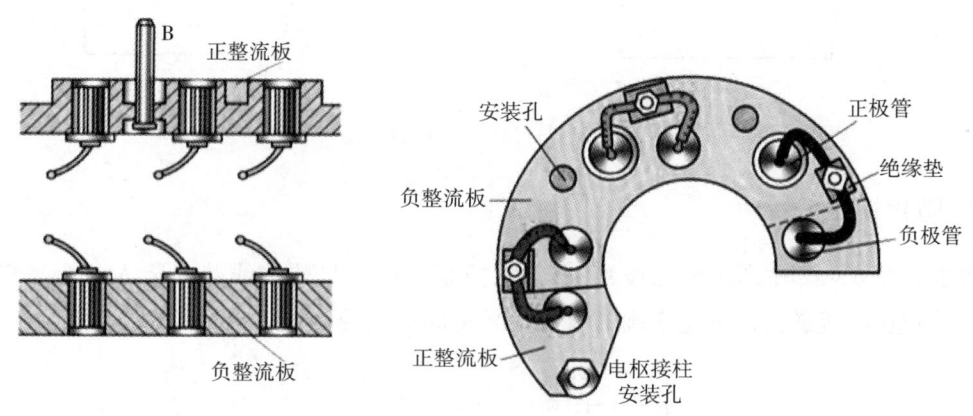

图 6-11 整流二极管的安装图

关于二极管的整流原理，详见 6.4.1 直流稳压电源中的整流过程。

2. 续流

由于自感的作用，线圈在通过电流时，会在其两端产生感应电动势。如图 6-12（a）所示，当切断开关，电流消失时，会产生冲击电压（感应电动势），该冲击电压流向开关断开前的线路。产生冲击电压后，开关触点之间会形成火花，使触点磨损加快，严重时触点将熔化或烧结；同时，感应电动势还会对电路中的其他元件产生反向电压，当反向电压大于元件的反向击穿电压时，会使电子元件如三极管、晶闸管等造成损坏。例如，在工程机械电子电路中，用控制器内的晶体管来驱动电磁阀线圈的情况很多，因此，当冲击电压到达晶体管后，经常会因晶体管破损而引起控制器故障。

为了解决以上问题，在线圈两端并联一个续流二极管，如图 6-12（b）所示，当流过线圈中的电流消失时，线圈产生的感应电动势通过二极管和线圈构成的回路做功而消耗掉。从而保护了电路中其他元件的安全。续流二极管在电路中反向并联在继电器或电感线圈的两端，当电感线圈断电时其两端的电动势并不立即消失，此时残余电动势通过一个二极管释放，起这种保护作用的二极管叫续流二极管，又称保护二极管。

续流二极管连接在电路中有两个特点：一是与线圈（继电器、电磁阀等）并联，二是在电路中反向连接（二极管正极接低电位，负极接高电位）。

值得一提的是，在机电一体化的车上，若每次电磁阀断开就会出现错误动作，那么要检查一下二极管。如果故障后的二极管继续使用，也会导致控制器故障，因此，如果出现控制器工作不良时,也需要检查一下二极管。

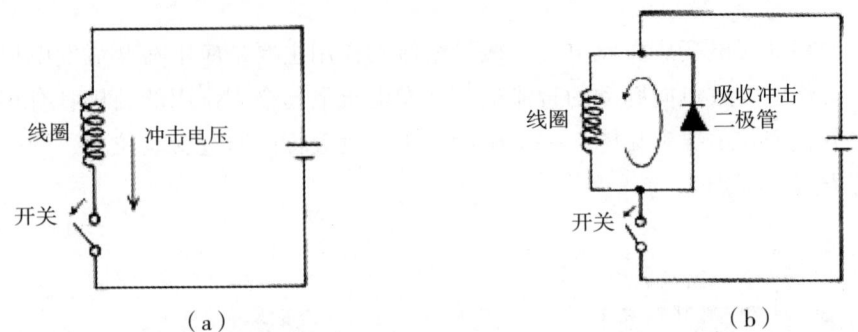

图6-12 续流二极管连接图

3. 防止逆电流

对于如图6-13中所示的二极管D4,在控制系统信号传输线路中装入这个二极管的目的,是防止电流逆流,以免干扰的电流信号逆向流入控制器,导致控制器故障。

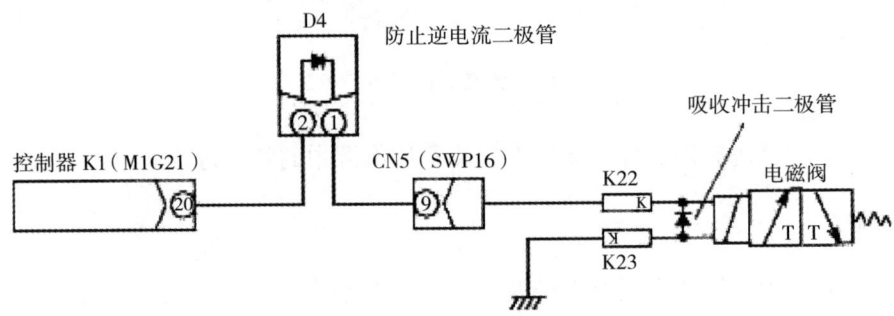

图6-13 防止逆流二极管的连接

任务6.3 认识特殊二极管

二极管的种类很多,除了上一节介绍的普通二极管外,常用的特殊二极管有稳压二极管、发光二极管、光电二极管等。

6.3.1 稳压二极管

1. 基本概念

稳压管是一种经过特殊工艺制成的二极管,它与电阻配合使用,具有稳定电压的功能。其图形符号如图6-14(a)所示。

稳压二极管是工作在反向击穿区的特殊硅二极管，其伏安特性与普通二极管的基本相似，主要区别是稳压管的反向击穿特性曲线比普通二极管的更陡，如图6-14（b）所示。由于它的反向击穿特性曲线很陡，所以反向电流在很大范围内变化时，端电压变化很小，因而具有稳压作用。只要反向电流不超过其最大稳定电流，就不会形成破坏性的热击穿。因此在电路中应与稳压二极管串联适当阻值的限流电阻，其典型应用电路如图6-14（c）所示。

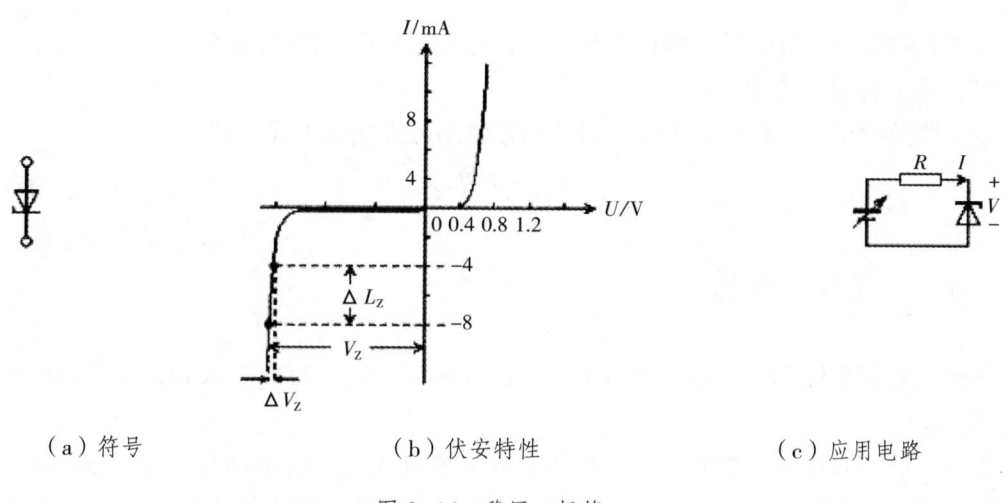

（a）符号　　　　（b）伏安特性　　　　（c）应用电路

图6-14　稳压二极管

作为特殊二极管，稳压管通过专门设计，与一般二极管有两个不同：一是稳压管的工作区间就是反向击穿区。稳压管的反向击穿电压一般比较低，当反向电压增高到击穿电压时，反向电流突然剧增，稳压管反向击穿，但稳压管两端的电压变化很小。故它的反向击穿电压就是稳压值。二是稳压二极管的反向击穿是可逆的。当外加电压去掉后，稳压管又恢复常态，故它可长时间工作在反向击穿区而不致损坏。

稳压二极管广泛应用在稳压电路当中，如工程机械电子调节器电路。需要注意的是，稳压管工作在反向击穿区时，管子两端电压等于其稳定电压；而稳压管处于正向导通状态时，管子两端电压等于其正向压降。

2. 稳压二极管的主要参数

（1）稳定电压 U_Z

稳定电压就是稳压管在正常工作时管子两端的电压。电子器件手册上给出的稳定电压值是在规定的工作电流和温度下测试出来的，由于制造工艺的分散性，同一型号的稳压管其稳压值可能有所不同，但每一个管子的稳压值是一定的。

（2）稳定电流 I_Z

稳定电流是指当稳压管两端的电压等于稳定电压时，稳压管中通过的反向电流。通常要求稳压管的工作电流应大于或等于 I_Z，从而使电路有较好的稳压效果。

(3) 最大稳定电流 I_{ZM}

最大稳定电流是指稳压管的最大允许工作电流，若超过此电流，管子可能会因电流过大造成热击穿而损坏。

(4) 动态电阻 r_Z

动态电阻是指稳压管正常工作时，其电压的变化量与相应的电流变化量的比值，即

$$r_Z = \frac{\Delta U_Z}{\Delta I_Z} \qquad (6-1)$$

动态电阻越小，说明反向特性曲线越陡，稳压管的稳压性能越好。

(5) 最大耗散功率 P_{ZM}

最大耗散功率是指稳压管不致因过热而损坏的最大功率损耗，即

$$P_{ZM} = U_Z I_{ZM} \qquad (6-2)$$

6.3.2 发光二极管

发光二极管简称 LED，是一种将电能直接转换成光能的特殊二极管，符号如图 6-15 (a) 所示。

发光二极管和普通二极管一样，管芯由 PN 结组成，具有单向导电性。所不同的是，当发光二极管加上正向电压时，正向电流通过发光二极管，它会发出光，光的颜色视发光二极管的制造材料而定，磷砷化镓二极管发红光，磷化镓二极管发绿光，碳化硅二极管发黄光。发光二极管正向工作电压一般不超过 2V，正向电流为 10mA 左右。

发光二极管广泛应用在工程机械电路中作为指示灯、报警灯，或者组成文字、图形显示或数字显示，如图 6-15 (b) 所示。

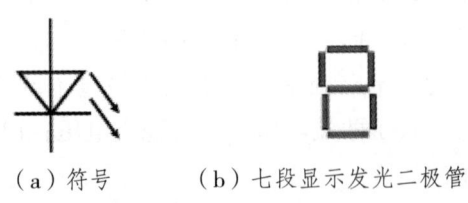

(a) 符号　　(b) 七段显示发光二极管

图 6-15　发光二极管

6.3.3 光电二极管

光电二极管和普通二极管一样，管芯由 PN 结组成，具有单向导电性，符号如图 6-16 所示。但光电二极管的管壳上有一个能射入光线的"窗口"，入射光透过"窗口"正好射在管芯上。

光电二极管工作在反向偏置状态（在 PN 结上加反向电压）时，再用光照射 PN 结，就能形成反向的光电流，光电流的大小与光照射强度成正比。

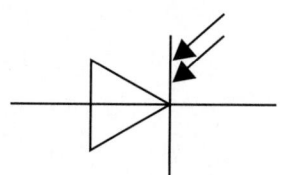

图 6-16 光电二极管符号

光电二极管用途很广，一般用作传感器的光敏元件，进行光信号的测量。当制成大面积的光电二极管时，可当作一种能源，称为光电池。

任务 6.4 分析直流稳压电路

稳压电路的作用是：当电源电压波动或负载变化引起输出的直流电压变化时，通过稳压电路的自动调整使输出电压维持平稳。

直流稳压电源就是将正弦交流电源变换成直流电源。常用的直流稳压电源由电源变压器、整流、滤波和稳压电路四部分组成，其组成及原理框图如图 6-17 所示。

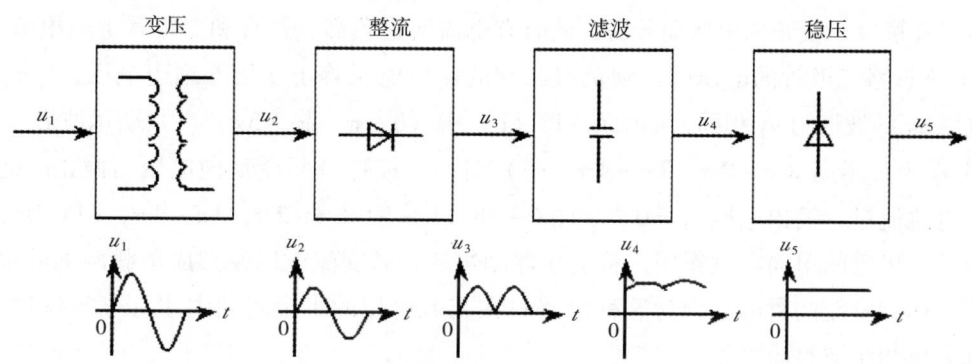

图 6-17 直流稳压电源组成

变压器的作用是将较高的电压变换成所需的较低交流电压；
整流电路的作用是将交流电变换成单向脉动的直流电；
滤波电路的作用是将单向脉动的直流电中的脉动成分滤除掉，输出较平滑的直流电；
稳压电路的作用就是使输出的直流电保持恒定。

6.4.1 整流电路

整流就是将交流电变换成单向脉动的直流电。整流电路通常是利用二极管的单向导电性来实现的。常见的整流电路有单相半波整流电路和单相桥式整流电路。

1. 单相半波整流电路

（1）电路

电路原理如图 6-18（a）所示。

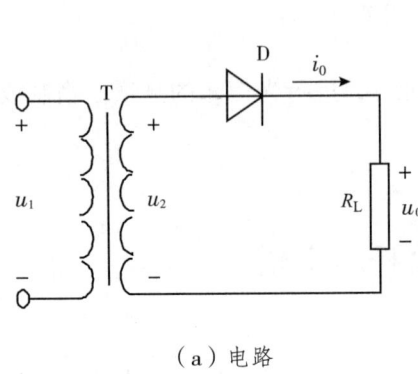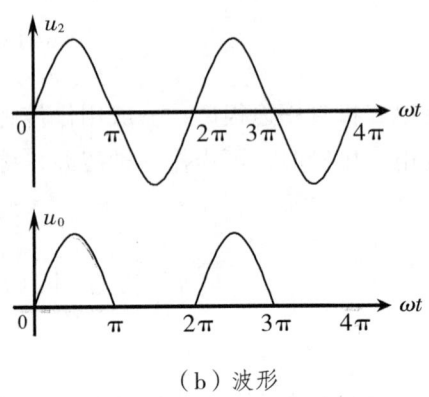

（a）电路　　　　　　　　　　　　（b）波形

图 6-18　单相半波整流电路

（2）原理分析

利用二极管的单向导电性，在变压器副边电压 u_2 为正（$0\sim\pi$，$2\pi\sim3\pi$，…）的半个周期内，二极管 D 承受正向电压而导通，此时有电流流过负载，并且和二极管上的电流相等，即 $i_0=i_d$。忽略二极管的电压降，则负载两端的输出电压等于变压器副边电压，即 $u_0=u_2$，输出电压 u_0 的波形与 u_2 相同，如图 6-18（b）中（$0\sim\pi$，$2\pi\sim3\pi$，…）所示波形。

当 u_2 为负半周（$\pi\sim2\pi$，$3\pi\sim4\pi$，…）时，二极管 D 承受反向电压而截止。此时负载上无电流流过，输出电压 $u_0=0$，如图 6-18（b）中（$\pi\sim2\pi$，$3\pi\sim4\pi$，…）所示。

由于二极管的单向导电作用，将变压器副边的正弦交流电压变换成负载两端的单向脉动电压，达到整流的目的。因为这种电路只在交流电压的半个周期内才有电流流过负载，所以称为单相半波整流电路。

单相半波整流电路的结构简单、成本较低，但其输出的直流电压较低、脉动较大，且电源输出的电压一半时间未被利用，效率低，这样的电压不适用于工程机械电气设备。因此，针对这一情况，工程机械发电机整流器通常采用桥式整流电路。

2. 单相桥式整流电路

（1）电路原理如图 6-19（a）所示。

（2）原理分析

电压、电流波形图如图 6-19（b）所示：

①当 $u_2>0$ 时，a 点为正、b 点为负。D_1、D_3 同时正向导通，D_2、D_4 截止，导通路径是：$a\rightarrow D_1\rightarrow R_L\rightarrow D_3\rightarrow b$。此时负载电阻 R_L 上得到一个上正、下负的半波电压，如图 6-19（b）中的 $0\sim\pi$，$2\pi\sim3\pi$，…段所示；

②当 $u_2<0$ 时，D_2、D_4 同时正向导通，而 D_1、D_3 截止，导通路径为：$b \to D_2 \to R_L \to D_4 \to a$。同样在负载电阻 R_L 上得到一个上正、下负的半波电压。如图 6-19（b）中的 $\pi \sim 2\pi$，$3\pi \sim 4\pi$，…段所示。

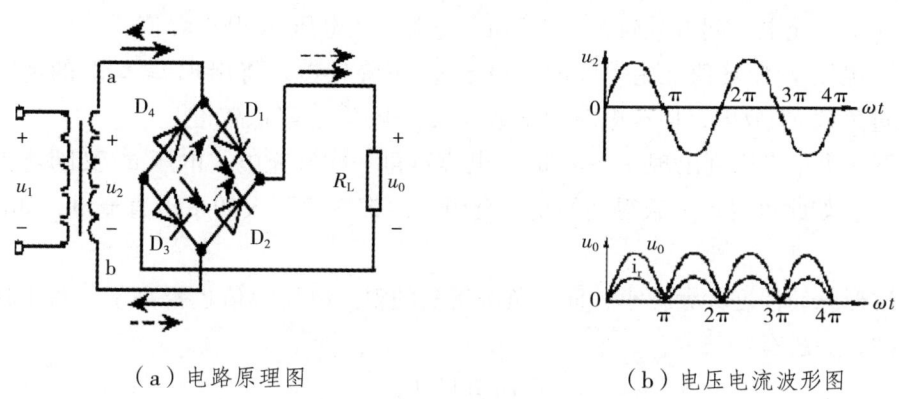

（a）电路原理图　　　　　（b）电压电流波形图

图 6-19　单相桥式整流电路

可见：一个周期内 D_1、D_3 与 D_2、D_4 轮流导通，在负载电阻 R_L 上得到的整流电压 u_0 在正、负半周内都有，而且是同一方向，解决了半波整流电路存在的电源输出的电压一半时间未被利用、效率低等问题。

6.4.2　滤波电路

整流电路可以将交流电转换为直流电，但脉动较大，某些应用如电镀、蓄电池充电等可直接使用脉动直流电源，但许多电子设备需要平稳的直流电源。这种电源中的整流电路后面还需加滤波电路将交流成分滤除，以得到比较平滑的输出电压。滤波通常是利用电容或电感的能量存储功能来实现的。常见的滤波电路有电容滤波电路、电感滤波电路和复式滤波电路。这里以电容滤波电路为例来介绍滤波原理。

电容滤波就是与负载并联一个容量足够大的电容，利用电容器的充放电，以减少输出电压的脉动程度。

1. 电路图

电容滤波电路如图 6-20（a）所示。

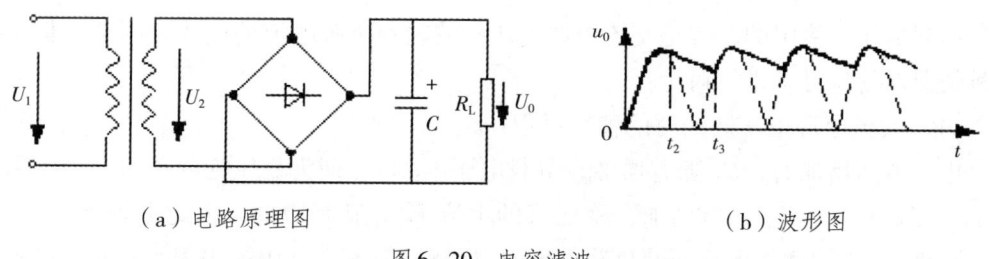

（a）电路原理图　　　　　（b）波形图

图 6-20　电容滤波

2. 原理分析

（1）设电容器初始电压为0。当电压 u_2 由0进入正半周时，由于 $u_2 > u_C$，电源对电容器 C 进行充电，充电时间常数较小，电压 u_C 随着正弦电压 u_2 升至峰值。

（2）当电压 u_2 由峰值开始下降时，由于 u_C 下降较慢，将出现 $u_2 < u_C$ 的情况，此时电容 C 通过负载 R_L 放电，但放电时间常数较大，电压 u_C 降低较慢。

直到下一个正半周到出现 $u_2 > u_C$ 时，电容器再一次被充电，电压 u_C 又随着正弦电压 u_2 升至峰值。如此重复。负载得到的是在全周期内都变化不大的平滑直流电，如图6-20（b）所示。

不仅波形脉动程度大大减小，而且负载得到的整流电压数值也提高了。对于桥式整流接电容滤波，一般有：

$$U_0 = 1.2 U_2 \tag{6-3}$$

6.4.3 稳压电路

稳压电路也有很多类型，简单的就是硅稳压管稳压电路。

1. 硅稳压管稳压电路

如图6-21所示，由桥式整流电路整流和电容滤波器滤波后得到的直流电压 U_1，经过限流电阻 R 和稳压管 D_Z 组成的稳压电路接到负载电阻 R_L 上。这样，负载上得到的就是一个比较稳定的电压。

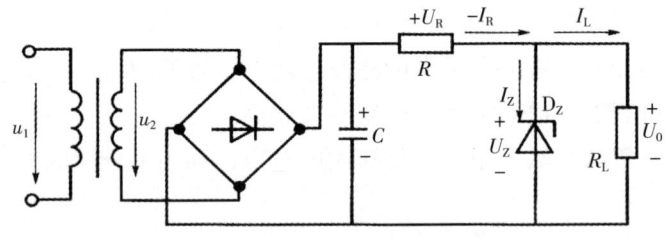

图6-21 硅稳压管稳压电路

2. 原理分析

引起电压不稳定的原因是交流电源电压的波动和负载电流的变化。因此分析时应从这两种情况对稳压过程进行讨论：

（1）交流电源电压波动时的稳压过程：

电源电压增加时，U_1 随着增加，负载电压 U_0（U_0 即为稳压管两端的反向压降）也要增加。当负载电压 U_0 稍有增加，稳压管的电流 I_Z 就显著增加，因此电阻 R_L 上的压降增加，以抵偿 U_1 的增加，从而使负载电压 U_0 保持近似不变。用箭头表示其变化过程如下：

$$U_1\uparrow \to U_0\uparrow = U_Z\uparrow \to I_Z\uparrow \to R_L\ (I_Z+I_0)\ \uparrow \to U_Z\downarrow = U_0\downarrow$$

如果交流电源电压降低而使 U_1 降低时，也有相应的稳压过程。

（2）电源电压保持不变，负载电流变化引起负载电压 U_0 改变时的稳压过程：

当负载电流增大时，电阻 R_L 上的电压增大，负载电压 U_0 因而下降。只要 U_0 下降一点，稳压管电流就显著减小，通过电阻 R_L 的电流和电阻上的压降保持近似不变，因此负载电压 U_0 也就近似稳定不变。

当负载电流减小时，同样可以维持输出电压基本不变。

任务 6.5　认识晶体管

6.5.1　三极管的结构、符号及类型

半导体三极管又称晶体管，是最重要的一种半导体器件。半导体三极管是在一块很小的半导体基片上，用一定的工艺制作出两个反向的 PN 结，这两个 PN 结将基片分成三个区，从三个区分别引出三根电极引线，再用管壳封装而成。

半导体三极管根据三层半导体的组合方式，分为 PNP 型和 NPN 型。其功用是利用基极电流控制集电极和发射极之间的电流。

半导体三极管的三个区分别称为发射区、基区和集电区。由它们引出的三根引线分别称为发射极 E、基极 B 和集电极 C。发射区与基区间的 PN 结称为发射结，集电区与基区间的 PN 结称为集电结。

发射区用来发射载流子，故其杂质浓度较大；集电区用来收集从发射区发射过来的载流子，故其结面积较大；基区位于发射区与集电区之间，用来控制载流子通过，以实现电流放大作用，其厚度很薄（几微米），且杂质浓度很低，目的是减小基极电流，增强基极的控制作用。其结构示意图和电路符号如图 6-22 所示。

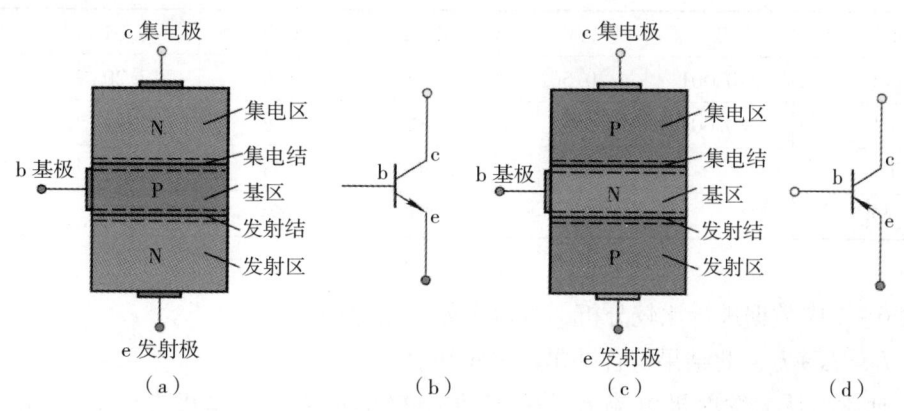

图 6-22　三极管的结构及符号

6.5.2 三极管的电流放大作用

1. 实验电路

为了了解晶体管的电流分配和电流放大作用,我们先做一个实验,实验电路如图 6-23 所示。

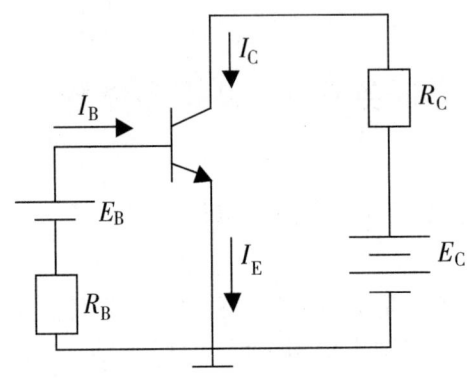

图 6-23 实验电路图

基极电源 E_B、基极电阻 R_B、基极 B 和发射极 E 构成输入回路,集电极电源 E_C、集电极电阻 R_C、集电极 C 和发射极 E 构成输出回路。发射极是公共电极,故这种电路称作共发射极电路。

电路中 $E_B < E_C$,电源极性如图所示,这样保证了发射结加的是正向电压(正向偏置),集电结加的是反向电压(反向偏置),这是晶体管实现电流放大作用的外部条件。改变可调电阻 R_B,使基极电流 I_B 为不同数值,测出相应的集电极电流 I_C 和发射极电流 I_E,将结果列于下表 6-1 中。

表 6-1 实验记录表

I_B/mA	0	0.01	0.02	0.03	0.04	0.05
I_C/mA	≈0.001	0.50	1.00	1.60	2.20	2.90
I_E/mA	≈0.001	0.51	1.02	1.63	2.24	2.95
I_C/I_B		50	50	53	55	58
$\Delta I_C/\Delta I_B$			50	60	60	70

将表 6-1 中数据进行比较分析,可得出如下结论:
(1) $I_E = I_B + I_C$,此结果符合基尔霍夫定律。
(2) 通常可认为发射极电流 I_E 约等于集电极电流 I_C,而基极电流 I_B 比 I_C 和 I_E 小很多。

(3) 很小的 I_B 变化可以引起很大的 I_C 变化，也就是说，基极电流对集电极电流具有小量控制大量的作用，这由表中的 $\Delta I_C / \Delta I_B$ 值可以看出。这就是晶体管的电流放大作用（实质是控制作用，晶体管是电流控制元件）。

2. 用晶体管内部载流子的运动规律来解释上述结论

以 NPN 型三极管为例，图 6-24 为晶体管内部载流子运动的示意图。

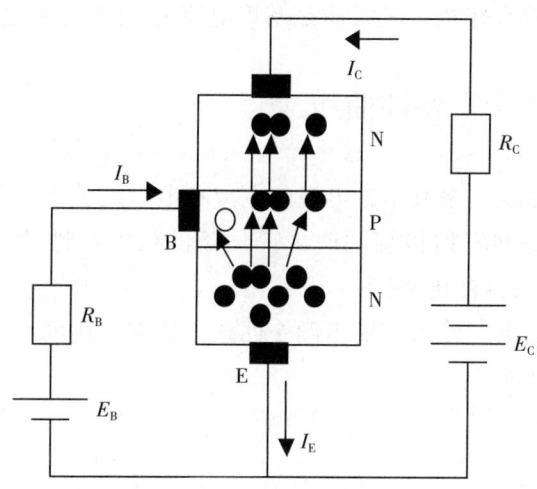

图 6-24 NPN型晶体管中电子运动示意图

（1）发射区向基区发射电子

由于发射结正偏（正向电压），发射区的多数载流子——自由电子在外电场作用下源源不断地越过发射结进入基区，形成发射极电流 I_E。与此同时，基区的多数载流子——空穴也会向发射区扩散，但由于基区杂质浓度很低，空穴很少，因此，可以认为晶体管的射极电流主要是电子流。

（2）基区中电子的扩散与复合

电子进入基区后，由于靠近发射结附近的电子浓度高于集电结附近的电子浓度，形成电子浓度差。在浓度差的作用下，促使电子在基区中继续向集电结扩散，当扩散到集电结附近时，被集电结电场拉入集电区，形成集电极电流 I_C。与此同时，在扩散过程中，电子中的很小一部分将与基区的空穴相遇而复合。基区中因复合而失去的空穴将由基区电源 E_B 来不断补充，形成基极电流 I_B。

在基区中，扩散到集电区的电子数与复合的电子数的比例决定了晶体管的电流放大能力。因此，为了提高放大能力，将基区做得很薄，同时，减小其掺杂浓度。

（3）集电区收集电子

由于集电结加有较大的反向电压，这个反向电压产生的电场将阻止集电区的多数载流子——自由电子向基区扩散，同时将基区中扩散到集电结附近的电子拉入集电区而形成较大的集电极电流 I_C。显然，集电区的少数载流子——空穴也会产生漂移运动，流向基区而

形成反向饱和电流 I_{CBO}。其数值很小，但对温度却非常敏感。

对于 PNP 型三极管，其工作原理相同，只是晶体管各极所接电源极性相反，发射区发射的载流子是空穴而不是电子。

3. 综上所述，可归纳为以下两点

（1）晶体管在发射结正偏集电结反偏的条件下才具有电流放大作用。

（2）晶体管的电流放大作用，其实质是基极电流 I_B 对集电极电流 I_C 的控制作用。

6.5.3 三极管的伏安特性曲线

晶体管的伏安特性曲线用来表示各电极的电流和电压的关系，是分析放大电路的重要依据。我们这里讨论的是共发射极接法时的晶体管的伏安特性曲线，简称共射特性。图 6-23 是测试晶体管共射特性的电路图。

由于晶体管有三个电极，输入、输出两个回路，故需要用两组特性曲线来表示，即输入特性曲线和输出特性曲线。

1. 输入特性曲线

输入特性曲线是指当集电极—发射极间的电压 U_{CE} 一定时，输入回路中基极电流 I_B 与基极—发射极电压 U_{BE} 之间的关系曲线。其表达式为

$$I_B = f(U_{BE}) \quad (U_{CE} = 常数) \tag{6-4}$$

对硅管而言，当 $U_{CE} > 1V$ 时，集电结已反向偏置，且内电场已足够大，可以把从发射区扩散到基区的电子中的绝大多数拉入集电区。如果此时再增大 U_{CE}（保持 U_{BE} 不变），I_B 也就不再明显地减小。就是说，$U_{CE} > 1V$ 后的输入特性曲线基本上是重合的。所以，通常只画出一条输入特性曲线即可。如图 6-25 所示。

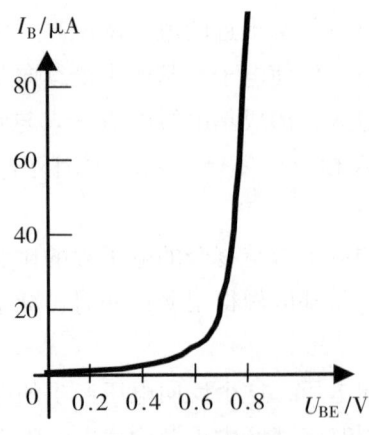

图 6-25 晶体管的输入特性

从输入特性可以看出：
（1）输入特性是非线性的，与二极管正向伏安特性相似。
（2）输入特性也有一段死区，锗管约为 0.2V，硅管约为 0.5V。
（3）晶体管正常工作时，锗管的 U_{BE} = 0.2~0.3V，硅管的 U_{BE} = 0.6~0.7V。

2. 输出特性曲线

输出特性是指晶体管基极电流 I_B 是常数时，输出回路中集电极电流 I_C 与集电极—发射极电压 U_{CE} 之间的关系曲线。其表达式为

$$I_C = f(U_{CE}) \quad (I_B = 常数) \tag{6-5}$$

给定一个基极电流 I_B，就对应一条特性曲线，所以输出特性是个曲线族，如图 6-26 所示。

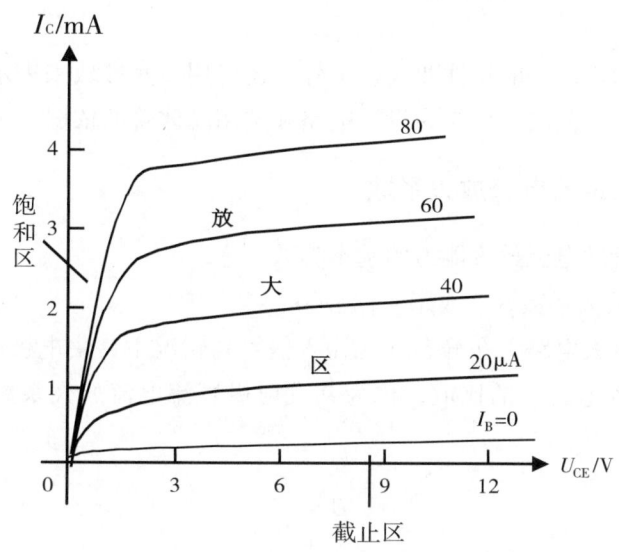

图 6-26 晶体管的输出特性

从输出特性可以看出，曲线的起始部分较陡，这是因为在 U_{CE} 很小时，$U_{CE} < U_{BE}$，集电结正偏，限制基区电子向集电区扩散，故 I_C 很小，但随 U_{CE} 增加而直线上升。当 U_{CE} 略大于 U_{BE} 时，集电结反偏，随 U_{CE} 增加，基区电子被吸往集电区的数目越来越多，I_C 继续增大。而当 $U_{CE} > 1V$ 时，已基本能把注入基区的电子全部拉入集电区，形成较大的 I_C，U_{CE} 再增加，对 I_C 的影响已不大。因此，这时的输出特性曲线几乎近于水平线。

通常把晶体管的输出特性曲线分为三个工作区：

（1）放大区

输出特性曲线的近于水平部分是放大区。当发射结正偏、集电结反偏时（对 NPN 型管子来说，就是硅管 $U_{BE} > 0.6V$，锗管 $U_{BE} > 0.2V$，$I_B > 0$，且 $U_{CE} > 1V$ 时），三极管工作于放大状态。放大区也称线性区，在此区，I_C 与 I_B 成简单的线性关系。

(2) 截止区

$I_B = 0$ 以下的区域称为截止区。$I_B = 0$ 时，$I_C = I_{CEO}$（I_{CEO} 称作穿透电流）。对 NPN 型硅管而言，当 $U_{BE} < 0.5V$ 时即已开始截止，但是为了可靠截止，常使 $U_{BE} < 0$。故晶体管处于截止状态时，其发射结和集电结都是反偏的。

(3) 饱和区

当 $U_{CE} < U_{BE}$ 时，集电结处于正偏，晶体管工作于饱和状态。此时，I_B 的变化对 I_C 的影响较小，两者不成正比关系。晶体管饱和时，其发射结和集电结均为正偏的。

综上所述，晶体管工作在放大区，具有电流放大作用，常用来构成各种放大电路。晶体管工作在截止区和饱和区，相当于开关的断开和接通，具有开关作用，常用于开关控制和数字电路。

6.5.4 三极管的主要参数

晶体管的性能除用以上的特性曲线表示外，还可用一些参数来表示。晶体管的参数说明了管子的性能和适用范围，可作为设计电路和选用晶体管的依据。主要的参数有：

1. 共发射极电路的电流放大系数

它是反映晶体管的电流放大能力的基本参数。

(1) 直流电流放大系数 $\bar{\beta}$（或用 h_{FE} 表示）

对于共发射极放大电路，在静态（无输入信号）情况下，集电极电流 I_C（输出电流）和基极电流 I_B（输入电流）的比值，称为共发射极直流电流放大系数（共发射极静态电流放大系数），即

$$\bar{\beta} = \frac{I_C}{I_B} \tag{6-6}$$

(2) 交流电流放大系数 β（或用 h_{fe} 表示）

对于共发射极放大电路，在动态（有输入信号）情况下，基极电流的变化量为 ΔI_B，它引起的集电极电流的变化量为 ΔI_C，ΔI_C 与 ΔI_B 的比值，称为共发射极交流电流放大系数（共发射极动态电流放大系数），用表示，即

$$\beta = \frac{\Delta I_C}{\Delta I_B} \tag{6-7}$$

由上述可见，直流电流放大系数与交流电流放大系数的含义不同，但两者的数值较为接近，所以在近似估值时，可以不做严格区分。常用的小功率晶体管，β 值约为 20~150，选用三极管时，β 值太大稳定性差，β 值太小则电流放大能力弱。

2. 极间反向电流

(1) 集电极—基极间的反向电流 I_{CBO}

I_{CBO} 是发射极开路时,集电极—基极间的反向电流。它是由集电区的少数载流子在集电结的反向电压作用下通过漂移运动而产生的。I_{CBO} 的大小几乎与外加电压无关,但与温度的关系很大。

良好的晶体管,其 I_{CBO} 值应该是很小的。室温下,小功率锗管的 I_{CBO} 约为几微安到几十微安,而小功率硅管的 I_{CBO} 则在 1A 以下,因此,硅管的热稳定性比锗管好。

(2) 集电极—发射极间的反向电流 I_{CEO}

I_{CEO} 是基极开路时,集电极—发射极间的反向电流(又称穿透电流)。有

$$I_{CEO} = (1+\beta) I_{CBO} \tag{6-8}$$

I_{CEO} 是衡量晶体管质量好坏的重要参数之一,其值越小越好。

3. 极限参数

(1) 集电极最大允许电流 I_{CM}

当集电极电流超过一定值时,晶体管的参数开始发生变化,特别是电流放大系数 β 将下降。使 β 值下降到正常值的 2/3 时的 I_C 值,称为集电极最大允许电流 I_{CM}。当 $I_C > I_{CM}$ 时,并不一定损坏晶体管,但 β 值会显著下降,晶体管性能变差。

(2) 集电极—发射极间的反向击穿电压 $U_{(BR)CEO}$

它是指基极开路时,集电极与发射极之间的最大允许电压。当 $U_{CE} > U_{(BR)CEO}$ 时晶体管的 I_C、I_E 剧增,可能使晶体管击穿损坏。

(3) 集电极最大允许耗散功率 P_{CM}

P_{CM} 是指晶体管参数的变化不超过规定的允许值时,集电极上耗散的最大功率。集电极耗散功率 $P_C = I_C U_{CE}$,其值不能超过集电极最大允许耗散功率 P_{CM},即晶体管工作时,应满足 $I_C U_{CE} \leq P_{CM}$。

由 I_{CM}、$U_{(BR)CEO}$、P_{CM} 共同确定三极管的安全工作区。

6.5.5 三极管管型和管脚极性的判别

三极管管型指的是 NPN 型或 PNP 型,而管脚极性指的是基极、集电极、发射极。

1. 目测法

(1) 管型的判别

一般情况下,管型是 NPN 型还是 PNP 型应该从管壳上标注的型号来判别。依照部颁标准,如果三极管型号的第二位是 A、C,表示 PNP 管;如果是 B、D,则表示 NPN 管。例如:3AX、3DA。

(2) 管脚极性的判别

常用的小功率三极管有金属圆壳封装和塑料封装等。如图 6-27 所示,对于小功率管,金属圆壳封装:"头向下,腿向上,大开口朝自己,左发右集电。"塑料半圆柱封装:

"头向上，平面朝自己，左起 ebc。"

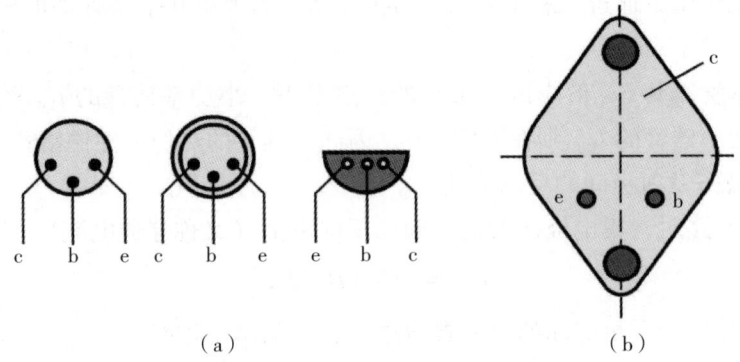

图 6-27 目测法判别管脚极性

2. 万用表检测法

用数字万用表检测判断三极管管型和管脚极性时，挡位旋钮应调至二极管挡位。

（1）基极及管型的判定

假设三极管的某一极为基极，将红表笔接在假定的基极上，将黑表笔分别接另外两个电极测其读数。如果两次测得读数均小且大致相等（显示 1 为无穷大），则红表笔接的就是基极，并判断是 NPN 型管。

（2）集电极的判定

对于 NPN 型三极管（基极已定），先假设其一极为集电极，把红表笔接在假定的集电极上，黑表笔接发射极，手捏基极和集电极，记录显示数值（显示 1 为无穷大）。

做相反假设，进行测试，再次记下其数值。

比较两次数值的大小，数值小的一次假设成立，则该次红表笔所接的是集电极。

（3）发射极的判定及验证

判定：基极和集电极已经确定，剩余一只引脚则为发射极。

验证：使用 h_{FE} 挡即测量三极管的直流放大系数，此时各管脚对应字母所对引脚即为相应极性，实测引脚极性与 h_{FE} 挡对比，看是否存在差异。

引脚顺序不能改变，测量同一只三极管读数大时即正确。

6.5.6 三极管的应用

1. 放大作用

（1）相关概念

如 6.5.2 内容所述，三极管的电流放大作用，即把微弱的电信号变成一定强度的信号。放大的内部条件是：发射区掺杂浓度高、基区薄且掺杂浓度低、集电结面积大；放大的外部条件是：发射结正偏、集电结反偏。满足放大条件的三种电路如图 6-28 所示。

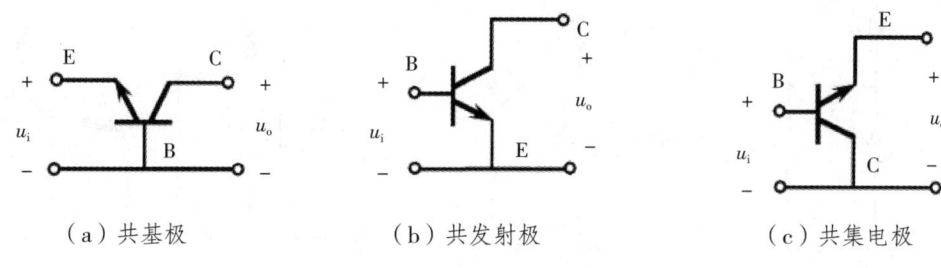

（a）共基极　　　　　　（b）共发射极　　　　　　（c）共集电极

图6-28　满足放大条件的电路

（2）应用举例

三极管放大作用应用在搭铁探测器上如图6-29所示。电气线路搭铁探测器工作过程如下：当导线搭铁后，在搭铁点会产生短路电流，短路点就会向四周发出高次谐波信号。这个信号被线圈和铁芯构成的传感器接收到，在传感器中产生交变的电信号。这个电信号幅值很小，经过晶体管VT_1放大后，在VT_1的集电极上就会得到放大的交变电信号，再输入VT_2的基极进行放大，使接在VT_2的集电极的发光二极管闪烁发光、接在VT_2的发射极的扬声器发出声响。传感器越接近故障点，接收到的电信号越强，经过放大后，发光二极管越亮，扬声器发出的声响越强。根据发光二极管亮度变化和扬声器声音变化，就能迅速找到故障点。

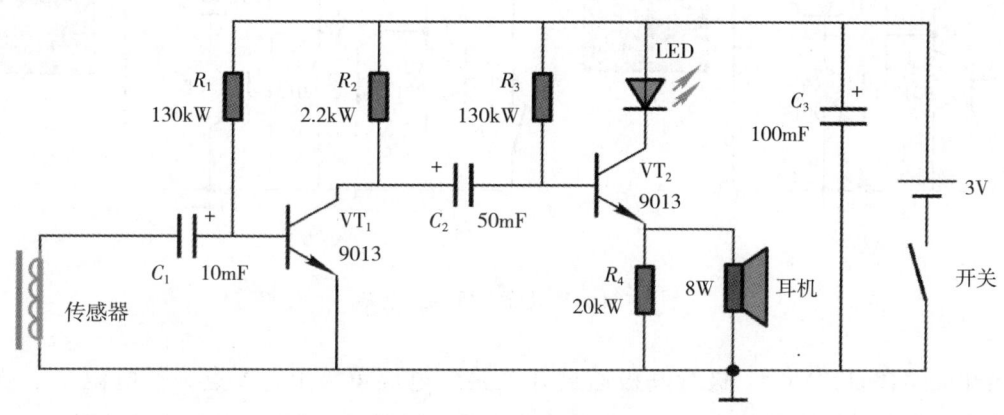

图6-29　三极管放大电路应用

2. 开关作用

（1）基本概念

当三极管在基极电流控制下，在截止与饱和两种状态交替变换，就如同一个开关的断开与闭合状态交替变换一样，如图6-30所示。需要注意的是，三极管作为开关处于闭合状态时，NPN型三极管基极b上的控制信号要高于发射极e的电位，而对于PNP型三极管，则加在基极b上的控制信号要低于发射极e的电位。

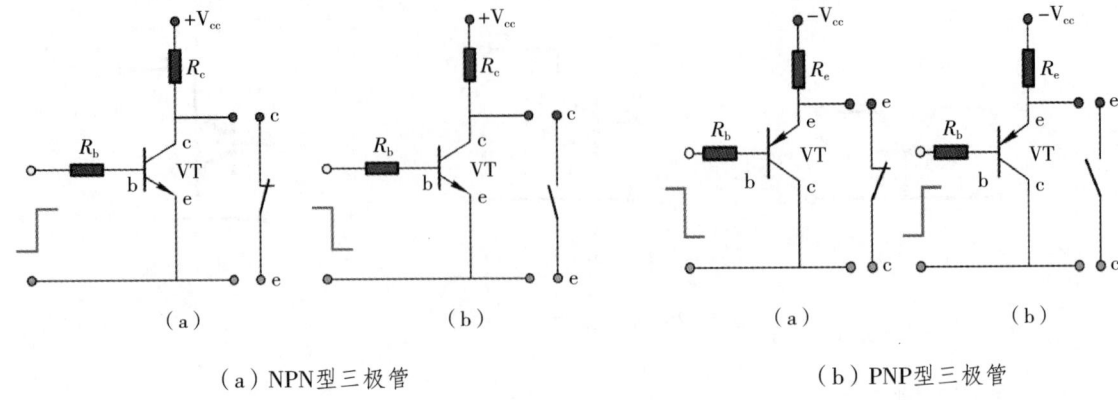

(a) NPN型三极管　　　　　　　　(b) PNP型三极管

图6-30　三极管开关作用

（2）应用举例

三极管的开关作用在多级开关电路及电子电压调节器电路等电路中普遍应用。

①三极管的多级开关电路

三极管多级开关电路如图6-31所示，这里以图6-31（a）中电路为例说明其原理。

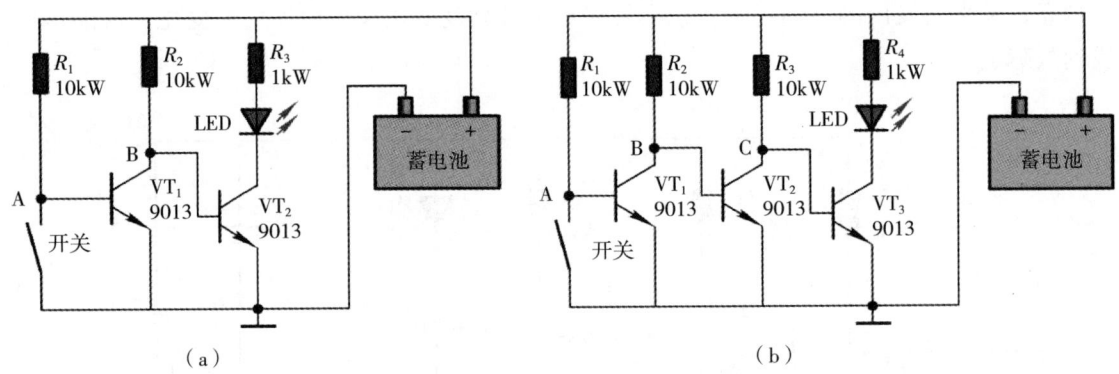

图6-31　三极管多级开关电路

当开关闭合时，VT_1 三极管基极通过开关接到电源负极上，A点为低电位，三极管 VT_1 截止，作为开关处于断开状态，此时，蓄电池正极通过电阻 R_2 将电信号送至B点，B点为高电位状态，且 VT_2 的基极电位高于发射极的电位，使三极管 VT_2 饱和导通，作为开关处于闭合状态，接通了发光二极管的电路，LED点亮；相反，当开关断开时，VT_1 导通，VT_2 截止，切断了LED的电路，LED不亮。

②电子电压调节器电路

电子电压调节器是利用晶体三极管的开关特性，使励磁电路接通或断开来调节励磁电流，从而将发电机输出电压控制在规定范围内的调节装置，基本电路如图6-32所示。

工作原理如下：

a. 接通点火开关S，发动机不转，发电机不发电，蓄电池电压加在分压器 R_1、R_2 上，

此时因 U_{R1} 较低不能使稳压管 VZ 反向击穿，VT_1 截止，使得 VT_2 导通，发电机磁场电路接通，发电机他励，此时由蓄电池供给磁场电流，励磁电路为：蓄电池正极→发电机励磁绕组→调节器 F 接柱→晶体管 VT_2→调节器 E 接柱→搭铁→蓄电池负极。

b. 起动发动机，发电机定子内感应电动势随转速升高而增大，当其大于蓄电池电压（发电机转速大约在 900r/min）时，发电机自励发电并开始对蓄电池充电。如果此时发电机输出电压 U_B 小于调节器调节值，VT_1 继续截止，VT_2 继续导通，此时的磁场电流由发电机供给，励磁电路为：发电机正极→发电机励磁绕组→调节器 F 接柱→晶体管 VT_2→调节器 E 接柱→搭铁→发电机负极。由于励磁电路一直导通，发电机电压随转速升高而迅速增大。

c. 当发电机电压升高到调节值时，调节器开始对发电机输出电压进行控制。此时电阻 R_1 上的分压大于 VZ 稳压管的反向击穿电压，VZ 导通，VT_1 导通，VT_2 截止，发电机磁场电路被切断，磁极磁通下降，发电机输出电压下降。

d. 当发电机输出电压下降到小于调节值时，电阻 R_1 上的分压小于 VZ 稳压管的反向击穿电压，VZ 截止，VT_1 截止，VT_2 重新导通，磁场电路重新被接通，发电机电压上升。

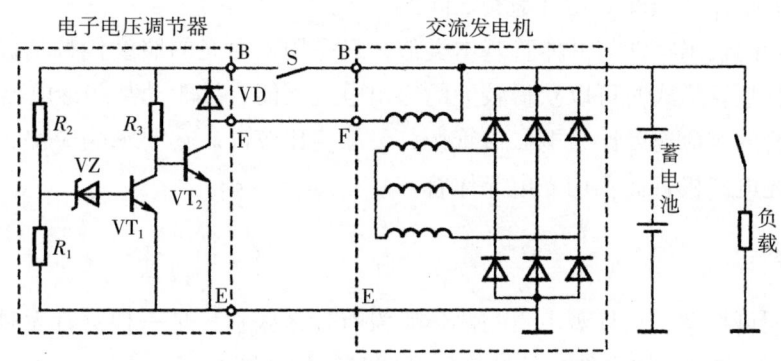

图 6-32 电子电压调节器基本电路

总之，当发电机输出电压 U_B 上升到调节值时，VT_2 就截止，磁场电路被切断，发电机输出电压 U_B 下降；当发电机电压降到小于调节值时，磁场电路被接通，发电机输出电压 U_B 上升，周而复始，发电机输出电压 U_B 被控制在一定范围内。这就是三极管作为开关在电子电压调节器中的应用。

6.5.7 特殊晶体管

除常用的二极管、晶体管外，工程机械电子电路中还有一些其他形式的晶体管，如光电晶体管、晶闸管、场效应管等。

1. 光电晶体管

光电晶体管在原理上类似于晶体管，只是它的集电结为光电二极管结构。它的等效电路和符号如图6-33所示。

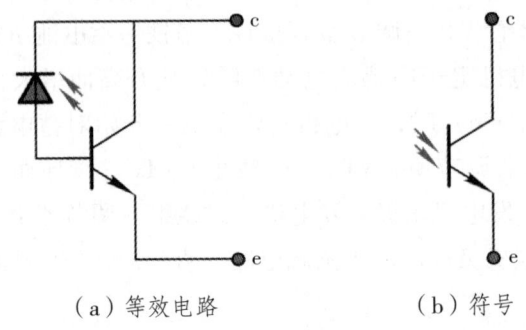

(a) 等效电路　　(b) 符号

图6-33　光电晶体管的等效电路及符号

光电晶体管的基极电流由光电二极管提供，所以一般没有基极外引线（有些产品为了调整方便，基极有外引线）。如果在光电晶体管的集电极和发射极加上正电压，则在没有光照时，c、e间几乎没有电流。有光照射时，基极产生光电流，同时在c、e间形成集电极电流流过，大小在几毫安至几百毫安之间。

光电晶体管的输出特性与晶体管基本类似，只是用入射光的照度代替基极电流。光电晶体管制成达林顿管形式时可以获得较大的输出电流而能直接驱动某些继电器。

光电晶体管的响应速度比光电二极管慢，灵敏度比较高。在要求响应快，对温度敏感低的场合选用光电二极管而不用光电晶体管。

2. 晶闸管

晶闸管也叫可控硅，从外观上看与晶体管没有什么区别，是一种具有无触点开关功能（导通或阻断）的硅半导体元件，其结构示意图和符号如图6-34所示。

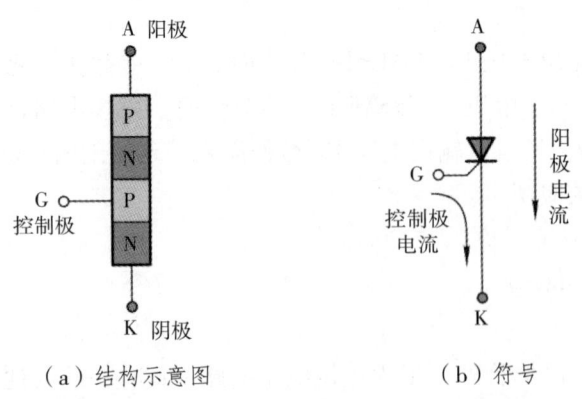

(a) 结构示意图　　(b) 符号

图6-34　晶闸管结构示意图和符号

晶闸管有三个电极，阳极A、阴极K和控制极G。它也属于电流控制器件，当G、K之间有控制电流流过时，阳极A和阴极K之间呈导通状态。导通后，即使断开控制电流，晶闸管还是处于导通状态。这时要想使其恢复到截止状态，就要利用其他开关断开阳极电流，或者使阳极和阴极之间的电压变为零。图 6-34（b）所示的箭头为电流方向。利用晶闸管，可以用很小的控制电流，得到很大的阳极电流，所以它的工作情况与继电器很类似。晶闸管适用于高压电路，它比二极管更结实耐用，但其耐热能力差，使用时必须注意。

3. 场效应管

半导体晶体管是通过改变基极电流来实现对集电极电流的控制，是一种电流控制器件。场效应管是通过改变输入电压的大小来实现对输出电流的控制，是一种电压控制器件。场效应管在控制时基本不需要电流，且受温度、外界辐射影响小，便于制作大规模集成电路。

按结构不同，场效应管分结型场效应管和绝缘栅型场效应管两类。制作大规模集成电路主要用绝缘栅型场效应管。绝缘栅型场效应管是由金属-氧化物-半导体制成，简称MOS管。MOS管分N沟道和P沟道两类。MOS管结构示意图及符号如图 6-35 所示。

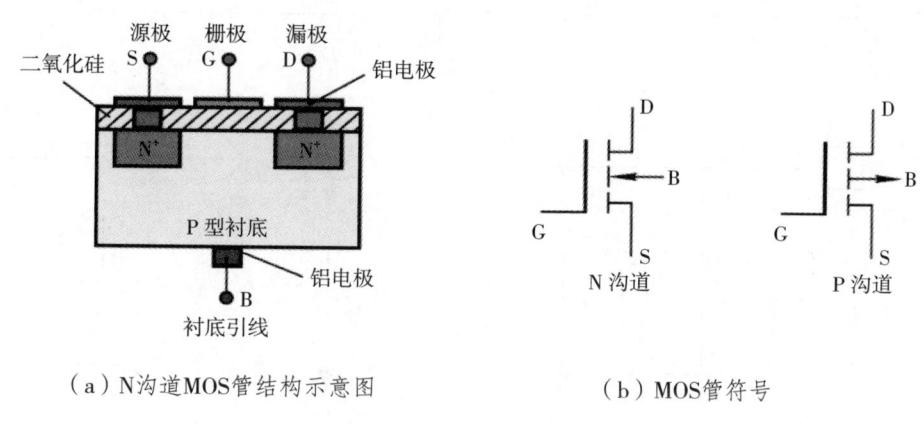

（a）N沟道MOS管结构示意图　　（b）MOS管符号

图 6-35　MOS管结构示意图及符号

【项目小结】

1. 半导体中有两种载流子：自由电子和空穴。在 P 型半导体中，空穴是多数载流子；在 N 型半导体中，自由电子是多数载流子。用特殊工艺将 P 型和 N 型半导体结合起来，在其交界处形成 PN 结。PN 结具有单向导电性。

2. 半导体二极管实质上就是一个 PN 结。其工作特性用伏安特性来表示，正向导通但正向电压太小时将有死区，反向截止但反向电压太大时将会击穿。

3. 半导体二极管的主要用途是整流、续流、防止逆电流，利用半导体二极管的单向导电性在不同电路上有不同的应用。

4. 半导体三极管有三种工作状态：放大状态、截止状态和饱和状态。

5. 半导体三极管具有电流放大作用和开关作用，在不同电路上有不同的应用。

6. 用万用表可以对二极管及三极管进行检测。

【思考与练习】

1. 本征半导体的导电能力为什么远不如杂质半导体？
2. PN 结为什么具有单向导电性？
3. 如图 6-36 所示的各电路（a、b、c、d）中，$E=5V$，$U_i=10\sin\omega t V$，二极管的正向压降可忽略不计。试画出输出电压 U_o 的波形。

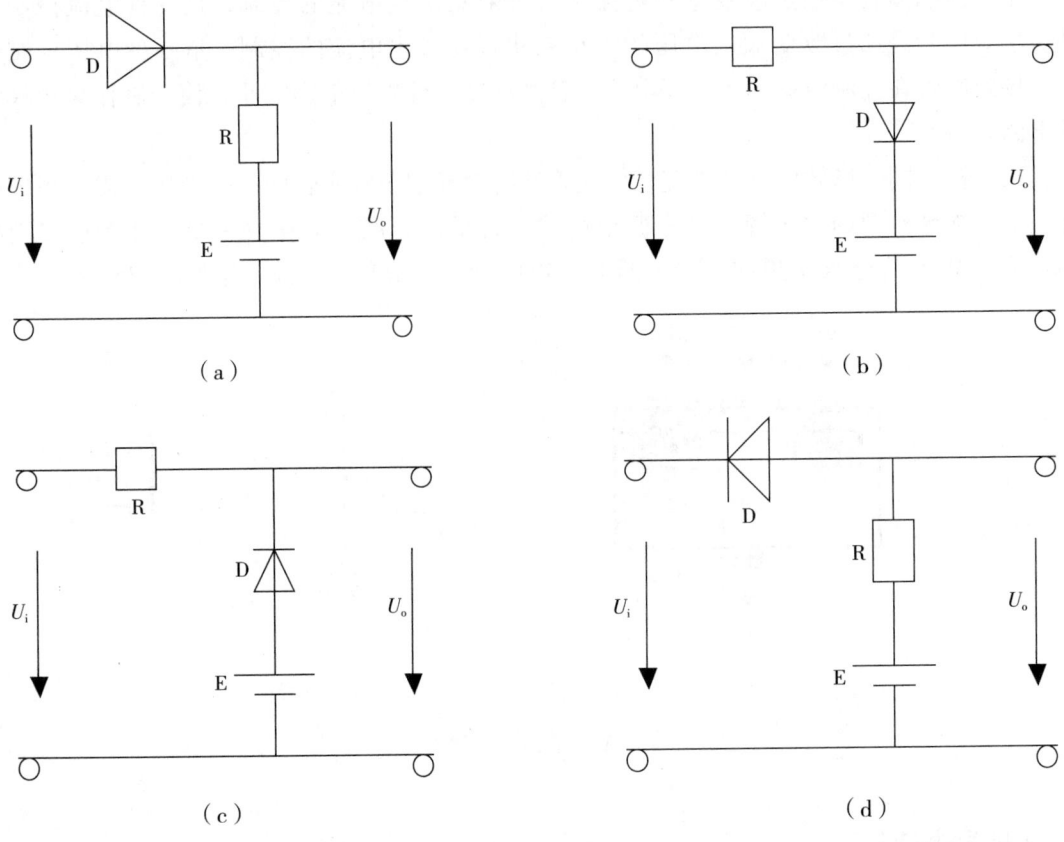

图 6-36

4. 求出如图 6-37 所示的电路中，输出端 F 的电位和各元件（R、D_A、D_B）中通过的电流。二极管的正向压降可忽略不计。（1）$V_A=V_B=0$；（2）$V_A=V_B=3V$；（3）$V_A=3V$，$V_B=0$。

5. 有两只稳压管 D_{Z1} 和 D_{Z2}，其稳定电压值分别为 $U_{Z1}=5.5V$、$U_{Z2}=8.5V$，假设正向压降都是 0.7V。这两只稳压管可得到哪些稳压值？应如何连接？

6. 晶体三极管的发射极和集电极是否可以调换，为什么？

7. 晶体三极管是由两个 PN 结组成的，是否可以用两个二极管连接组成一个晶体三极管来使用？为什么？

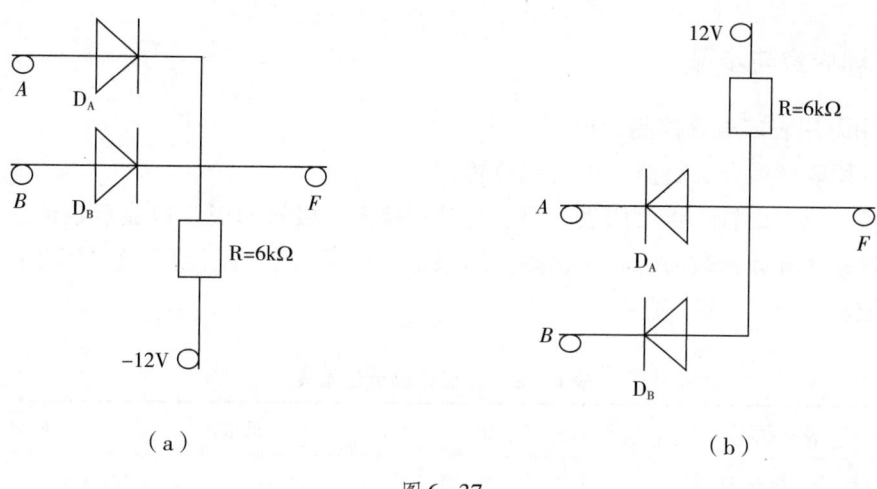

图 6-37

8. 电路中接有一个三极管，测得它的三个管脚的电位如图 6-38 所示，试判断管子的三个电极，说明：是 PNP 型还是 NPN 型？是硅管还是锗管？

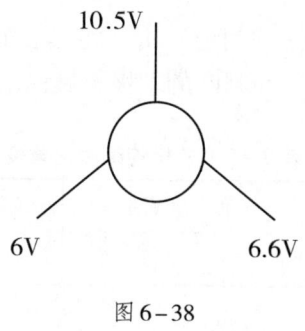

图 6-38

【技能训练】

实训 6-1　检测二极管和三极管

1. 实训目的

（1）学习测量二极管和三极管的方法；
（2）学习通过测量结果判断二极管的极性和好坏；
（3）学习通过测量结果判断三极管的管型和管脚极性。

2. 实训器材

（1）数字式万用表 1 块；
（2）二极管和三极管若干只。

3. 实训内容与步骤

（1）用万用表二极管挡测二极管

①把万用表转换开关旋至二极管挡位置；

②测量一只二极管：将万用表红黑表笔分别接至二极管两极读取显示数值，红黑表笔对调再测量一次并读取数值，将两次测量结果记入表6-2，判断极性及好坏并在二极管两极上做标记。

表6-2 二极管测量记录表

二极管状况	正向	反向	好坏判断
二极管两极测量值			

（2）用万用表二极管挡测三极管

①把万用表转换开关旋至二极管挡位置

②测量一只三极管

a. 将红表笔接在假定的基极（中间极）上，将黑表笔分别接另外两个电极测其读数，记入表6-3，并判断基极及管型，在判断的基极上做标记；

表6-3 三极管测量记录表

三极管状况	第一次测量	第二次测量	基极及管型判断
三极管测量值			

b. 把红表笔接在假定的集电极上，黑表笔接发射极，手捏基极和集电极，记录显示数值；做相反假设，进行测试，记下数值于表6-4中，判断集电极，在对应集电极上做标记，剩下的一极即为发射极。

表6-4 三极管测量记录表

三极管状况	第一次测量	第二次测量	集电极判断
三极管测量值			

4. 思考题

（1）根据各表测量结果进行相关判断的原理是什么？

（2）通过测量判断的三极管极性，如何验证正误？

实训 6-2　检测工程机械用发电机整流器

1. 实训目的

（1）学习通过测量判断正、负极管的方法；
（2）学习正确连接发电机整流器的方法；
（3）学习通过测量结果判断整流器好坏的方法。

2. 实训器材

（1）数字式万用表 1 块；
（2）二极管 6 只（3 只正极管、3 只负极管）。

3. 实训内容与步骤

（1）用万用表电阻挡测二极管电阻值，判断正、负极管；

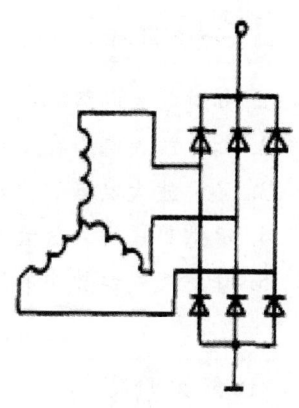

图 6-39

（2）按图 6-39 电路连接好整流器；
（3）对连接好的整流器进行测量，将测量结果记入表 6-5。

表 6-5　整流器测量记录表

整流器情况	"B+"与"-"之间的电阻		连接情况（整流器性能）判断
	正向	反向	
测量结果			

4. 思考题

（1）根据表 6-5 测量结果进行判断的依据是什么？
（2）如何将整流器安装在发电机上（与发电机其他结构应如何连接）？

项目 7　分析晶体管放大电路

> 知识目标

1. 知道放大电路的组成及特点；
2. 知道放大电路在工程机械上的应用；
3. 了解放大电路的分析方法；
4. 熟悉集成运算放大器的符号；
5. 理解集成运放中的反馈。

> 能力目标

1. 能解释集成运算放大器的概念并画出符号；
2. 能说出集成放大电路在工程机械上的应用。

任务 7.1　学习放大电路基础知识

放大电路的功能是利用三极管的电流控制作用或场效应管的电压控制作用，把微弱的电信号（简称信号，指变化的电压、电流、功率）不失真地放大到所需的数值，实现将直流电源的能量部分地转化为按输入信号规律变化且有较大能量的输出信号。放大电路的实质，是一种用较小的能量去控制较大能量转换的能量转换装置。

放大电路组成的原则是必须有直流电源，而且电源的设置应保证三极管或场效应管工作在线性放大状态；元件的安排要保证信号的传输，即保证信号能够从放大电路的输入端输入，经过放大电路放大后从输出端输出；元件参数的选择要保证信号能不失真地放大，并满足放大电路的性能指标要求。

7.1.1 电路组成及各元件作用

1. 电路的组成

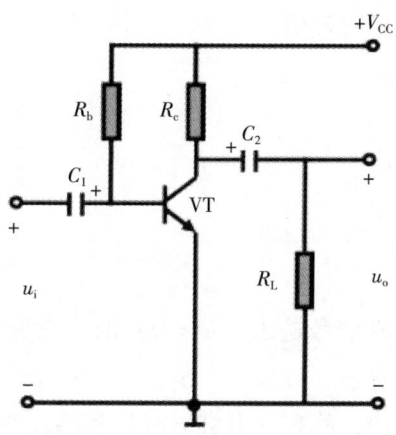

图 7-1 共发射极基本放大电路

2. 电路中各元件的作用

（1）晶体管 VT：晶体管是放大电路的核心器件，工作在放大状态，起电流放大作用。

（2）直流电源 V_{CC}：电源有两个作用，一是给晶体管一个合适的工作状态（保证发射结正偏，集电结反偏），二是为放大电路提供能量。

（3）基极电阻 R_b：又称基极偏置电阻，它使电源 U_{CC} 给晶体管提供一个合适的基极电流 I_b（又称偏置电流），保证晶体管工作在合适的状态。取值范围在几十千欧到几百千欧。

（4）集电极电阻 R_c：作用是把晶体管放大的电流信号转换为电压信号。它的取值范围一般在几千欧到几十千欧。

（5）耦合电容 C_1：用来隔断放大电路与信号源之间的直流通路。

（6）耦合电容 C_2：用来隔断放大电路与负载之间的直流通路。

耦合电容 C_1 和 C_2 起隔直流通交流的作用。交流信号从 C_1 输入，经过放大以后从 C_2 输出。

3. 工作原理

（1）u_i 直接加在三极管 VT 的基极和发射极之间，引起基极电流 i_B 做相应的变化。

（2）通过 VT 的电流放大作用，VT 的集电极电流 i_c 也将变化。

（3）i_c 的变化引起 VT 的集电极和发射极之间的电压 u_{CE} 变化。

（4）u_{CE} 中的交流分量 u_{ce} 经过 C_2 畅通的传送给负载 R_L，成为输出交流电压 u_o，实现了电压放大作用。

4. 各种符号含义

I_B，I_C，U_{BE}，U_{CE}：直流分量。

i_b，i_c，u_{be}，u_{ce}：交流分量。

I_b，I_c，U_{be}，U_{ce}：交流分量有效值。

i_B，i_C，u_{BE}，u_{CE}：总量。

7.1.2 静态分析

1. 相关概念

静态：即当放大器没有交流信号输入（$u_i = 0$）时，电路中各处的电压、电流都是直流恒定值，电路处于直流工作状态。

因电容器具有隔直流的作用，静态下电容器视为开路，所以基本放大电路可简化为如图 7-2 所示的直流通路。

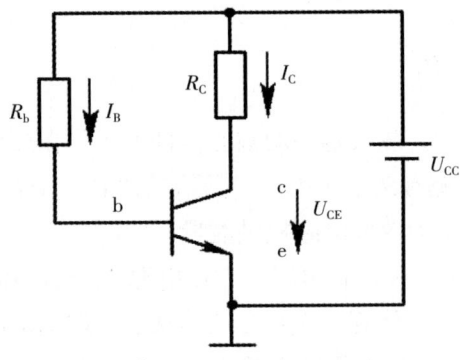

图 7-2 直流通路

2. 静态分析内容

在直流电源作用下，确定三极管基极电流、集电极电流和集电极与基极之间的电压值（I_B、I_C、U_{EC}）。

静态分析方法：估算法、图解法。

（1）静态估算法（求解 I_B、I_C、U_{EC}）

$$U_{BEQ} = \begin{cases} 0.7\text{V} \text{ 硅管} \\ 0.3\text{V} \text{ 锗管} \end{cases}$$

$$I_{BQ} = \frac{U_C - U_{BEQ}}{R_b} \approx \frac{U_C}{R_b} \text{（若 } U_{BEQ} < U_C\text{）} \tag{7-1}$$

$$I_{CQ} = \beta I_{BQ} \tag{7-2}$$

$$U_{CEQ} = U_C - R_C I_Q \tag{7-3}$$

[**例 7-1**] 在基本交流电压放大电路（图 7-1）中，设 $U_{CC}=12V$，$R_b=200k\Omega$，$R_C=2.4k\Omega$，$\beta=50$，试计算静态工作点。

解：根据静态工作点计算公式

$$I_{BQ} = \frac{U_C - U_{BEQ}}{R_b} \approx \frac{U_C}{R_b} = \frac{12}{200 \times 10^3} A = 60 \mu A$$

$$I_{CQ} = \beta I_{BQ} = 50 \times 60 \mu A = 3mA$$

$$U_{CEQ} = U_C - R_C I_Q = (12 - 2.4 \times 10^3 \times 3 \times 10^{-3}) V = 5.8V$$

（2）图解法（略）

7.1.3 动态分析

1. 相关概念

动态：当放大器有交流输入信号（$u_i \neq 0$）时，电路中各处的电压、电流都处于变动工作的状态。

因电容器具有通交流电的作用，因此在动态下耦合电容视为短路，此时的基本放大电路可简化为如图 7-3 所示的交流通路（直流电压源因内阻很小可忽略，故视为短路）。

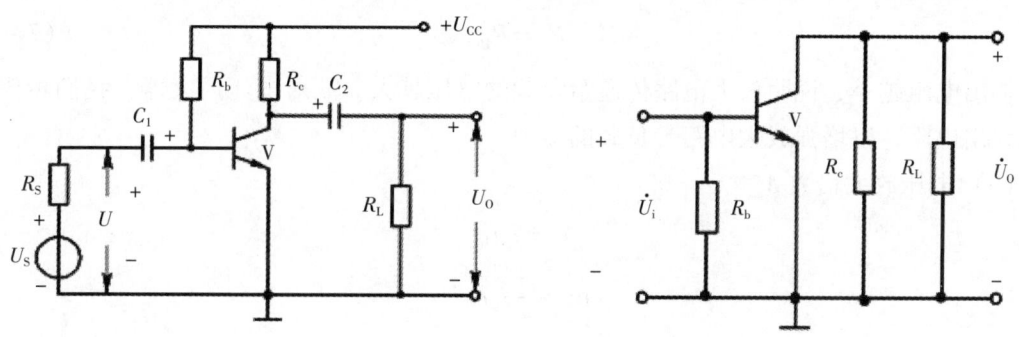

图 7-3 交流通路

2. 动态分析的内容

在正弦波信号作用下，研究放大电路的输入电阻、输出电阻和电压放大倍数（R_i、R_o、A_u）。

动态分析方法：图解法、微变等效电路分析方法。这里主要介绍微变等效电路分析方法。

用三极管的微变等效电路来代替交流通路中的三极管，即得出放大电路的交流微变等效电路，如图7-4所示。

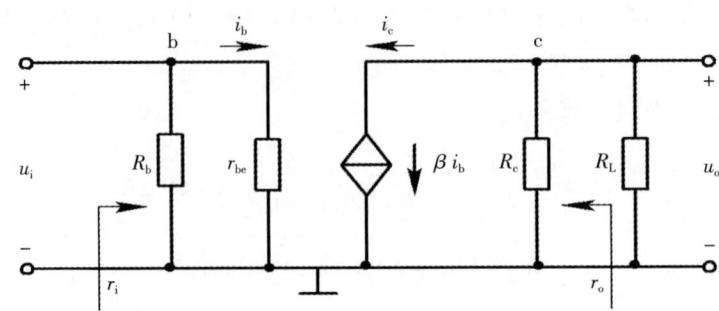

图7-4 基本交流电压放大电路的交流微变等效电路

（1）输入电阻 R_i

从信号的输入端看进去，可以将放大电路看成一个等效电阻，即放大电路的输入电阻。由共射极放大电路的交流微变等效电路可得：

$$R_i = R_b // r_{be} \qquad (7-4)$$

输入电阻越高，说明放大电路从信号源获得的电压信号也越多。故对电压放大器，我们希望提高其输入电阻，以增强其从信号源获得信号的能力。

（2）输出电阻 R_o

从放大电路的输出端看进去的交流等效电阻，就是放大电路的输出电阻。由共射极放大电路的交流微变等效电路可得：

$$R_o = R_C \qquad (7-5)$$

输出电阻越小，说明放大电路传递给负载的电压越大。故对电压放大器，我们希望减小其输出电阻，以增强放大电路带负载的能力。

（3）电压放大倍数 A_u

$$u_i = i_b r_{be}$$

$$u_o = -i_c R_L'$$

$$A_u = \frac{u_o}{u_i} = \frac{-i_c R_L'}{i_b r_{be}} = -\beta \frac{R_L'}{r_{be}} \qquad (7-6)$$

式（7-6）中，R_L'为交流负载，满足 $R_L' = R_C // R_L$。

由式（7-6）看出，电压放大倍数 A_u 的大小受到负载大小的影响。当空载（$R_L = \infty$）时，有 $R_L' = R_C$，此时电压放大倍数最大。有载时，电压放大倍数一定减小，且负载电阻越小，放大倍数越小。

[例7-2] 如图7-1所示的共发射极放大电路中，已知 $U_{CC} = 12V$，$R_b = 200k\Omega$，$R_C = R_L = 4k\Omega$，$\beta = 50$，$r_b = 300\Omega$，试求放大器的电压放大倍数、输入电阻和输出电阻。

解：根据静态工作点计算公式，有

$$I_{BQ} = \frac{U_C - U_{BEQ}}{R_b} \approx \frac{U_C}{R_b} = \frac{12}{200 \times 10^3} A = 60\mu A$$

$$I_{EQ} \approx I_{CQ} = \beta I_{BQ} = 50 \times 60\mu A = 3mA$$

三极管的输入电阻为

$$r_{be} = r_b + (1+\beta)\frac{26 \text{ (mV)}}{I_{EQ} \text{ (mA)}} = 300 + (1+50)\frac{26}{3} \approx 742\Omega$$

由放大器的微变等效电路可知，其交流负载电阻为

$$R_L' = R_C // R_L = 2k\Omega$$

电压放大倍数为

$$A_u = -\beta \frac{R_L'}{r_{be}} = -134$$

放大器的输入电阻为

$$R_i = R_b // r_{be} \approx r_{be} = 742\Omega$$

输出电阻为

$$R_o = R_C = 4k\Omega$$

任务 7.2　认识多级放大电路

7.2.1　基本概念

实际应用中，放大电路的输入信号都是很微弱的，一般为毫伏级或微伏级。为获得推动负载工作的足够大的电压和功率，需将输入信号放大成千上万倍。由于单级放大电路的电压放大倍数通常只有几十倍，所以需要将多个单级放大电路连接起来，组成多级放大电路对输入信号进行连续放大。

多级放大电路框图如图 7-5 所示。

图 7-5　多级放大电路框图

在多级放大电路中，组成多级放大电路的每一个基本电路称为一级，级与级之间的连接称为耦合。为确保多级放大器正常工作，级间耦合必须保证前级输出信号顺利地传输到后级，并且尽可能地减小功率损耗和波形失真。

7.2.2 耦合方式

1. 直接耦合

将前级放大电路和后级放大电路直接相连的耦合方式称为直接耦合,如图 7-6 所示。

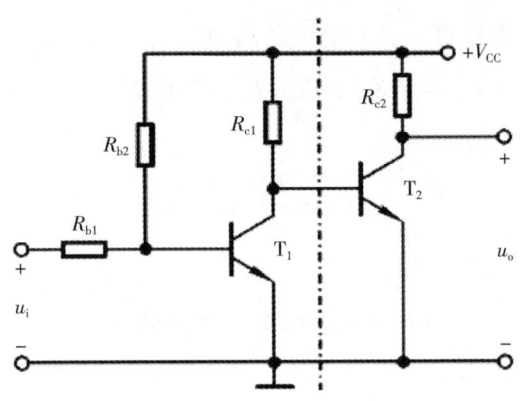

图 7-6 直接耦合电路

直接耦合的优点是:低频特性好,交直流信号均可以通过,且由于没有耦合电容,所以便于集成化。

直接耦合的缺点是:由于前级和后级的直流通路相通,使得各级静态工作点相互影响,因此,直接耦合的静态工作点的调试较困难。另外由于温度变化等原因,使放大电路在输入信号为零时,输出端出现信号不为零的现象,即产生零点漂移。零点漂移严重时将会影响放大器的正常工作,必须采取措施予以解决。

2. 阻容耦合

两级放大器之间通过电容(C_2)连接起来,后级的输入电阻充当了前级的负载,故称为阻容耦合,如图 7-7 所示。

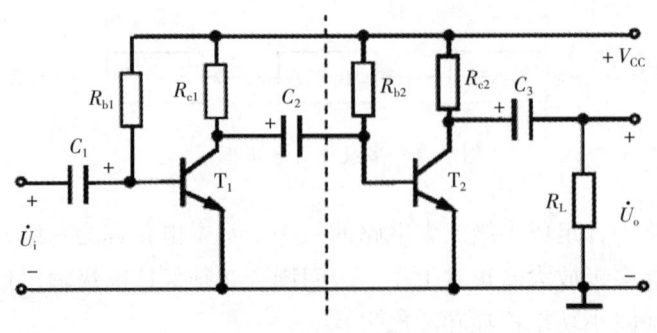

图 7-7 阻容耦合电路

阻容耦合的优点是：前级和后级直流通路彼此隔开，各级的静态工作点相互独立，互不影响。这就给分析、设计和调试电路带来很大的方便。此外，阻容耦合还具有体积小、重量轻的优点，因此在多级交流放大电路中得到了广泛应用。

阻容耦合的缺点是：因电容对交流信号具有一定的容抗，在传输过程中信号会衰减；对直流信号（或变化缓慢的信号）容抗很大，不便于传输；另外在集成电路中，制造大电容很困难，故阻容耦合不利于集成化。

3. 变压器耦合

利用变压器将多级放大器前级的输出端与后级的输入端连接起来的方式称为变压器耦合，如图7-8所示。

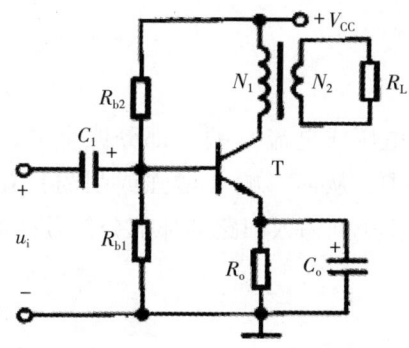

图7-8 变压器耦合电路

变压器耦合的优点是：由于变压器不能传输直流信号，有隔直作用，因此各级静态工作点相互独立，互不影响。变压器在传输信号的同时还能够进行阻抗、电压、电流变换。

变压器耦合的缺点是：体积大、笨重等，不便于实现集成化，所以目前很少采用。

4. 光电耦合

以光信号为媒介来实现电信号的耦合和传递的耦合方式称为光电耦合，如图7-9所示。

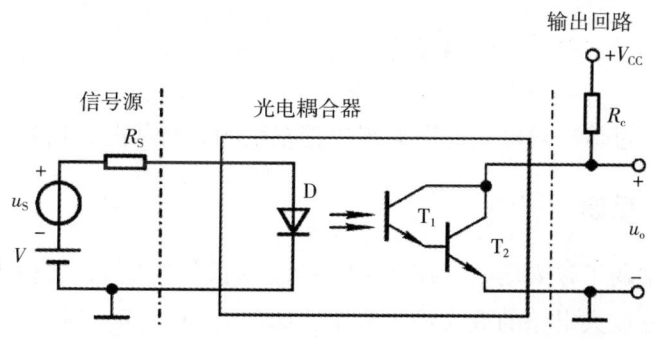

图7-9 光电耦合电路

光电耦合的优点是：
(1) 实现输入输出电的隔离，且隔离性能好；
(2) 使用方便，电路简单，价格也不高；
(3) 抗干扰能力特别强，因光信号不受电干扰，所以应用越来越广泛。

光电耦合的缺点是：线性区域相对较小（二极管死区较大）。

任务 7.3　认识放大电路中的反馈

7.3.1　基本概念

1. 反馈

将放大电路输出信号（电压或电流）的一部分或全部，通过一定形式的电路（称作反馈网络）送回到输入回路中，从而影响（增强或削弱）输入信号，这种信号的反送过程称为反馈。从输出回路中反送到输入回路的那部分信号称为反馈信号。反馈电路框图如图 7-10 所示。

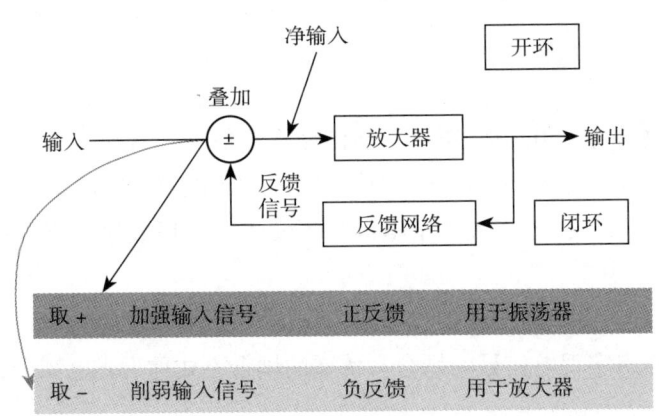

图 7-10　反馈电路框图

反馈的目的是通过输出对输入的影响来改善系统的运行状况及控制效果。

2. 正反馈与负反馈

若引回的信号削弱了输入信号（图 7-10 中反馈信号取负），就称为负反馈。从结果来看，引入负反馈使放大电路的放大倍数减小，如图 7-11（b）所示。用于放大器。

若引回的信号增强了输入信号（图 7-10 中反馈信号取正），就称为正反馈。从结果来看，引入正反馈使放大电路的放大倍数增大，如图 7-11（a）所示。用于振荡器。

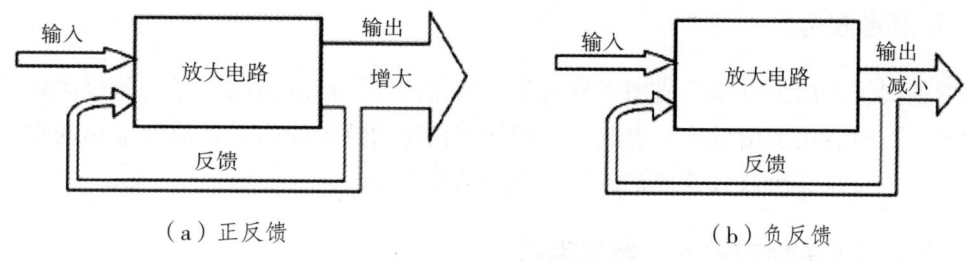

图 7-11 正、负反馈判断

这里所说的信号一般指交流信号，所以判断正、负反馈，就要判断反馈信号与输入信号的相位关系，同向是正反馈，反向是负反馈。

3. 直流反馈与交流反馈

如果反馈量只含有直流量，则称为直流反馈。
如果反馈量只含有交流量，则称为交流反馈。
如果反馈量同时既有直流量又有交流量，则称为交、直流反馈。

4. 开环与闭环

开环是指电路中只有正向传输（信号从输入端到输出端的传输），没有反向传输（信号从输出端到输入端的传输）的状态，即控制系统的输出量对系统没有控制作用（无反馈）；闭环是指电路中既有正向传输，又有反馈的状态，如图 7-10 所示。例如，在工程机械功率优化系统、柴油机转速控制等系统中就采用了闭环控制的方式。

7.3.2 负反馈对放大电路性能的影响

因为引入负反馈，可以使放大电路的许多性能得到改善，所以放大电路中采用的反馈类型为负反馈。

1. 提高放大倍数的稳定性

由于负载和环境温度的变化、电源电压的波动和器件老化等因素，放大电路的放大倍数会发生变化。但在放大电路中引入负反馈后，虽然会导致闭环放大倍数的下降，但是会使放大倍数的稳定性得到提高。

2. 减小非线性失真

一些有源器件的伏安特性的非线性会造成输出信号的非线性失真。加入负反馈以后，可以减小这种失真，当然不可能完全消除非线性失真。

3. 扩展通频带

通常情况下,放大电路只适用于放大某一个特定频率范围内的信号,而该频率范围就是通频带。通频带用于衡量放大电路对不同频率信号的放大能力,是放大电路的重要技术指标。而引入负反馈可以有效地扩展放大电路的通频带。

4. 改变放大电路的输入和输出电阻

(1) 对输入电阻的影响

负反馈对输入电阻的影响取决于输入端反馈信号的比较方式。串联负反馈使输入电阻增大,并联负反馈使输入电阻减小。

(2) 对输出电阻的影响

负反馈对输出电阻的影响取决于输出端反馈信号的取样方式。电压负反馈使输出电阻减小,电流负反馈使输出电阻增大。

任务 7.4 认识集成运算放大器

把分立元件的多级放大器集成在一块半导体芯片内,就构成集成运算放大器,简称集成运放,因首先用于信号的运算,故而得名。集成运放是一种高电压增益、高输入电阻、低输出电阻的多级直接耦合放大电路。由于具有成本低、体积小、功耗低、性能可靠和通用性强等优点,所以得到广泛应用。

集成运算放大器的特点:

(1) 元器件参数的一致性和对称性好;

(2) 电阻的阻值受到限制,大电阻常用恒流源代替,电位器需外接;

(3) 电容的容量受到限制,电感不能集成,故大电容、电感和变压器均需外接;

(4) 二极管多用三极管的发射结代替。

7.4.1 集成运算放大器简介

1. 集成运算放大器的基本组成

集成运算放大器的内部电路一般由输入级、中间级、输出级和偏置电路 4 部分构成。如图 7-12 所示。

输入级:需要输入电阻高、零点漂移小和抑制干扰信号能力强,通常采用带恒流源的差分放大器。

中间级:要求电压放大倍数高,常采用带恒流源的共发射极放大电路构成。

输出级：与负载相接，要求输出电阻低、带负载能力强，一般由互补对称电路或射极输出器构成。

偏置电路：一般由镜像恒流源等电路组成。

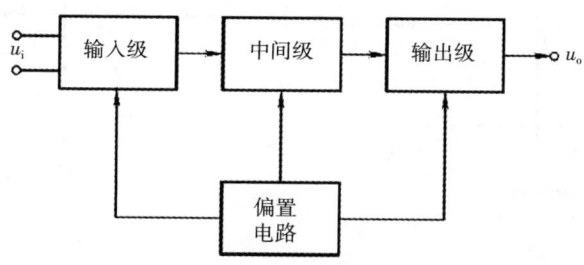

图 7-12　集成运算放大器方框图

2. 集成运算放大器的符号

集成运放内部电路一般都比较复杂，包含若干个单元电路和许多元器件，在电路图中通常只将集成电路作为一个元器件来看待，因此，几乎在所有电路图中都不画出集成电路的内部电路，而是以一个图形符号来表示。集成运算放大器的符号如图 7-13 所示。

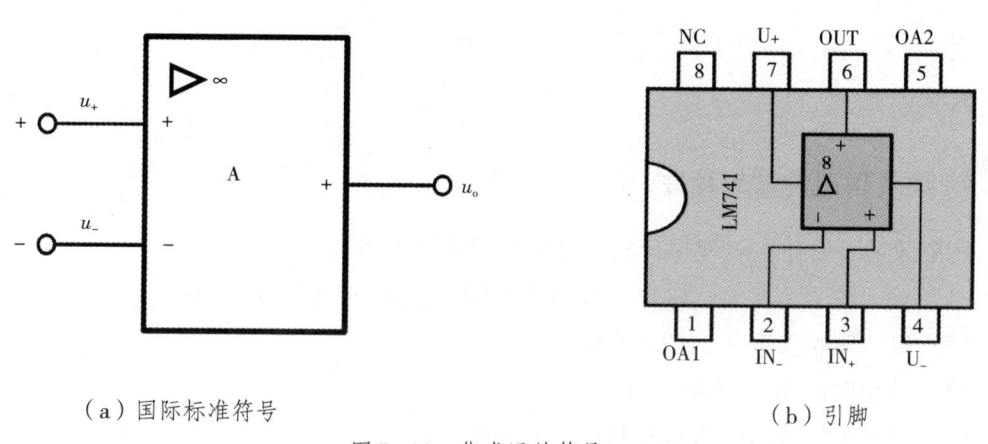

（a）国际标准符号　　　　　　　　　　　　（b）引脚

图 7-13　集成运放符号

▷表示放大（驱动）能力及信号处理流程的方向，∞表示放大倍数为∞，"+"表示同向输入端，"-"表示反向输入端。若反向输入端接地，信号由同向输入端输入，则输出信号和输入信号的相位相同；若将同向输入端接地，信号从反向输入端输入，则输出信号和输入信号相位相反。集成运放的引脚除输入、输出端外，还有正、负电源端。

3. 集成运放的电压传输特性

集成运放的电压传输特效指开环状态下，集成运放的输出电压与输入电压之间的关系曲线，如图 7-14 所示。

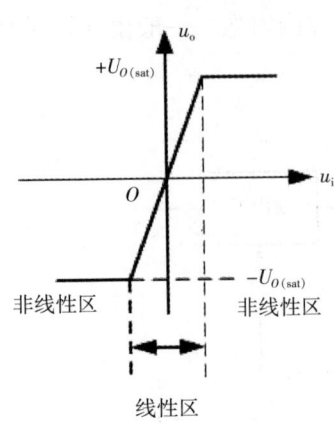
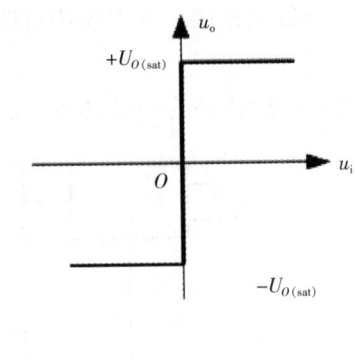

（a）实际集成运放　　　　　　　　（b）理想集成运放

图 7-14　电压传输特性

线性区：此时，输出电压与输入电压成正比关系，即：

$$u_o = A_{ud}(u_+ - u_-) \tag{7-7}$$

非线性区：此时，输出电压一定为饱和值。

$$\begin{matrix} \text{当 } u_+ > u_- \text{ 时,} & u_o = +U_{O(sat)} \\ u_+ < u_- \text{ 时,} & u_o = -U_{O(sat)} \end{matrix} \tag{7-8}$$

4. 集成运放的理想特性

将集成运放看作一个理想运放，具备理想特性 5 条：

(1) 输入信号为零时，输出端应恒定为零，即 $u_i = 0$ 时，$u_o = 0$；
(2) 输入阻抗无穷大，即 $r_i = \infty$；
(3) 输出阻抗为 0，即 $r_o = 0$；
(4) 通频带宽度 BW 应从 0 到 ∞，即 BW = ∞；
(5) 开环电压放大倍数无穷大，即 $A_{u0} = \infty$。

在实际应用和分析集成运放电路时，可将实际运放视为理想运放，以简化分析。

对于理想集成运放，通频带宽度（BW = $f_H - f_L$）从 0 到 ∞，因此，其下限频率 f_L 是 0，上限频率 f_H 是 ∞。

5. 两个重要法则

(1) "虚短"

因为 $u_o = A_{ud}(u_+ - u_-)$，由于理想运放的开环放大倍数 $A_{ud} = \infty$，而 u_o 是一个有限值，所以有 $u_+ = u_-$，两输入端就像"短路"一样，但它们又不是真正短路，所以称为"虚短"。

(2)"虚断"

由于理想运放的输入电阻 $r_{id} = \infty$,因此,两输入端均没有电流输入,即 $i_+ = i_- = 0$,两输入端就像"断路"一样,但它们又不是真正断路,所以称为"虚断"。

利用"虚短"和"虚断"这两个重要特点,在分析和处理运算电路时,使过程变得更加简单。

7.4.2 集成运放的基本应用

1. 反相比例运算

(1)电路

反相比例运算电路如图 7–15 所示。

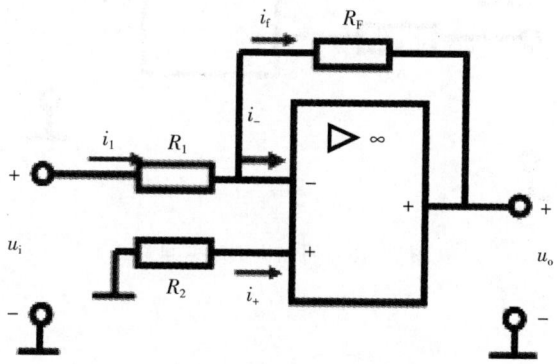

图 7–15 反相比例运算电路

(2)分析

根据"虚短",$u_+ = u_- = 0$,故又称"虚地"。
根据"虚断",$i_+ = i_- = 0$,则 $i_1 = i_f$,即

$$\frac{u_i - 0}{R_1} = \frac{0 - u_o}{R_F}$$

得 $u_o = -\dfrac{R_F}{R_1} u_i$

则 $A_{uf} = \dfrac{u_o}{u_i} = -\dfrac{R_F}{R_1}$ (7–9)

(3)结论

A_{uf} 为负值,即 u_o 与 u_i 极性相反,故称为反相比例运算电路。
反馈类型为电压并联负反馈。
电阻 R_2 为平衡电阻(补偿电阻),$R_2 = R_1 // R_F$。

(4) 反相器

当时 $R_F = R_1$ 时,有 $A_{uf} = -1$,则 $u_o = -u_i$,即输出电压与输入电压大小相等、相位相反,故此时的电路称为"反相器"。

2. 同相比例运算

(1) 电路

同相比例运算电路如图 7-16 所示。

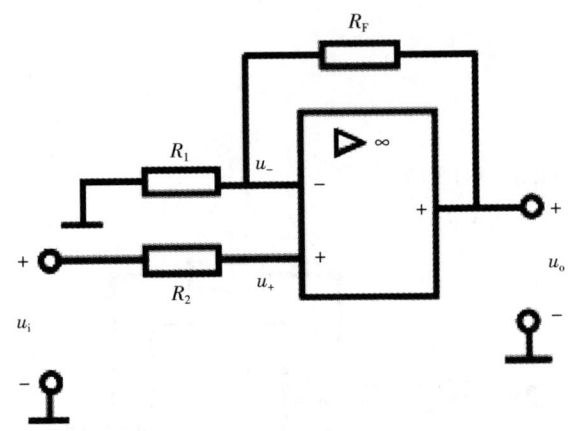

图 7-16 同相比例运算电路

(2) 分析

根据"虚短",$u_+ = u_- = u_i$。

根据"虚断",$i_+ = i_- = 0$,则 $i_1 = i_f$,即

$$\frac{0 - u_i}{R_1} = \frac{u_i - u_o}{R_F}$$

得 $u_o = \left(1 + \dfrac{R_F}{R_1}\right) u_i$

则 $A_{uf} = \dfrac{u_o}{u_i} = 1 + \dfrac{R_F}{R_1}$ \hfill (7-10)

(3) 结论

A_{uf} 为正值,即 u_o 与 u_i 极性相同,故称为同相比例运算电路。

反馈类型为电压串联负反馈。

电阻 R_2 为平衡电阻(补偿电阻),$R_2 = R_1 /\!/ R_F$。

(4) 电压跟随器

电压跟随器如图 7-17 所示。当 $R_F = 0$ 或 $R_1 = \infty$ 时,有 $A_{uf} = 1$,则 $u_o = u_i$,故称为"电压跟随器"。此时的电路与射极输出器具有相同的功能。

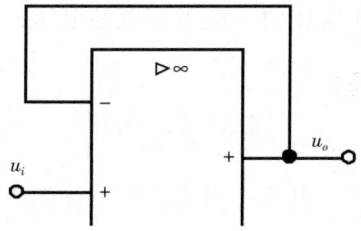

图 7-17 电压跟随器

3. 反相加法运算

（1）电路

反相加法运算电路如图 7-18 所示。

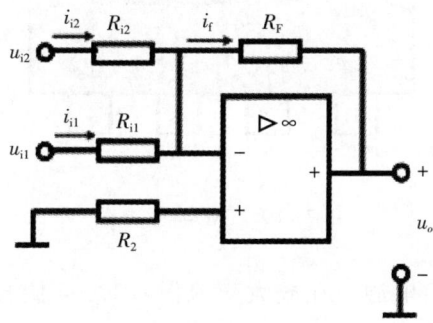

图 7-18 反相加法运算电路

（2）分析

根据"虚短"，$u_+ = u_- = 0$，又称"虚地"。

根据"虚断"，$i_+ = i_- = 0$，则 $i_{i1} + i_{i2} = i_f$，即

$$\frac{u_{i1} - 0}{R_{i1}} + \frac{u_{i2} - 0}{R_{i2}} = \frac{0 - u_o}{R_F}$$

得 $u_o = -\left(\dfrac{R_F}{R_{i1}} u_{i1} + \dfrac{R_F}{R_{i2}} u_{i2}\right)$ （7-11）

电阻 R_2 为平衡电阻（补偿电阻），$R_2 = R_{i1} \mathbin{/\mkern-5mu/} R_{i2} \mathbin{/\mkern-5mu/} R_F$

当 $R_F = R_{i1} = R_{i2}$ 时，有 $u_o = -(u_{i1} + u_{i2})$。

7.4.3 电压比较器

集成运算放大器的一个特殊应用就是构成电压比较器。电压比较器是能够对两个输入电压的大小进行比较的一种集成运放。它的两个输入电压中，一个是基准电压，另一个是被比较的输入电压，当两个电压不相等时，集成运放输出的电压不是等于正电源电压就是

等于零。即在输出端只输出两种电压值,或者正电源电压,或者零。

1. 几种典型的电压比较器

(1) LM741

LM741是双列直插式封装,一共8个引脚,管脚如图7-19所示。可以做放大器也可以做电压比较器。

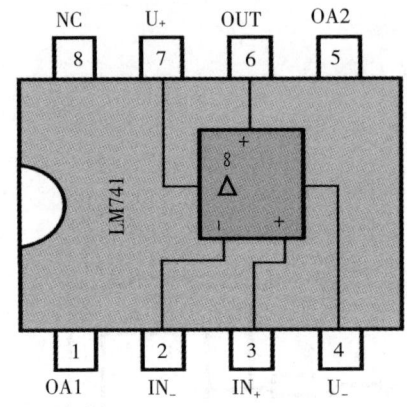

图7-19　LM741管脚图

7脚接正电源,4脚接负电源,在放大交流信号时,4脚接负电位信号,保证信号的完整性,在工程机械电路中做放大器或电压比较器时直接搭铁。2脚是放大器的反相输入端,3脚是同相输入端,6脚是放大器输出端。1、5脚是在放大交流信号时电路调零端,8脚是空脚。

(2) LM324

LM324是双列直插式封装,一共14个引脚,管脚如图7-20所示。一个明脚。可以做放大器也可以做电压比较器。

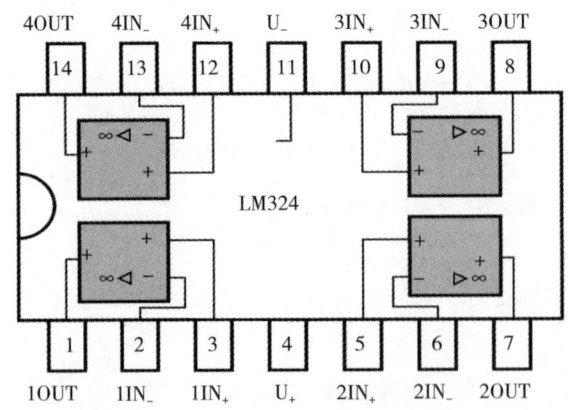

图7-20　LM324管脚图

内部是4个独立的运算放大器，11脚接负电源，4脚接正电源，在工程机械电路中做比较器时，4脚搭铁。4个比较器可以单独使用，但使用时一定要加上电源。

（3）LM339

LM339是双列直插式封装，一共14个引脚，管脚如图7-21所示。它是专用的电压比较器。内部是4个独立比较器，而且只需接单电源。3脚接正电源，12脚搭铁。4个比较器可以单独使用。

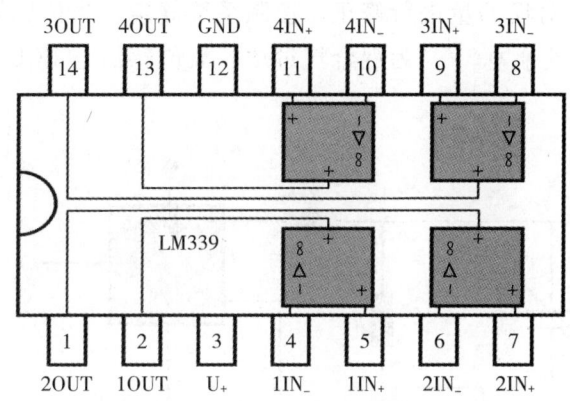

图7-21　LM339管脚图

2. 电压比较器的应用

电压比较器常见的应用电路有三种形式：简单电压比较器、滞回电压比较器和窗口电压比较器。此处以简单电压比较器为例来介绍其应用。

（1）简单电压比较器基本电路

简单电压比较器的电路如图7-22（a）所示，输入信号加在反相端，是一个反相输入电压比较器。U_{TH}是基准电压，$u_I = u_-$，$U_{TH} = u_+$。当$u_I > U_{TH}$时，即$u_- > u_+$，比较器输入等于零，即$u_o = 0$；当$u_I < U_{TH}$时，即$u_- < u_+$，比较器输出$u_o = +V_{CC}$。其传输特性如图7-22（b）所示。

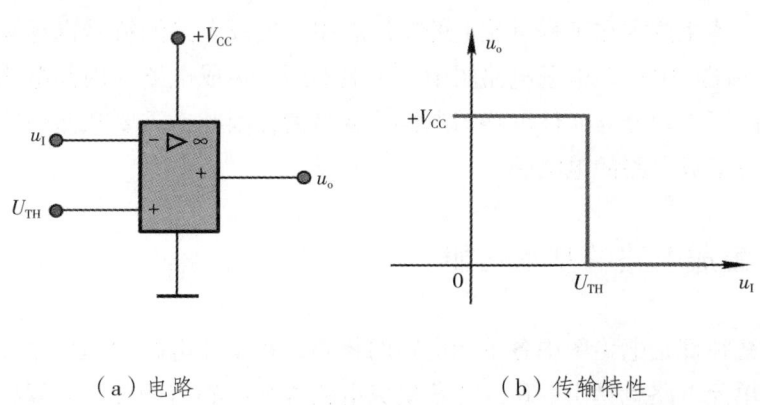

（a）电路　　　　　　（b）传输特性

图7-22　反相输入简单电压比较器

（2）简单电压比较器在工程机械电子电路中的应用

电喷发动机的主要目的就是控制发动机在理论空燃比附近工作，保证排放合乎法规要求。在电控发动机闭环控制系统中，氧传感器承担着向 ECU（电子控制单元，俗称发动机电脑）传递发动机是否工作在理论空燃比附近的任务。在浓混合气燃烧时（小于理论空燃比），排气中的氧消耗殆尽，氧传感器几乎不产生电压；在稀混合气燃烧时（大于理论空燃比），排气中还含有一部分多余的氧气，氧传感器产生大约 1V 左右的电压。控制系统根据氧传感器的输出信号对喷油量进行修正。控制系统规定，当传感器输出电压大于 0.5V 时，认为混合气过稀；小于 0.5V，为混合气过浓。氧传感器与 ECU 之间就是通过电压比较器进行信号传递的。

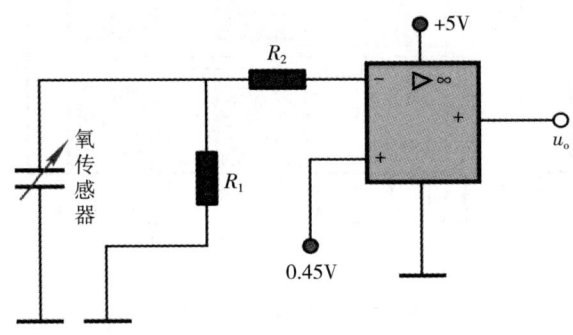

图 7-23 氧传感器与ECU的连接

ECU 设定 0.45V 为基准电压，当氧传感器信号电压大于基准电压时，比较器输出 $u_o \approx 0V$，ECU 判断混合气过稀，增加喷油量；当氧传感器信号电压小于基准电压时，比较器输出 $u_o \approx 5V$，ECU 判断混合气过浓，减少喷油量。

任务 7.5　识读工程机械集成放大电路

随着机电一体化技术在工程机械上的广泛应用，集成电路的符号也越来越多地出现在工程机械的电路图当中。在电子电路图中，一般不画出集成电路的内部电路，使得由集成电路构成的电路图不像分立元件电路图那样直观易读，因此，需要掌握一些特殊的看图方法才能读懂含有集成电路的电路图。

7.5.1　集成电路的基本功能

集成电路往往都是电路图中各单元电路的核心，在单元电路中起着主要的作用。从图面上看，某些单元电路就是由一块或几块集成电路再配以必需的外围元器件构成的。要看懂这样的电路图，关键是了解和掌握处于核心地位的集成电路的基本功能，以此为突破口分析整个电路的工作原理。

1. 根据单元电路所承担的任务，判断集成电路的基本功能

一般而言，集成电路是单元电路的核心，单元电路的作用主要是依靠该集成电路来实现和完成的。所以，根据单元电路所承担的任务和所起的作用，即可大致判断出在单元电路中起核心作用的集成电路的基本功能。

下面以图7-24为例进行说明。图7-24所示为以集成电路IC_1为核心构成的一个单元电路，图7-25所示为一扩音机电路原理方框图。由图可知，该单元电路的作用和任务是对音频信号进行功率放大，因此，作为核心器件的集成电路IC_1的基本功能是功率放大，IC_1是个集成功率放大器。

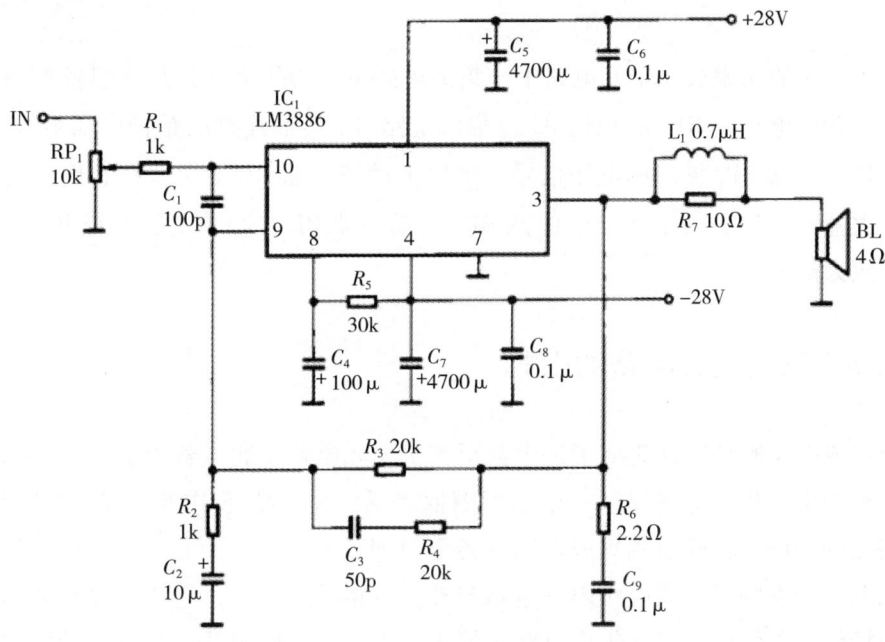

图7-24 采用集成电路的功率放大单元电路

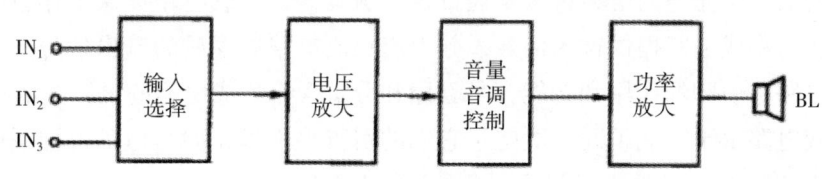

图7-25 扩音器电路原理方框图

2. 通过查找资料，了解集成电路的基本功能

一般在较完整的电路图中，均会标注各个集成电路的型号。可以根据电路图提供的型号，查阅集成电路手册等技术资料，搞清楚这些集成电路的基本功能以及其他相关数据，这对于看懂集成电路的电路图会有极大的帮助。

在图 7-24 所示功率放大单元电路中，集成电路 IC_1 的型号为 LM3886。通过查阅手册可以很清楚地了解到：LM3886 是高性能集成功率放大器，频率响应范围 5Hz～100kHz，输出功率 50W，总谐波失真 0.03%，具有过压、过载、超温保护功能和静噪功能，以 LM3886 为核心构成的音频功放单元电路具有很好的技术性能。

3. 依据其前级和后级电路的接口情况，分析集成电路的基本功能

由于新型集成电路层出不穷，而阅图者所能接触到的技术资料有限，这会给查找集成电路资料造成困难。在无法通过查阅资料了解集成电路的情况下，我们还可以通过分析集成电路与其前级电路的接口关系，以及与其后级电路的接口关系，来确定该集成电路的基本功能。

在图 7-24 的功率放大单元电路中，集成电路 IC_1 的前级电路是音量控制电路，输入电压信号经音量电位器 RP_1 后到达 IC_1，集成电路 IC_1 后面连接的是扬声器 BL。通过分析可知，音量电位器 RP_1 输出的电压信号不足以推动扬声器 BL 发声，在它们之间必须有一个功率放大器，所以，处于音量电位器 RP_1 与扬声器 BL 之间的集成电路 IC_1 的基本功能就是功率放大。

7.5.2　识别集成电路的引脚

一个集成电路内部通常集成了一个甚至多个单元电路，通过若干引脚与外部电路相连接。在电路图中，集成电路仅以一个矩形图框表示，往往缺乏内部细节。在这种情况下，看懂电路图的关键是正确识别集成电路的各个引脚。

集成电路的引脚是集成电路内部电路与外围电路的连接点，只有按要求在这些引脚上连接上外接的元器件或电路，集成电路才能正常工作。这里包括三个方面的情况：一是这些引脚上的外接元器件是整个集成电路的有机组成部分，只有在外接元器件的配合下，集成电路才能构成一个完整的电路；二是通过这些引脚，为集成电路提供工作电源；三是通过这些引脚，为集成电路提供输入信号，并引出集成电路处理后的输出信号。所以，识别和掌握集成电路各引脚的作用和功能，是看懂和分析含有集成电路的电路图的有效方法。

各种集成电路由于功能不同，决定了它们的引脚也不尽相同。但是电源引脚、接地引脚、信号输入和输出引脚则是大多数集成电路所必有的。

1. 电源引脚

电源引脚的作用是为集成电路引入直流工作电压。集成电路有单电源供电和双电源供电两种类型。单电源供电一般是采用单一的正直流电压作为工作电压，集成电路有一个电源引脚，在电路图中有时在电源引脚旁标注"V_{CC}"。

2. 接地引脚

接地引脚的作用是将集成电路内部的地线与外电路的地线连通，集成电路一般有一个接地引脚，在电路图中有时在接地引脚旁标注"GND"字符。

3. 信号输入引脚

信号输入引脚的作用是将输入信号引入集成电路。除了信号源类集成电路外，一般集成电路至少有一个信号输入引脚，在电路图中有时在信号输入引脚旁标注"IN"字符。

4. 信号输出引脚

信号输出引脚的作用是将集成电路的输出信号引出。集成电路至少有一个信号输出引脚，在电路图中有时在信号输出引脚旁标注"OUT"字符。

5. 其他引脚

除了上述4种基本引脚之外，有些集成电路还有一些其他引脚，如外接电阻、电容、电感、晶体管等保证工作的引脚。

7.5.3 分析集成电路的输入与输出关系

1. 幅度变化关系

集成电路的输入与输出信号相比，其幅度发生了变化，而其他参数不变，就可以判定这个集成电路是一个放大电路，否则为衰减电路。

2. 频率变化关系

集成电路的输出信号与输入信号相比，如果输出信号的频率低于输入信号的频率，则说明集成电路是一个变频电路；如果输出信号的频率高于输入信号的频率，则说明该集成电路是一个倍频电路；如果输出信号的频率是输入信号的一部分，则说明该集成电路是一个滤波电路。

3. 阻抗变化关系

集成电路的输出信号与输入信号相比，若其阻抗发生了变化，则称该集成电路是一个阻抗变换电路。如果输出信号的阻抗低于输入信号的阻抗，则说明该集成电路是电压跟随器、缓冲器等；如果输出信号的阻抗高于输入信号的阻抗，则说明该集成电路是阻抗匹配电路、恒流输出电路等。

4. 相位变化关系

集成电路的输出信号与输入信号相比，若其相位发生了变化，则称该集成电路是一个移相电路。如果移相角度为180°可以称该集成电路为反相电路。

以上是集成电路输出信号与输入信号之间的一些基本的关系，除此之外，还有诸如调制关系、解调关系、逻辑关系、控制关系等。有些集成电路的输入、输出信号之间可能同时包含数种上述基本关系，甚至具有更复杂的输入、输出关系。因此，熟练掌握这些基本关系，有助于融会贯通、举一反三地分析各种集成电路电路图。

7.5.4 分析集成电路的接口关系

在电路图中往往会包含若干个集成电路，它们之间通过一定的电路组成了一个有机的整体。分析各个集成电路之间以及集成电路与其他分立元件单元电路之间的接口关系，也是看懂集成电路电路图的有效方法。

1. 从某个集成电路与其他集成电路的接口关系上分析

在电路图中，已知了一些集成电路的功能与作用，就可以从各集成电路之间的接口关系上，分析出未知集成电路在电路图中的作用。如图7-26所示电路中，IC_1为未知集成电路，其两个输入端中，"IN_1"与高放集成电路的输出端相接，输入高频信号；"IN_2"与本振集成电路的输出端相接，输入本振信号。IC_1的输出端"OUT"与中放集成电路的中频信号输入端相接。因此，通过分析，可以得知IC_1为混频集成电路，电台信号经高放级放大后输入IC_1，同时本振级产生的本振信号也输入IC_1，由IC_1混频后输出中频信号至中放级。

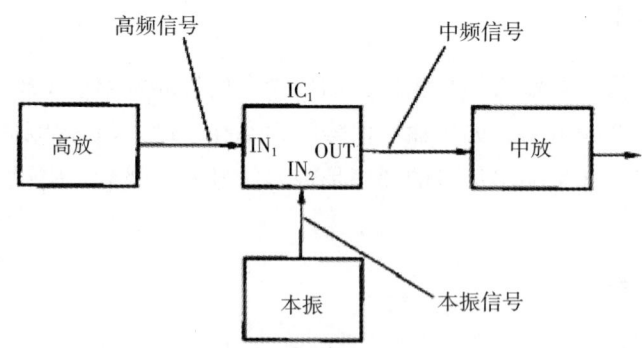

图7-26 混频集成电路与其他集成电路的接口关系

2. 从集成电路与分立元件单元电路的接口关系上分析

由于分立元件单元电路比较直观，容易看懂，因此，通过对集成电路与分立元件单元电路接口关系的分析，可以帮助我们掌握该集成电路在电路中的作用。在图 7-27 所示电路图中，集成电路 IC_2 通过变压器 T_3 与分立元件单元电路相连接。该分立元件单元电路是一个典型的检波电路，VD_2 为检波二极管，C_{11}、R_{10}、C_{12} 组成 π 形滤波网络，RP_1 为音量电位器，T_3 为中频变压器。IC_2 的输出信号由 T_3 耦合至检波电路进行检波。因此，IC_2 是中频放大器集成电路，承担电路中中频放大的任务。

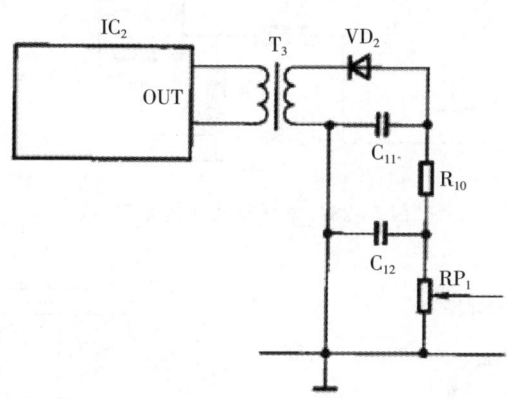

图 7-27 中放集成电路与检波电路的接口关系

任务 7.6 学习放大电路在工程机械上的应用

在工程机械控制系统中有大量的传感器用于信号检测，例如温度传感器、压力传感器等，这些传感器因温度、压力或其他变化而使传感元件的电阻发生变化，从而引起输出电压发生变化，但是这种输出电压的变化量一般很小，所以需要经过放大电路进行放大后才传送给控制器。

1. 电桥信号放大电路

如果需要对温度、压力或形变等进行检测，可采用图 7-28 所示的电桥信号放大电路。图中电桥的一个臂是由传感器构成的。

当传感器的电阻值没有变化时，即 $\Delta R = 0$ 时，电桥平衡，电路输出电压 $u_o = 0$；当传感器因温度、压力或其他变化而使传感元件的电阻值发生变化（用 ΔR 表示）时，电桥就失去平衡，变化量变成了电信号而产生输出电压 u_o，输出电压 u_o 一般很小，需要经过放大器进行放大。

例如在工程机械电控柴油机中，用来测量进气量的进气压力传感器就是由压敏电阻和集成运放制成的。结构示意图和工作原理图如图 7-29 所示。

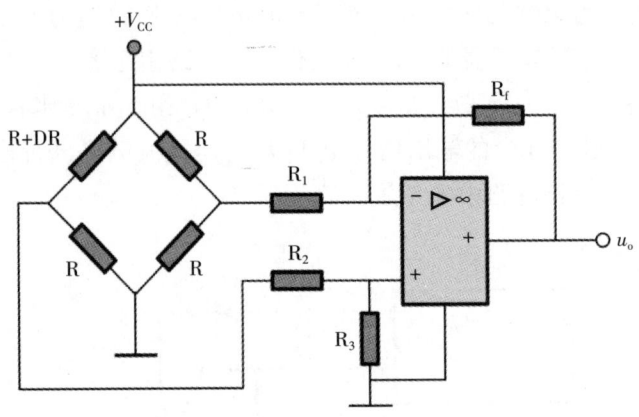

图 7-28 电桥信号放大电路

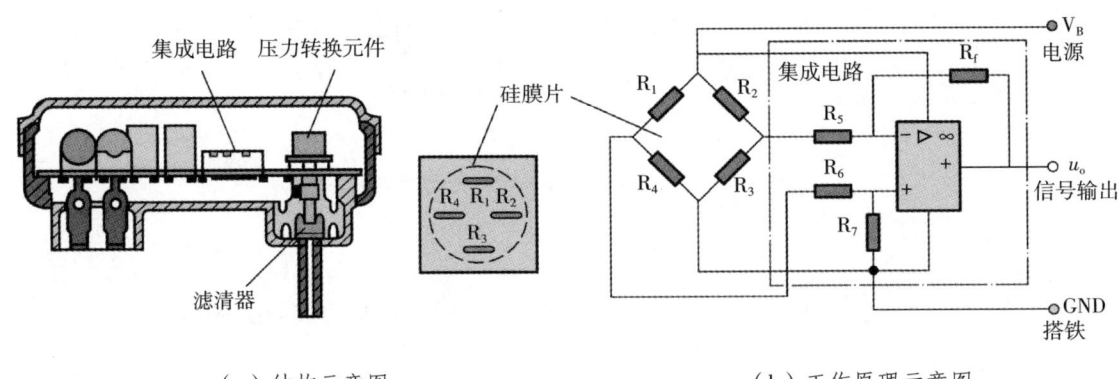

（a）结构示意图　　　　　　　　（b）工作原理示意图

图 7-29 压敏电阻式进气压力传感器

该传感器有一个通气口与进气管相通，进气压力通过该口加到压力转换元件上。压力转换元件是由 4 个压敏电阻构成的硅膜片。硅膜片受压力变形后，电桥输出信号，压力越大，输出信号越强，该信号经集成运放放大后传送给电子控制单元 ECU。

2. 光电测量电路

光电测量电路应用在工程机械自动空调控制系统中，用作检测日照量的传感器的信号就是通过设置在电子控制器内部的放大电路进行信号放大的。如图 7-30 所示。

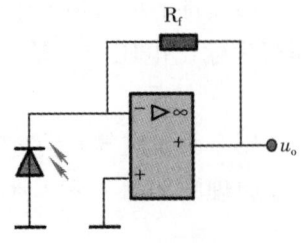

图 7-30 光电测量电路

无光照时,光电二极管的反向电流很小。有光照时,二极管有光电流流过,光的照度越大,光电流越大,经过集成运放后,输出电压 u_o 也就越大。

【项目小结】

1. 放大电路,是指把微弱的电信号不失真(或在规定的失真范围内)地放大为较强的电信号的电子电路。放大电路种类很多,共发射极放大电路是基本的放大电路。

2. 多级放大器级间耦合方式有三种类型:阻容耦合、变压器耦合和直接耦合。

3. 将输出信号的一部分或全部引回到输入端的现象叫反馈。若引回的信号削弱了输入信号就称为负反馈。从结果来看,引入负反馈使放大电路的放大倍数减小。若引回的信号增强了输入信号,就称为正反馈。从结果来看,引入正反馈使放大电路的放大倍数增大。

4. 放大电路中引入负反馈,使放大电路的许多性能得到改善。

5. 开环是指电路中只有正向传输,没有反向传输的状态,即控制系统的输出量对系统没有控制作用(无反馈);闭环是指电路中既有正向传输,又有反馈的状态。

6. 集成运算放大器是一种高电压增益、高输入电阻、低输出电阻的多级直接耦合放大电路。其具有成本低、体积小、功耗低、性能可靠和通用性强等优点。

7. 利用"虚短"和"虚断"这两个特点,在分析和处理运算电路时,使过程变得更加简单。

【思考与练习】

1. 简要介绍基本交流电压放大电路是由哪些元件构成的,并说明各元器件在电路中起什么作用。

2. 为了提高放大电路带负载的能力,一般需要提高放大电路的输出电阻还是减小放大电路的输出电阻?为什么?

3. 什么是多级放大电路的耦合?常见的耦合方式有哪些?不同的耦合方式各自有哪些优缺点?

4. 什么是反馈?反馈是如何进行分类的?

5. 负反馈对放大电路的性能有哪些影响?

6. 什么是开环控制?什么是闭环控制?

7. 在集成运算放大器的分析中,什么是"虚短"?什么是"虚断"?

8. 识读集成放大电路的思路是什么?

9. 如图 7-31 所示的基本交流电压放大电路中,已知 $U_{CC}=12V$,$R_b=300k\Omega$,$R_c=R_L=3k\Omega$,$\beta=50$,$r_b=300\Omega$,(1)对该电路进行静态分析(即求静态工作点 Q,I_{BQ},I_{CQ},U_{CEQ});(2)对该电路进行动态分析(即求放大器的电压放大倍数 A_u、输入电阻 R_i 和输出电阻 R_o)。

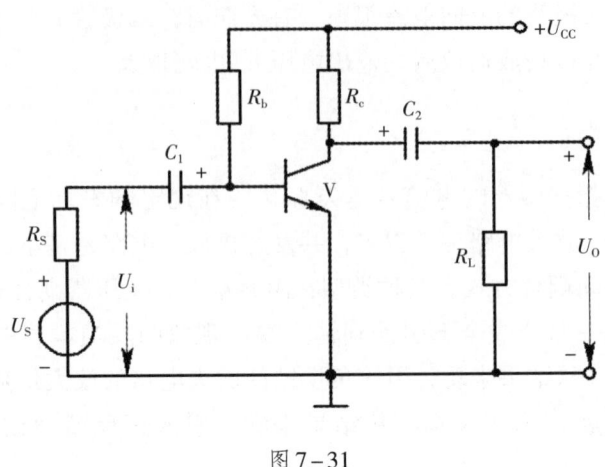

图 7-31

【技能训练】

实训 7-1　检测光电耦合放大电路

1. 实训目的

(1) 学习测量光电耦合器的方法；
(2) 学习通过测量结果判断光电耦合器的性能及好坏。

2. 实训器材

(1) 数字式万用表 1 块；
(2) 光电耦合器 1 个；
(3) 1.5V 电池 1 节；
(4) 50~100Ω 电阻 1 个。

3. 实训内容与步骤

以 PC111 光电耦合器为例，内部电路如图 7-32 所示：

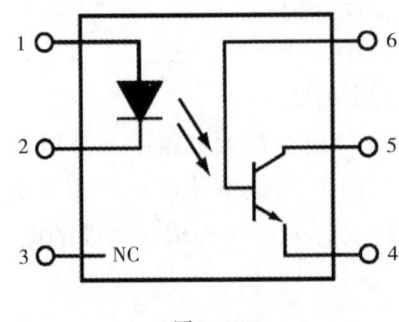

图 7-32

（1）将万用表置于 R×1k 电阻挡，两表笔分别接在光耦的输出端 4、5 脚；

（2）用一节 1.5V 的电池与一只 50～100Ω 的电阻串接后，电池的正极端接 PC111 的 1 脚，负极端接 2 脚；

（3）观察接在输出端的万用表的数值显示情况，记录并完成表 7-1。

表 7-1　光电耦合器测量记录表

光电耦合器状况	测量值	性能判断
4、5 脚间电阻值		

4．思考题

根据测量值对性能判断的依据是什么？

实训 7-2　分析光电耦合放大电路

1．实训目的

（1）巩固放大电路的基础知识；

（2）学习分析放大电路及控制关系的方法；

（3）学习放大电路在工程机械上的应用。

2．实训内容与步骤

在工程机械电子控制系统中，常常使用继电器、电磁阀和电机等作为控制对象。为了避免这类电器产生的电磁干扰，提高控制系统的抗干扰能力，在输出通道经常会使用光电耦合电路进行电气隔离。如图 7-33 所示：

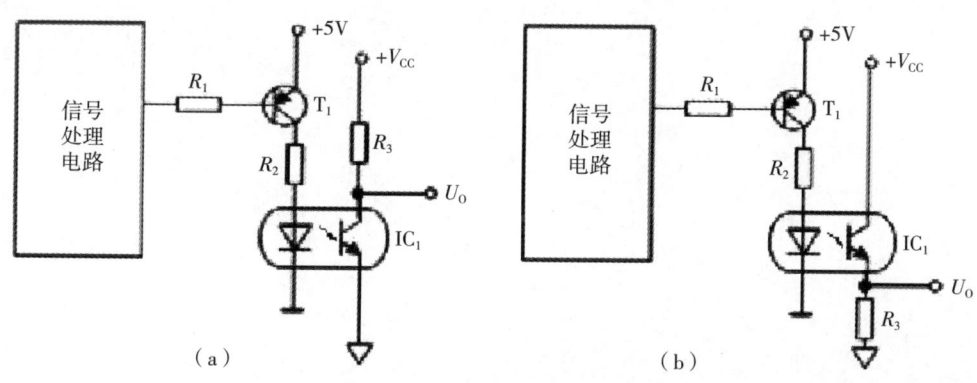

图 7-33

（1）判断两个控制电路有何区别；

（2）说出电路各组成的名称及其作用；

（3）在图上标注出各接线端子的含义及电路中信号传输的方向；

（4）简述电路原理，说明隔离作用如何实现。

3. 思考题

以上放大电路中有无反馈？

项目 8　认识数字电路

知识目标

1. 知道数字电路的特点；
2. 了解电子技术在工程机械上的应用；
3. 熟悉常用的逻辑门；
4. 掌握工程机械电子电路图的识读方法。

能力目标

1. 能够正确区分模拟信号与数字信号；
2. 能够正确识读并分析工程机械电子电路图。

任务 8.1　学习数字电路基础知识

8.1.1　模拟信号与数字信号

1. 模拟信号

模拟信号在时间上和大小上做连续的变化，如图 8-1 所示。

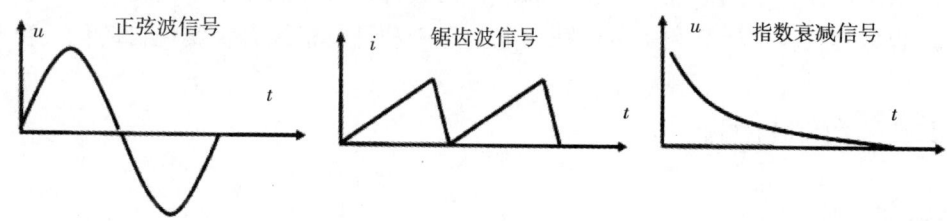

图 8-1　模拟信号波形图

模拟信号波形的形状表示物理量随时间变化的规律性，波形的幅值表示物理量的大小。

模拟电路：研究模拟信号的输入与输出之间的大小和相位关系的电子电路，包括交直流放大器、滤波器、信号发生器等。在模拟电路中，晶体管一般工作在放大状态。

2. 数字信号

数字信号在时间上和幅度上都是离散的，如图 8-2 所示。

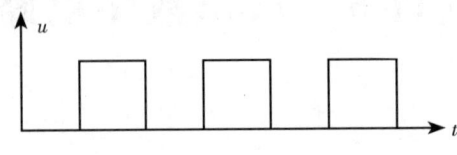

图 8-2　数字信号波形图

数字信号以 1 和 0 的组合方式（编码）表达各种类型的信息，在数字逻辑电路中的 1 和 0 表示两种完全对立的状态。当任何事物的结果，以及决定该事物结果的条件，只有完全对立而又相互依存的两种可能状态，而不会出现任何其他中间状态，就可以用 1 和 0 来代表该事物结果和条件的状态。例如，电灯的亮和暗、门的开和关、电平的高和低、条件的满足和不满足、结论的是和非等等。

1 和 0 只是人为定义的代表两种完全对立的状态的表达，并非是狭义的数值。

数字电路：研究数字信号输入与输出之间的逻辑关系的电子电路，以逻辑代数为主要的工具。在数字电路中，三极管工作在饱和和截止的开关状态。

3. 数字信号特点（采用二进制）

（1）基本单元电路简单，电路成本低，工作可靠性高。电路中各元件精度要求低，允许元件参数有较大的分散性。

（2）抗干扰能力强，数字电路只需要能区分信号两种截然不同的状态，不必精确地考虑信号的大小，噪声容限大。在数字电路中，通常是根据脉冲信号的有无、个数、宽度和频率来进行工作的，干扰往往只能影响脉冲幅度。

（3）数据便于存储、携带和交换。

（4）保密性好，在数字电路中信号可以方便地进行加密处理。

（5）通用性强，系列标准化的数字部件，构成各种各样的数字系统。

（6）容易实现算术运算和逻辑判断功能，易于和计算机配合，实现自动化、智能化。

8.1.2　数制与编码

1. 数制

选取一定的进位规则，用多位数码来表示某个数的值，这就是所谓的数制。在日常生活中常用的数制是十进制，也有大量的非十进制计数，例如每 7 天为一周，时钟转一圈为 12 个小时等。而数字电路采用的是二进制数，在二进制数中只有 0 与 1 两个数字，运算规律及实现二进制数的电路装置简单。

(1) 二进制

二进制数只有 0 和 1 两个数码,故基数是 2。从低位向高位进位的规则是"逢二进一",即 $1+1=10$(读作"壹零",不是十进制中的"拾")。各位的权为 2 的幂,任意一个二进制数都可以表示成以基数 2 为底的幂的求和式,即按权展开式。如:

$$(1101.01)_2 = 1 \times 2^3 + 1 \times 2^2 + 0 \times 2^1 + 1 \times 2^0 + 0 \times 2^{-1} + 1 \times 2^{-2}$$

(2) 十进制

十进制数中每一位有 0~9 共 10 个数码,所以计数的基数为 10。超过 9 就必须用多位数来表示。其中低位和相邻高位之间的关系是"逢十进一",故称为十进制。

在十进制数中,数码的位置不同,所表示的值就不相同,即不同数位有不同数位的"位权",整数部分从低位到高位每位的权依次为 10^0、10^1、10^2…小数部分从高位到低位每位的权依次为 10^{-1}、10^{-2}、10^{-3}、…。因此,一个多位数表示的数值等于每一位数码乘以该位的权,然后相加。如:

$$(345.25)_{10} = 3 \times 10^2 + 4 \times 10^1 + 5 \times 10^0 + 2 \times 10^{-1} + 5 \times 10^{-2}$$

等号右边的表示形式称为十进制数的按权展开式。

(3) 十六进制

十六进制采用了 0、1、2、3、4、5、6、7、8、9、A、B、C、D、E、F 16 个数码,其中,A 到 F 表示 10 到 15,基数是 16,计数规则是"逢十六进一"。各位的权为 16 的幂。按权展开式,如:

$$(3B.6E)_{16} = 3 \times 16^1 + 11 \times 16^0 + 6 \times 16^{-1} + 14 \times 16^{-2}$$

在工程机械控制系统中,二进制主要用于控制器内部数据的处理,十进制主要用于最终运算结果的输出,十六进制主要用于书写程序。

2. 编码及译码

数字系统只能处理二值数据,这就需要把具有各种含义和表达方式的信号变换成二进制代码。用若干位二进制数按一定的规则表示具有某种含义信号的过程称为编码。

编码是人为定义的,例如电话、学号。计算机中的键盘输入控制电路,就是将键盘键入的字母 A、B、…,数字 0、1、…,运算符 +、/、…的按键开关信号,变成 16 位二进制信息输出的编码。

译码是编码的逆过程,其功能是将输入的若干位二进制代码"翻译"成对应的信号输出。

8.1.3 基本逻辑运算

1. 与运算

如图 8-3 所示电路中,灯 F 亮(结果发生)的要求是开关 A、B 必须都闭合(条件)。

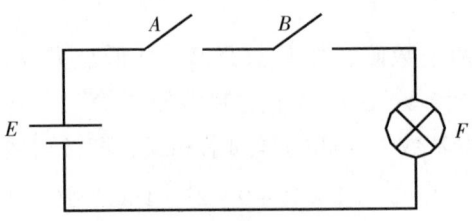

图8-3 与逻辑的电路图

这个例子表明,当决定事件的所有条件都同时具备时,事件结果才会发生。这种因果关系就称为与逻辑,用"·"表示。图8-3所示电路中 Y(灯 F 亮)与 A、B 间的关系即为与逻辑关系,可用 $Y=A·B$ 或 $Y=AB$ 表示。

2. 或运算

如图8-4所示电路中,当开关 A、B 中有任何一个闭合(条件)时,灯就会亮(结果发生)。

这个例子表明,当决定事件的所有条件中,只要有一个或一个以上的条件具备,事件结果就会发生。这种因果关系就称为或逻辑,用"+"表示。图8-4所示电路中 Y 与 A、B 间的关系即为或逻辑关系,可用 $Y=A+B$ 表示。

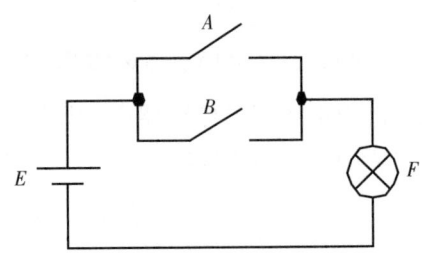

图8-4 或逻辑的电路图

3. 非运算

图8-5所示电路中,当开关闭合时,灯不亮(结果不发生),当开关断开时,灯就会亮(结果发生)。

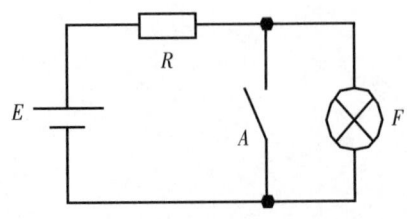

图8-5 非逻辑的电路图

这个例子表明，当决定事件的条件具备了，事件结果不发生，而当决定事件的条件不具备时，结果则一定发生，这种因果关系就称为非逻辑，用变量上边的"—"表示。图 8-5 所示的电路中 Y 与 A 间的关系即为非逻辑关系，可用 $Y=\overline{A}$ 表示。

任务 8.2　分析门电路

8.2.1　"与"门

1. 基本知识

能实现"与"逻辑关系的电路称为"与"门电路，如图 8-6 (a) 所示的是二极管"与"门电路。A、B 是它的两个输入端，F 是输出端。

（a）二极管"与"门电路　　　（b）真值表　　　（c）逻辑符号

图 8-6　"与"门

设输入信号的低电平 $U_{IL}=0V$，高电平 $U_{IH}=3V$，二极管 D_1、D_2 为理想器件。当两个输入端全为高电平（$A=B=1$），即 A、B 电位都是 3V 时，二极管 D_1、D_2 均正向导通，输出端 F 将为高电平 3V，所以 F=1。当输入端 A、B 中有一个或两个是低电平，输出端 F 为低电平，即 F=0。这种输入端和输出端的逻辑关系和"与"逻辑关系相符，故称作"与"门电路。表达式为 $F=A \cdot B$。

"与"门公式口诀：有 0 出 0，全 1 出 1，0 与任何数为 0。其所有可能的逻辑状态见图 8-6 (b)，称为真值表。逻辑符号见图 8-6 (c)。

常用的"与"门电路 CD4081CN 管脚如图 8-7 所示。

2. 应用举例

"与"门在挖掘机自动减速功能中的应用如图 8-8 所示。

当自动减速开关关闭时，A 为 0；自动减速开关开启时，A 为 1。

当有操纵杆在动作时，B 为 0；所有操纵杆中立时，B 为 1。

所以，F 输出为 0 时，说明自动减速功能不起作用；F 输出为 1 时，自动减速功能起作用。

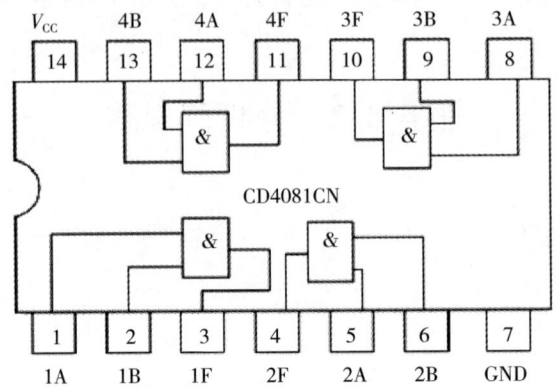

图 8-7 常用"与"门集成电路引脚图

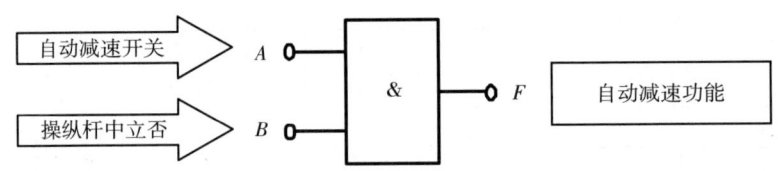

图 8-8 自动减速功能原理图

8.2.2 "或"门

1. 基本知识

能实现"或"逻辑关系的电路称为"或"门电路，如图 8-9（a）所示为二极管"或"门电路，A、B 是它的两个输入端，F 是输出端。

设输入信号的低电平 $U_{IL}=0V$，高电平 $U_{IH}=3V$，二极管 D_1、D_2 为理想器件。当两个输入端全为低电平，即 $A=B=0$ 时，二极管 D_1、D_2 均截止，输出端 F 为低电平 0V，即 $F=0$。当输入端 A、B 中有一个是高电平或全为高电平时，输出端 F 为高电平，即 $F=1$。这种输入端和输出端的逻辑关系和"或"逻辑关系相符，故称作"或"门电路。表达式为 $F=A+B$。

"或"门公式口诀：有 1 出 1，全 0 出 0，1 或任何数为 1。真值表见图 8-9（b），逻辑符号见图 8-9（c）。

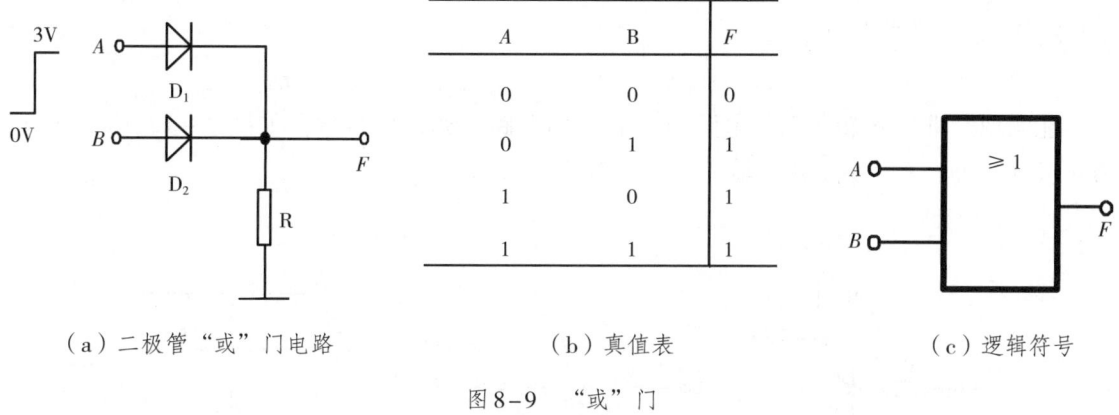

(a) 二极管"或"门电路　　　　(b) 真值表　　　　(c) 逻辑符号

图 8-9　"或"门

常见的"或"门电路 74LS32 和 CD4071 引脚如图 8-10 所示。

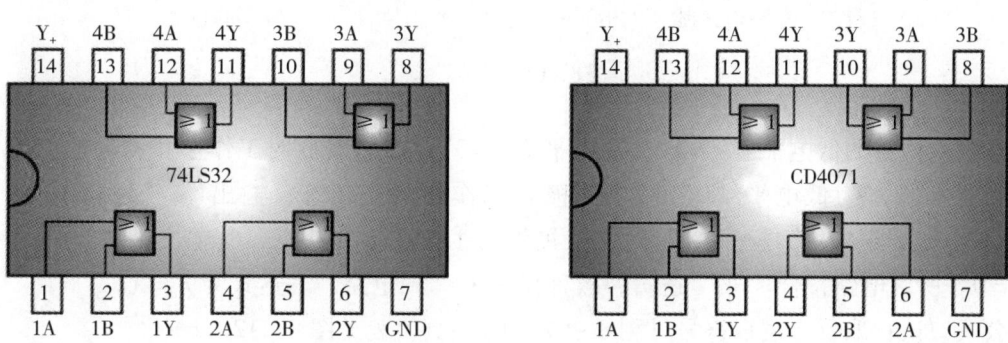

图 8-10　常用"或"门集成电路引脚图

2. 应用举例

"或"门在挖掘机报警蜂鸣器中的应用如图 8-11 所示。

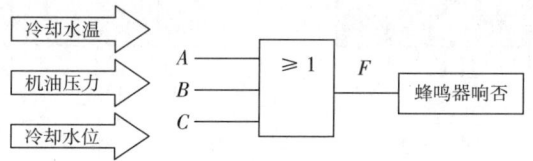

图 8-11　报警蜂鸣器工作原理图

当冷却水温、机油压力、冷却水位正常时，A、B、C 端输入为 0。
当冷却水温、机油压力、冷却水位异常时，A、B、C 端输入为 1。
因此，F 输出 1 时，报警蜂鸣器响。

8.2.3 "非"门

能实现"非"逻辑关系的电路为"非"门电路,亦称反相器。如图 8-12（a）所示为三极管"非"门电路,A 为输入端,F 为输出端。

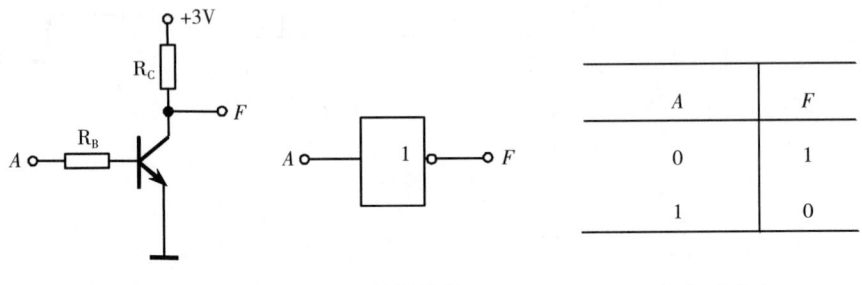

（a）三极管"非"门电路　（b）逻辑符号　　　（c）真值表

图 8-12　"非"门

设输入信号的低电平 $U_{IL}=0V$,高电平 $U_{IH}=3V$,三极管此时工作在开关状态。

当输入端 A 为低电平"0"时,三极管工作在截止状态,输出端 F 为高电平,即 $F=1$;当输入端 A 为高电平"1"时,三极管已工作在饱和状态,其输出端 F 为低电平,即 $F=0$。所以电路符合"非"逻辑,故称作"非"门电路。表达式为 $F=\overline{A}$。

公式口诀：取反。逻辑符号见图 8-12（b）,真值表见图 8-12（c）。

常见的"非"门电路 74LS04 和 CD4069 引脚如图 8-13 所示。

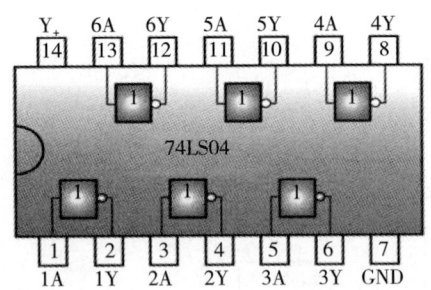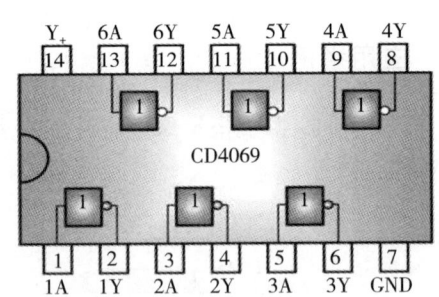

图 8-13　常见"非"门集成电路引脚图

8.2.4 "与非"门

"与非"门是由"与"门和"非"门串联组成,如图 8-14（a）所示,其表达式为 $F=\overline{A \cdot B}$。公式口诀为：有 0 出 1,全 1 出 0。逻辑符号见图 8-14（b）,真值表见图 8-14（c）。

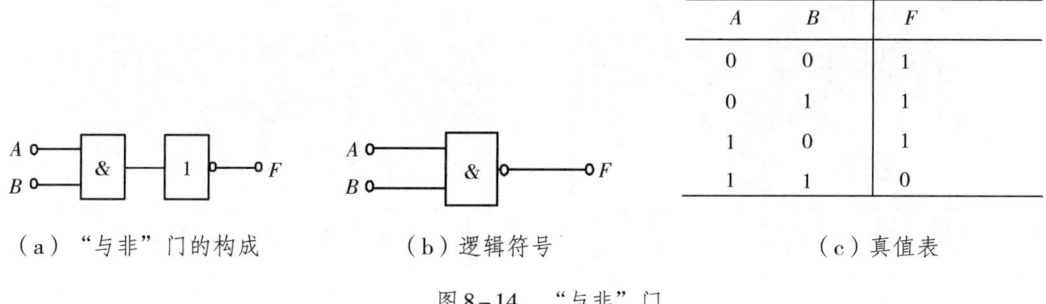

(a)"与非"门的构成　　　　(b)逻辑符号　　　　(c)真值表

图 8-14　"与非"门

常见的"与非"门电路 74LS00 和 CD4011 引脚如图 8-15 所示。

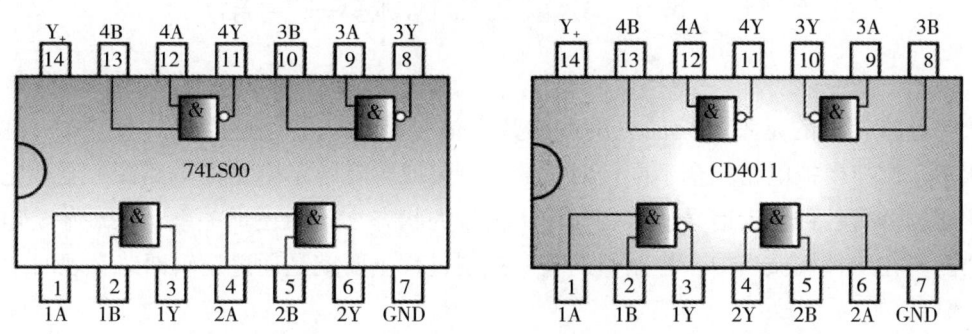

图 8-15　常见"与非"门集成电路引脚图

8.2.5　"或非"门

"或非"门是"或"门和"非"门电路串联组成的,如图 8-16(a)所示,其表达式为 $F=\overline{A+B}$。公式口诀为:有 1 出 0,全 0 出 1。逻辑符号见图 8-16(b),真值表见图 8-16(c)。

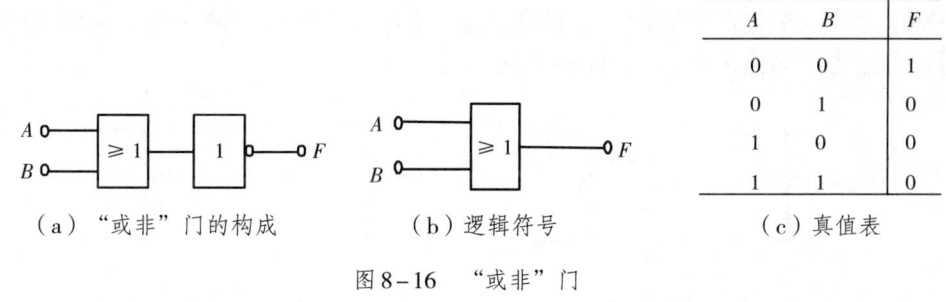

(a)"或非"门的构成　　　　(b)逻辑符号　　　　(c)真值表

图 8-16　"或非"门

常用的"或非"门电路 74LS02 和 CD4001 引脚如图 8-17 所示。

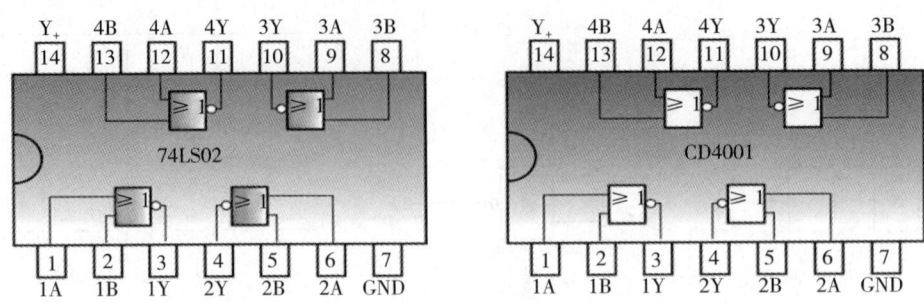

图 8-17 "或非"门集成电路引脚图

任务 8.3 识读工程机械数字电路

数字电路处理的是不连续的、离散的数字信号，数字信号一般只具有"0"和"1"两种状态，这与模拟电路完全不同。对于数字电路或含有数字电路的电路图，看懂它的关键是，通过分析各种输入信号的状态与输出信号的状态之间的逻辑关系，以搞清楚电路的逻辑功能。在工程机械当中，控制器的程序控制过程主要就是通过逻辑回路实现的。

8.3.1 数字集成电路引脚的特征

数字集成电路在电路图中通常以分散画法的形式出现，即一块集成电路中的若干个功能单元以逻辑符号的图形分布在电路图中的不同位置上，这是数字电路与模拟电路在电路图表现形式上的显著区别。分析数字电路，一般只需要掌握逻辑单元的功能，而不必去研究逻辑单元内部的电路。因此，熟悉数字逻辑单元的符号和数字集成电路引脚的特征，能够帮助我们正确看懂数字电路图。

1. 输入端

数字电路输入端包括数据输入端和控制输入端两大类，这些输入端从引脚图形上可分为一般输入端、反相输入端等，如图 8-18 所示。

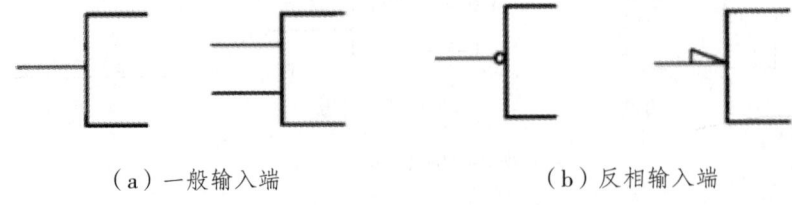

（a）一般输入端　　　　（b）反相输入端

图 8-18 数字电路的输入端

对于数据输入端，数据信号以原码形态输入。如门电路的输入端，有时标注字符"A、

B、C"等,如图 8-19 所示。

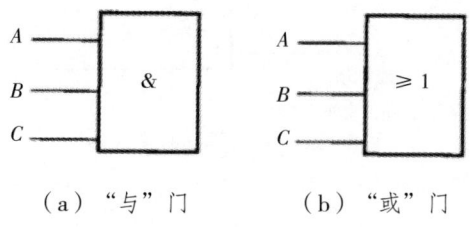

(a) "与"门　　　(b) "或"门

图 8-19　门电路的输入端

对于反相数据输入端,数据信号以反码形态输入。图 8-20 (a) 所示为具有反相数据输入端的门电路,反相输入端的标注字符上方有短杠"-",表示反相,如"$\overline{A}$、$\overline{B}$"等。反相数据输入端的效果相当于将输入信号反相后再输入,图 8-20 (b) 所示为其等效电路图。

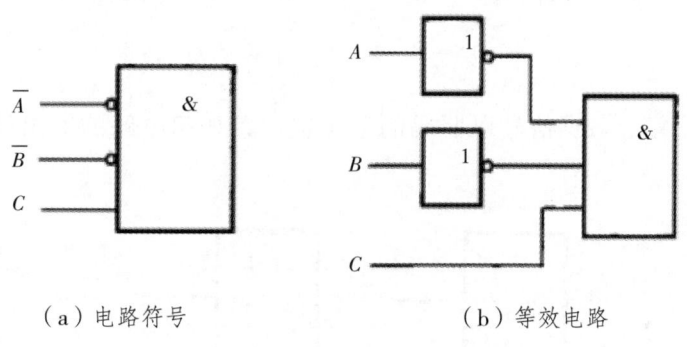

(a) 电路符号　　　(b) 等效电路

图 8-20　具有反向输入端的门电路

在数字电路系统中,有时也会处理或传输模拟信号,因此,必要时可以在电路图中相关的输入端旁加注字符,如图 8-21 所示,"∩"表示模拟信号输入端,"#"表示数字信号输入端。如图 8-22 所示模拟开关的输入端中,信号端标注"∩",表示这是模拟信号输入端;控制端标注"#",表示这是数字信号输入端,模拟信号在数字信号的控制下接通或断开。

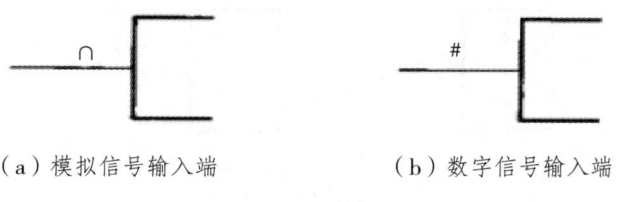

(a) 模拟信号输入端　　　(b) 数字信号输入端

图 8-21　模拟信号输入端与数字信号输入端

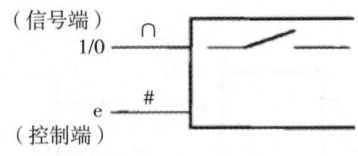

图 8-22 模拟开关的输入端

2. 输出端

数字电路的输出端可分为一般输出端和反向输出端。如图 8-23 所示。

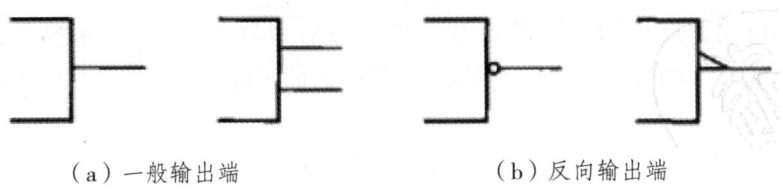

（a）一般输出端　　　　（b）反向输出端

图 8-23 数字电路的输出端

对于一般输出端，数据信号以原码的形态输出，如门电路的输出端标注字符"Y"。如图 8-24 所示。

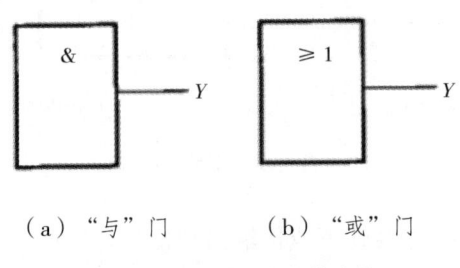

（a）"与"门　　（b）"或"门

图 8-24 门电路的输出端

而对于反向输出端，数据信号以反码的形态输出，如门电路的反向输出端标注字符 $\overline{Y}$，如图 8-25 所示。

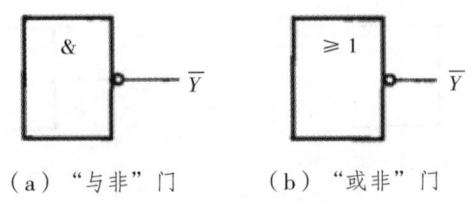

（a）"与非"门　　（b）"或非"门

图 8-25 门电路的反向输出端

有的数字电路还具有若干外接电阻、电容、晶体等元件的引脚，这些不属于逻辑连接的连接端，在电路图中用图 8-26 所示符号标注。

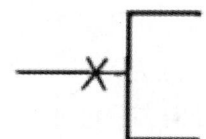

图 8-26 不属于逻辑连接的连接端

8.3.2 数字电路图识读方法

数字电路多种多样，对于不同类型的数字电路，应根据具体电路的特点采用不同的识读方法。一般情况下，可采用顺向看图法或逆向看图法来分析数字电路。

1. 顺向看图法

顺向看图法，即顺着信号处理流程的方向，从输入端到输出端依次分析。现举例进行说明。如图 8-27 所示生活中常见的声光控楼道灯电路。

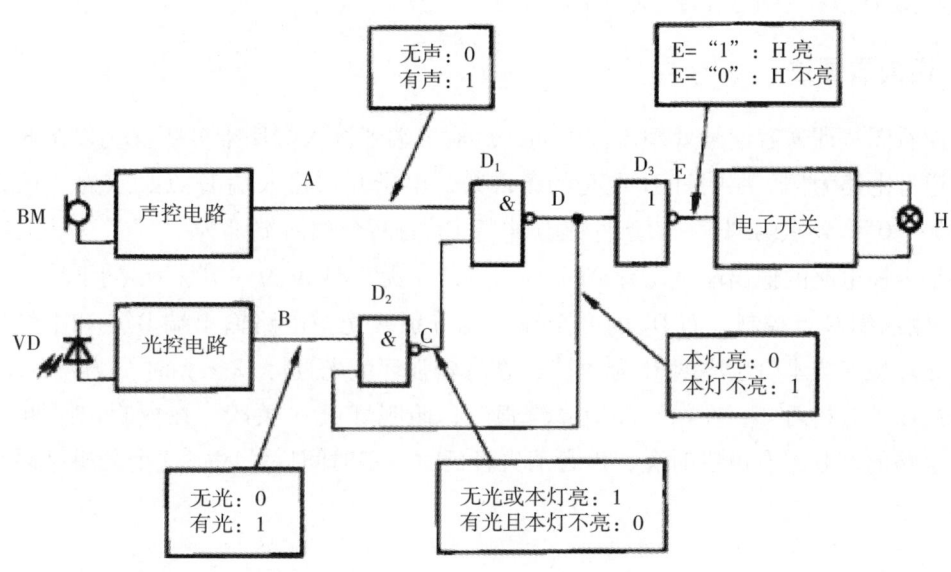

图 8-27 声光控楼道灯电路

在电路图中，位于左边的驻极体话筒 BM（接收声音信号）和光电二极管 VD（接收光信号）是整个电路的输入端，位于右边的照明灯 H 是整个电路的最终负载，信号处理流程方向为从左到右。顺向看图法就是按照从左到右的顺序，从输入端到输出端依次分析。

当驻极体话筒 BM 接收到声音信号时，经声控电路放大、整形和延时后，其输出端 A 点为"1"，该信号送入与非门 D_1 的上输入端。如果这时是在夜晚，无环境光，光控电路输出端 B 点为"0",同时由于本灯未亮故 D 点为"1",所以与非门 D_2 输出端 C 点为"1"。该信号送入与非门 D_1 的下输入端。由于与非门 D_1 的两个输入端都为"1",其输出端 D 点变为"0",反相器 D_3 输出端 E 点为"1",使电子开关导通,照明灯 H 点亮。由于声控电路中含有延时电路,声音信号消失后再延时一段时间,A 点电平才变为"0",使照明灯 H 熄灭。当灯 H 点亮时,D 点的"0"同时加至 D_2 的下输入端将其关闭,使得 B 点的光控信号无法通过。这样,即使灯 H 的灯光照射到光电二极管 VD 上,系统也不会误认为是白天而造成照明灯刚点亮就立即又被关闭。

如果是在白天,环境光被光电二极管 VD 接收,光控电路输出端 B 点为"1",由于灯 H 未亮故 D 点也为"1",所以与非门 D_2 输出端 C 点为"0",该信号送入与非门 D_1 的下输入端,关闭了与非门 D_1,此时不论声控电路输出如何,D_1 输出端 D 点恒为"1",E 点则为"0",使电子开关关断,照明灯 H 不亮。

通过以上分析,我们可以知道,声光控楼道灯的逻辑控制功能如下:
(1) 白天整个楼道灯不工作;
(2) 晚上有一定响度的声音时楼道灯打开;
(3) 声音消失后楼道灯延时一段时间才关闭;
(4) 灯 H 点亮后不会被误认为是白天。

2. 逆向看图法

逆向看图法即逆着信号处理流程方向,从输出端到输入端倒推分析。仍以图 8 – 27 声光控楼道灯电路为例。照明灯 H 点亮的条件是,电子开关输入端 E 点必须为"1",即 D 点必须为"0"。D 点为"0"的条件是与非门 D_1 的两个输入端都为"1"。D 的上输入端连接的是声控电路的输出端 A,有声时 A 为"1",无声时 A 为"0"。D_1 的下输入端受与非门 D_2 输出端 C 点控制,而 D_2 的两个输入端分别接光控电路输出端 B 点和本灯信号 D 点,在无环境光或本灯已亮时 C 为"1",在有较强环境光且灯 H 未亮时 C 为"0"。

通过以上分析可知,在白天环境光较强时,照明灯 H 被关闭。在夜晚,照明灯 H 则受声控电路的控制,有声音时亮,声音消失且延时一定时间后关闭,这个分析结果与顺向看图法一致。

任务 8.4　学习数字电路在工程机械上的应用

8.4.1　触发器

在数字电路中除了门电路之外,还有触发器电路。触发器起到信息的接收、存储、传输的作用。按其功能,可分为 RS 触发器、JK 触发器、D 触发器等,广泛应用在工程机械电子电路中。

1. RS 触发器

（1）基本 RS 触发器

基本 RS 触发器是由两个与非门交叉连接而成的，结构如图 8-28（a）所示，逻辑符号如图 8-28（b）所示。输入端 $\bar{R}$ 称为直接复位端（直接置 0 端），另一输入端 $\bar{S}$ 称为直接置位端（直接置 1 端）。触发器有两个互补的输出端 Q 和 $\bar{Q}$。如果 $Q=1$，$\bar{Q}=0$，称触发器处于 1 态（置位状态）；如果 $Q=0$，$\bar{Q}=1$，则称触发器处于 0 态（复位状态）。可见，触发器有两个稳定的输出状态（0 态、1 态），故该种触发器称为双稳态触发器。

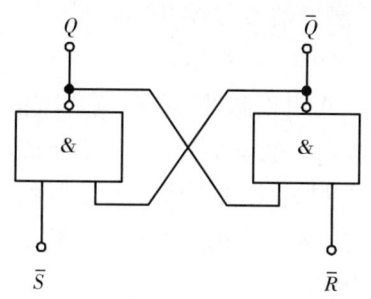
（a）逻辑图

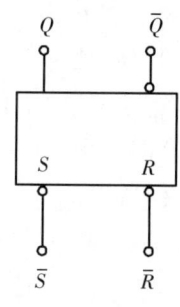
（b）逻辑符号

$\bar{R}$	$\bar{S}$	Q	功能
0	0	不定	不允许
0	1	0	置 0
1	0	1	置 1
1	1	不变	保持

（c）功能表

图 8-28　基本 RS 触发器

现在来分析基本 RS 触发器输出与输入的逻辑关系。根据输入信号的不同取值，可分为以下 4 种情况。

① $\bar{S}=1$，$\bar{R}=0$

此时，无论触发器的初始状态如何，其输出状态（末态）均为 0 态（$Q=0$，$\bar{Q}=1$，称触发器被置 0（复位）。

② $\bar{S}=0$，$\bar{R}=1$

此时，无论触发器的初始状态如何，其输出状态（末态）均为 1 态（$Q=1$，$\bar{Q}=0$），称触发器被置 1（置位）。

③ $\bar{S}=1$，$\bar{R}=1$

此时，触发器仍保持其原来的状态不变。即如果初态是 0 态，则末态也为 0 态；若初态是 1 态，则末态也为 1 态。

④ $\bar{S}=0$，$\bar{R}=0$

此时，两个与非门输出端都为 1，这就达不到 Q 和 $\bar{Q}$ 的状态应该相反的逻辑要求，故不允许出现此种输入状态。

以上分析表明，基本 RS 触发器有两个稳定状态，如果在直接置位端加负脉冲就可使它置位,在直接复位端加负脉冲就可使它复位。负脉冲过去后,两个输入端都处于 1 态(平时固定接高电平),此时触发器保持原状态不变,实现记忆或存储功能。但是,禁止将负脉冲同时加在直接置位端和直接复位端。基本 RS 触发器的功能表如图 8-28 (c) 所示。

(2) 同步 RS 触发器

基本 RS 触发器的输出状态直接受触发信号 R 和 S 的控制,只要输入端的直接置位或直接复位信号一出现,相应的输出状态就随之产生。但在实际应用中,往往还需要给触发器增设一个控制端,该端上所加的控制脉冲称为时钟脉冲,用其英文缩写 CP 表示,简写为 C。由它控制触发器的翻转时刻,只有当时钟脉冲的时钟信号到达时,触发器输入信号的值才会影响到输出端的状态。也就是说,触发器的翻转是与时钟脉冲同步的。所以这种用时钟脉冲控制的触发器称为同步 RS 触发器,又称为钟控 RS 触发器或可控 RS 触发器。

同步 RS 触发器的逻辑图如图 8-29 (a) 所示。

它在基本 RS 触发器的基础上增加了两个与非门 G_3 和 G_4,并用正脉冲 CP 控制 G_3 和 G_4 的开与关。时钟脉冲来到之前,即 CP=0 时,无论输入端 R 和 S 的电平如何,G_3 和 G_4 两个门的输出均为 1,触发器状态不变。只有当 CP=1,即时钟脉冲来到之后,触发器的输出状态才随 R 和 S 端的状态而变。时钟脉冲过去后,输出状态不再变化。钟控 RS 触发器的逻辑符号如图 8-29 (b) 所示,图 8-29 (c) 是它的功能表。

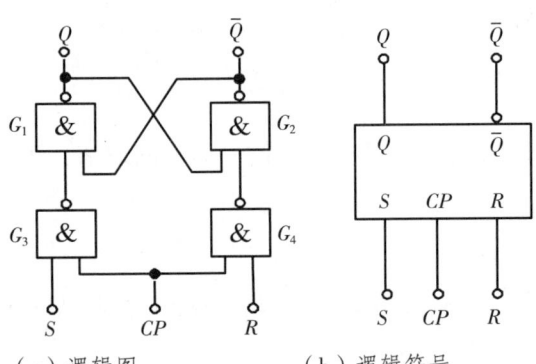

CP	R	S	Q^{n+1}	功能
0	×	×	Q^n	保持
1	0	0	Q^n	保持
1	0	1	1	置 1
1	1	0	0	置 0
1	1	1	不定	不允许

(a) 逻辑图   (b) 逻辑符号   (c) 功能表

图 8-29 同步 RS 触发器

表中 Q^n 与 Q^{n+1} 分别代表时钟脉冲作用前、后触发器 Q 端的状态。

同步 RS 触发器属电平触发方式,前面介绍的为高电平触发,即当 C=1 时,触发器被触发。同步 RS 触发器还有低电平触发的触发方式,即当 C=0 时,触发器被触发。

但电平触发方式在被触发的整个期间都接收输入信号的变化,若输入信号变化几次,则触发器的状态将随输入信号变化而翻转两次或多次。通常将这种同一个 CP 脉冲有效电平期间,触发器状态有两次或更多次翻转的现象称为空翻。空翻现象会破坏整个电路系统中各触发器的工作节拍,在很多地方使用起来不能满足需要。为了克服空翻现象,提高触发器工作的可靠性,希望在每个 CP 周期里输出端的状态只能改变一次。所以在同步 RS

触发器的基础上又设计出了其他一些结构的触发器。

2. JK 触发器

JK 触发器的逻辑图如图 8-30 所示,它由两个钟控 RS 触发器组成。F_1 称为主触发器,F_2 称为从触发器,组合起来称为主从触发器,另外附加两个与门和一个非门。J 和 K 是整个主从触发器的输入端,它是利用 Q 和 $\bar{Q}$ 不可能同时为 1 的特点,将输出状态反馈到两个与门的输入端。当 $C=1$ 时,两个与门的输出端不可能同时为 1,这就避免了输出状态不定的情况。

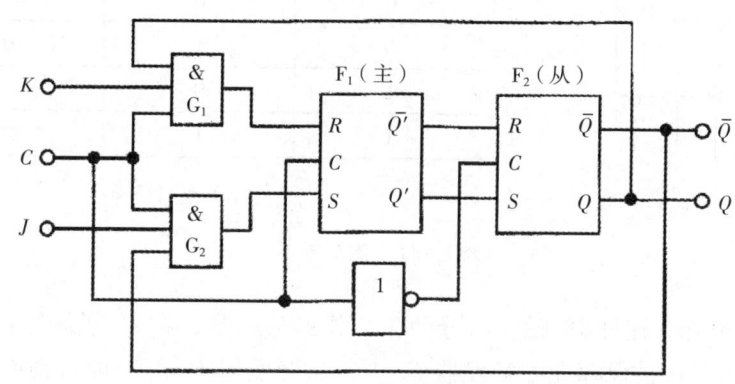

图 8-30 JK触发器的逻辑图

触发器工作原理分析如下:

(1) $J=1$,$K=1$

当 $C=1$ 时,主触发器的状态由触发器的反馈信号 Q 和 $\bar{Q}$ 决定。若触发器的初始状态为 $Q=0$,$\bar{Q}=1$,则与门 G_1 被封锁,使主触发器输入端 $R=0$;而与门 G_2 被打开,$S=1$,使得 $\bar{Q}=1$,$\bar{Q}=0$。但由于从触发器被封锁(因为它的 C 端为 0),输出状态不变。当 C 由 1 下跳到 0 时,主触发器被封锁,从触发器打开,输出状态由 F_1 的输出端 Q 的状态决定,即 Q 由 0 变为 1,$\bar{Q}$ 由 1 变为 0。若初始状态为 $Q=1$,$\bar{Q}=0$,则分析方法同上,但分析结果与上述情况相反,即 Q 将由 1 变为 0,$\bar{Q}$ 由 0 变为 1。因此,在 J 和 K 都为 1 的情况下,当时钟脉冲的下降沿到来时,触发器必定要翻转一次,转换到与原输出状态相反的状态,即 $Q^{n+1}=\overline{Q^n}$。

(2) $J=1$,$K=0$

设触发器初始状态为 $Q=0$,$\bar{Q}=1$。当 $C=1$ 时,G_1 门输出为 0,G_2 门输出为 1。当 C 由 1 下跳到 0 时,主触发器的信号被送到从触发器中,Q 由 0 变为 1,$\bar{Q}$ 由 1 变为 0。如果触发器原来为 1 态,由于 $\bar{Q}=0$,封锁了 G_2 门,而 $K=0$,封锁了 G_1 门,则不论 C 为 1 还是 0,主触发器和从触发器均保持原有的 1 态不变。这说明只要 $J=1$,$K=0$,不论初始状态如何,触发器均为 1 态,即 $Q^{n+1}=1$。

(3) $J=0$, $K=1$

分析方法同上,结论是无论触发器初始状态如何,当 $J=0$, $K=1$ 时,在 C 由 1 下跳到 0 后,触发器必然为 0 态,即 $Q^{n+1}=Q^n$。

(4) $J=0$, $K=0$

在这种情况下,由于主触发器被封锁,电路输出端保持原来的状态不变,即 $Q^{n+1}=0$。

综上所述,JK 触发器的功能表如图 8-31(a)所示。

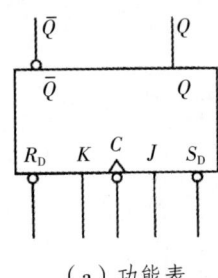

J	K	Q^{n+1}
0	0	Q^n
0	1	0
1	0	1
1	1	Q^n

(a)功能表   (b)逻辑符号

图 8-31 JK 触发器

由以上分析可知,这种 JK 触发器分两步工作:第一步,在 C 为高电平期间,输入信号(J、K 端的状态)被保存在主触发器 F_1 中,从触发器 F_2 由于被封锁而维持原状态不变;第二步,当 C 的下降沿到来时,F_1 的输出控制 F_2 翻转后的状态,而 F_1 被封锁,使输出状态稳定,免受输入信号的影响。

值得注意的是,这种主从结构的 JK 触发器,在 $C=1$ 期间,主触发器需要保持 C 上升沿作用后的状态不变。因此,在 $C=1$ 期间,J 与 K 的状态必须保持不变。此外,主从型触发器具有在 C 从 1 下跳到 0 时翻转的特点,也就是具有在时钟脉冲下降沿触发的特点。这一特点反映在图 8-31(b)所示的逻辑符号中,就是在 C 输入端靠近方框处有一小圆圈"o"。

3. D 触发器

JK 触发器有 J、K 两个数据输入端。如果将 JK 触发器的 J 端输入信号经非门接到 K 端,并将 J 端改为 D,JK 触发器就转换为 D 触发器,如图 8-32(a)所示。

D 触发器也是经常使用的一种集成触发器,其逻辑功能可由 JK 触发器的工作原理推出。

当 $D=1$($J=1$,$K=0$)时,根据 JK 触发器的逻辑功能,在 C 下降沿作用下,JK 触发器置 1。

当 $D=0$($J=0$,$K=1$)时,在 C 下降沿作用下,JK 触发器置 0。

可见,在 C 下降沿作用下,触发器的输出状态完全取决于时钟脉冲作用前 D 端的状态。因此,D 触发器的逻辑关系最为简单,图 8-32(b)所示是它的功能表。

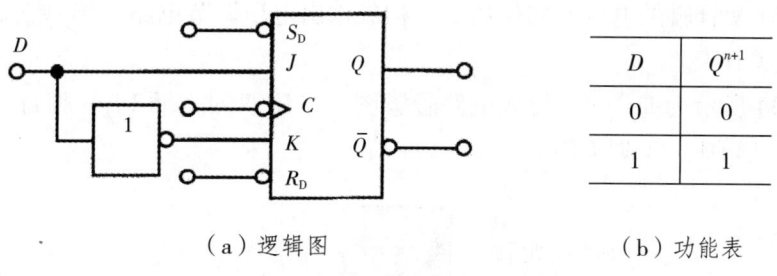

（a）逻辑图　　　　　　　（b）功能表

图 8-32　用JK触发器构成的D触发器

8.4.2　数字集成电路在工程机械电子电路中的应用

1. 电子调压器专用集成电路

工程机械用交流发电机产生的交流电经整流器变成单向脉动直流电后，需要由电压调节器控制使其输出电压保持稳定。电压调节器是通过控制发电机励磁电路的通断来达到电压调节的目的。下面以 MC3325 集成电路调压器为例说明电压调节过程。

如图 8-33 所示为 MC3325 的内部原理图。

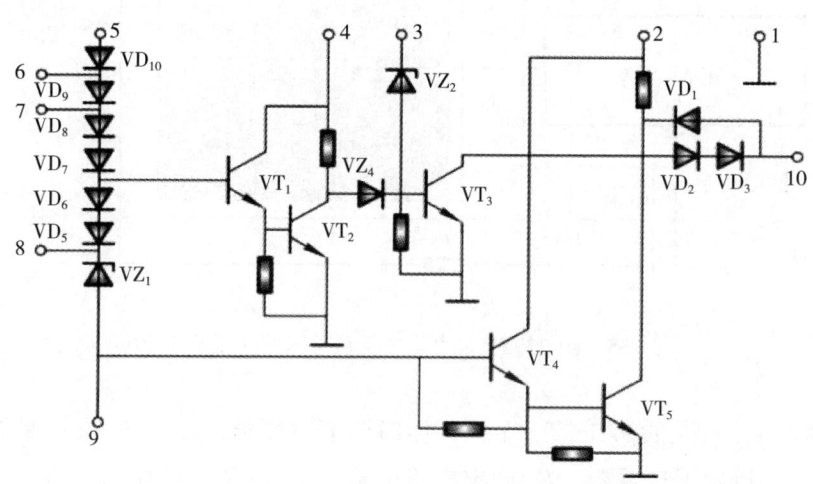

图 8-33　MC3325的内部原理图

在 MC3325 内部有一个由六个二极管（VD_3—VD_{10}）和一个稳压二极管（VZ）构成的电压基准值电路，检测发电机输出电压，设定调节门限值。可根据不同型号发电机，将发电机的输出电压接到 5、6、7 脚中的一个管脚上，得到不同的电压调节值。5 脚门限电压为 11.8~13.45V，6 脚门限电压为 11.1~12.75V，7 脚门限电压为 10.5~11.9V。利用 8 脚还可以自行设定电压调节值。VT_1、VT_2 构成电池失效检测电路，在蓄电池失效的情况下，只要 4 脚电压保持在 1.3~1.7V 以上，就能保证调节器继续工作。VT_3 构成过压检测电路。

VT$_4$、VT$_5$ 在 2、9 管脚的电压共同作用下,构成输出电压调节电路。10 脚为输出管脚,连接在达林顿开关管上。

如图 8-34 所示为 MC3325 集成电路管脚图。采用双列直插 14 管脚封装,1 脚接地,11 脚、12 脚、13 脚、14 脚不用。

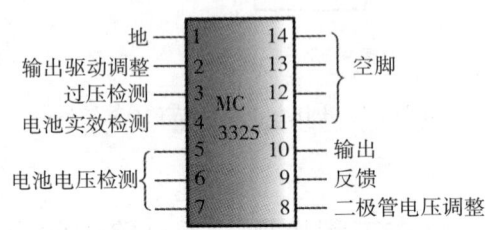

图 8-34　MC3325集成电路管脚图

如图 8-35 所示为 MC3325 集成电路电压调节器的典型应用电路。

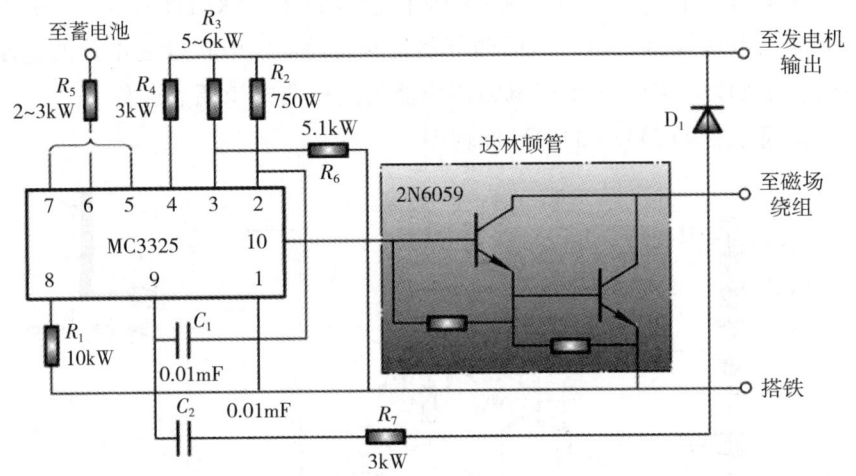

图 8-35　MC3325集成电路电压调节器的典型应用电路

R_5 连接在 5、6、7 管脚中的一个上,作为调节电压值之用。R_1 控制 MC3325 内部二极管串的电压,确定温度系数。R_2 确定输出电流。R_3 和 R_4 均为限流电阻。R_6 确定过压动作值。R_7、C_1、C_2 做补偿用。

2. 闪光器专用集成电路

以 LD7208 集成电路为例说明其内部电路及其应用。LD7208 是用来取代机电式闪光器的新型专用集成电路。

(1) LD7208 的功能和特点

由 LD7208 组成的闪光器电路是工程车辆转弯时做闪光和报警之用的。当工程车辆正常转弯且车灯完好时转向信号灯和驾驶室监测用的转向指示灯同时闪烁,闪光频率为 80

次/分；当车灯损坏后，转向指示灯的闪光频率加快 1 倍，以示报警。

LD7208 集成电路具有功能齐全、功耗低、精度高、外围元件简单、工作电压范围大（标称工作电压为 12V，实际工作电压为 9~18V）和无须调整等特点。

（2）电路工作原理

LD7208 集成电路采用双列 8 脚塑封结构，其内部主要由输入检测器、电压检测器、振荡器和驱动输出电路 4 个部分组成，其电路方框图和典型应用电路如图 8-36 所示。

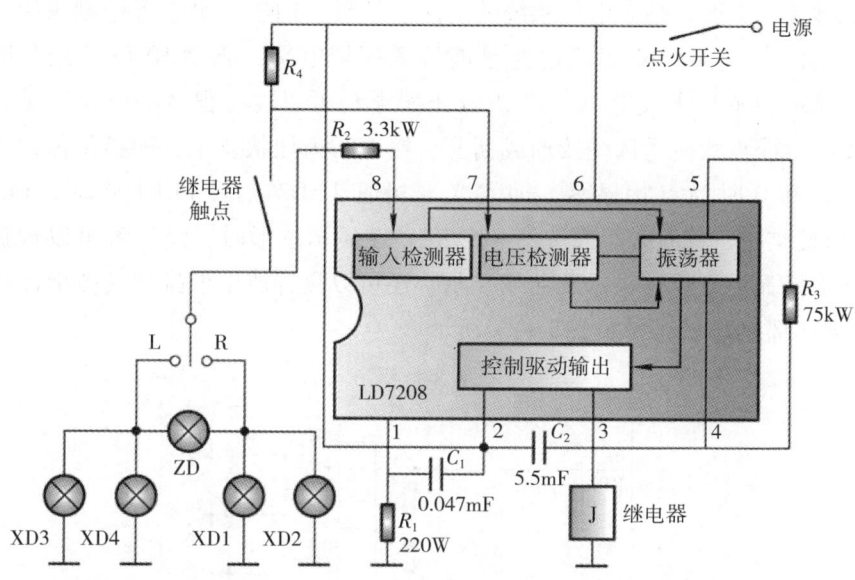

图 8-36 LD7208 内部方框图及典型应用电路

① 输入检测器

输入检测器是一个电压比较器，主要是用来检测 LD7208 输入电位的高低，从而输出控制信号去控制振荡器的工作状态（即集成电路外接电容 C_2 的充电和放电状态）。

② 振荡器电路

振荡器电路主要由一个电压比较器和外接的 RC 网络（R_3、C_2）构成。正常工作时，LD7208 内部电路给该比较器提供一个参考电压，该电压值的高低受电压检测器控制。比较器的另一端则由外接 RC 网络提供一个变化的电压，以使电路处于振荡状态。

③ 电压检测器电路

该电路主要是用来识别 R_x 上电压降的大小，R_x 为几十毫欧的电阻丝。当车灯完好时，流过 R_x 上的总电流（各车灯电流总和）较大，R_x 上的压降也大。当车灯中的某一个损坏，使流过 R_x 上的车灯总电流减小，R_x 上的压降也减小。这一减小的电压被电压检测器识别以后，输出一个控制电压给振荡器，用以控制振荡器中电压比较器的参考电压，引起振荡器的振荡频率发生改变，使转向指示灯的闪光频率加快 1 倍，以示报警。

④ 控制驱动输出电路

控制驱动输出电路主要由功率复合管组成，信号从 LD7208 的 3 脚输出（最大输出电流约为 0.3A），用以驱动外接继电器的工作状态。

⑤其他电路

LD7208 的 6 脚为内部输入检测器、电压检测器和振荡器的供电电源输入端；2 脚为控制驱动电路的电源输入端；1 脚与搭铁间所接的 R_1 为反馈电阻，用以稳定电路的工作点。

3. 仪表显示专用集成电路

在工程机械仪表方面，整车电气系统的电压、油量、油压、水温等检测采用具有模拟控制功能的指示仪表。LM3914 集成电路是能检测模拟电平、驱动 10 位发光二极管 LED 进行线性模拟显示的单片集成电路，10 级分压器浮动可以连接很宽的电压范围，使用者可根据需要使柱状或点状显示选线接通或断开。接通时为柱状显示，即指示值以下的发光二极管均点亮；断开时为点状显示，即发光二极管 LED2 亮后 LED1 熄灭，LED3 亮后 LED2 熄灭，依此类推，仅有一个发光二极管亮。在显示图形时，设计者可以根据仪表的面板，设计成横排显示或竖排显示及曲线显示，还可以设计成扇形排列模拟指针式显示。

LM3914 的内部电路原理图如图 8-37 所示。

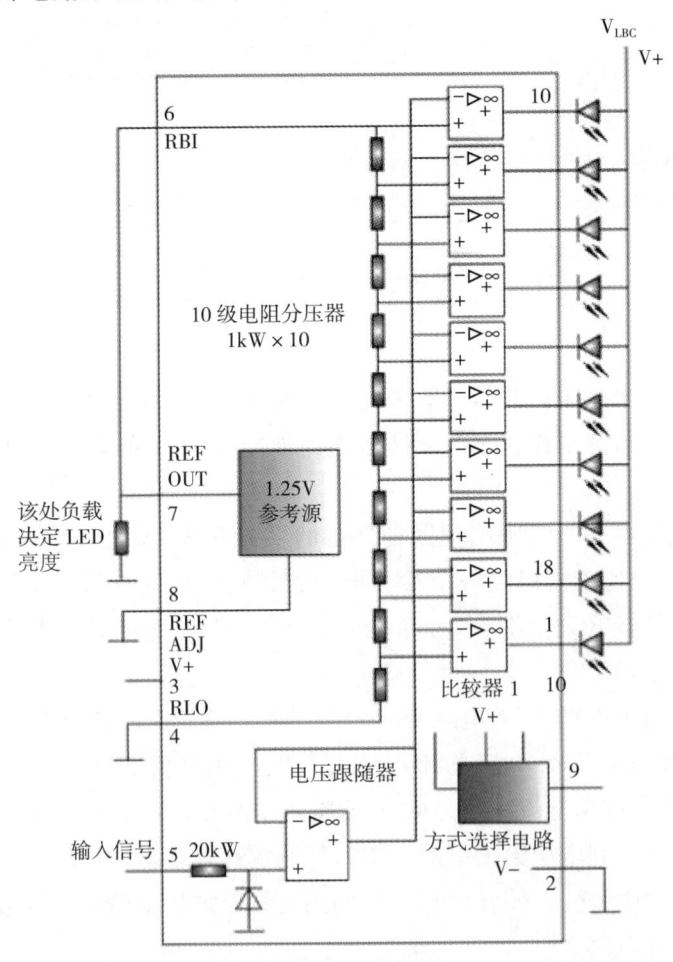

图 8-37 LM3914 的内部电路原理图

1 脚，10 脚到 18 脚为输出端；2 脚为电源电压 U_{DD}，即地；3 脚为电源电压端 U_{CC}，即电源；5 脚为输入端，接有一个电压跟随器，起隔离作用。跟随器的输出同时加到 10 级电压比较器 C_1—C_{10} 的反相输入端，而其同相输入端则由 1.25V 基准电压经外接分压电阻调压后，再经 10 个 1kΩ 电阻分压后，逐级加入，使比较器的比较电压能准确地逐级升高。当输入脚电压逐渐加大时，C_1—C_{10} 输出端将依次由高电平转变为低电平，此时在 C_1—C_{10} 输出端接上发光二极管 LED1—LED10，并且 LED1—LED10 的阳极共同接在直流电源的正极，LED1—LED10 将依次点亮。9 脚为模式选择端，当 9 脚与电源 U_{CC} 接通时，LED1—LED10 为线模式显示；9 脚悬空时，LED1—LED10 为点模式显示。LM3914 的电源电压 U_{CC} 为 3~20V，5 脚输入电压比 UCC 低 1.5V，内部基准电压 1.25V 经外接分压电阻调压后，最高不应大于 20V。LED 发光排阳极电压必须小于 7V 或串接电阻，限制 LM3914 中电阻的功耗。

运用 LM3914 制作的模拟仪表，不仅能够准确反映车辆的电压、水温、油量、油压等情况，同时还可以及时对电压、油压、水温、油量的异常进行报警，这对整车的保护具有重要作用。

模拟油压表的电路原理如图 8–38 所示。

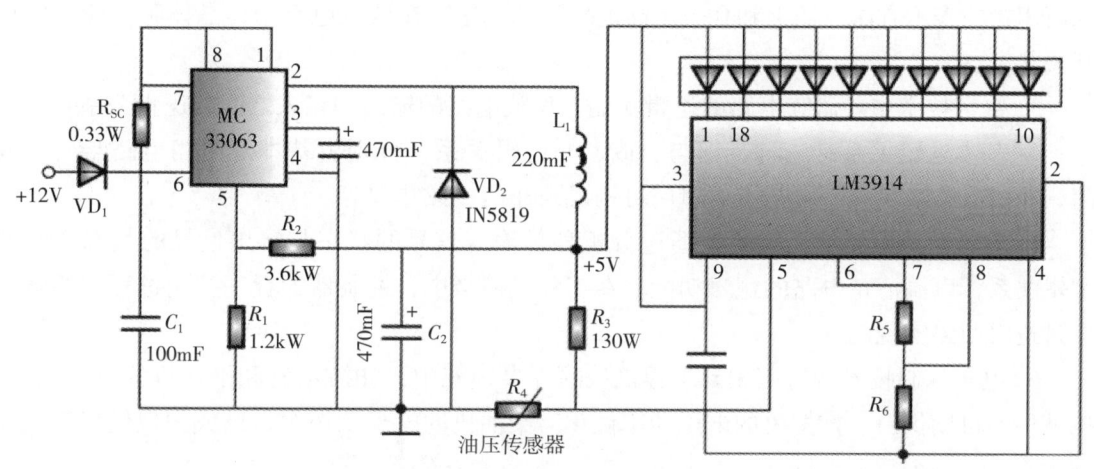

图 8–38　模拟油压表电路原理图

图 8–38 中选用的 MC33063 集成电路制作稳压电源，具有调压范围宽、抗冲击能力强、输出电流大等优点，而且可以为单片机供电，为将来仪表功能的扩展打下良好的基础。+12/24V 为车辆电源电压，通过二极管 VD_1 接入 MC33063 的电压输入端，稳压电源经电阻 R_2 输出 +5V 电压给 LM3914 和 LED 供电。油压传感器 R_4 上的电压 $V_{in} = 5R_3/(R_3 + R_4)$，输入 LM3914 第 5 脚。电阻 R_5、R_6 确定 LM3914 加在 7 脚的基准电压：$V_d = 1.25(1 + R_5/R_6)$。当 $V_d/10 \leq V_{in} \leq 2V_d/10$ 时，LM3914 脚 1 输出低电平，发光排中 LED1 点亮，当 $2V_d/10 \leq V_{in} \leq 3V_d/10$ 时，LM3914 脚 18 输出低电平，由于是线模式显示，发光排中 LED1、LED2 同时亮，依此类推，不同的输入电压，将会有不同数量的发光二极管点亮。

所以当油压升高时，油压传感器的阻值变大，输入电压 V_{in} 升高，发光二极管点亮的数目也逐渐变多，从而实现对车辆油压准确、实时检测。

电压表则要将 LM3914 的 5 脚直接与车辆电源相连，使之直接反映车辆电压的变化。LM3914 脚 4 接电阻 R_7。调整 R_5、R_6、R_7，当车辆电源为 +12V 时，10 只发光二极管显示 10.5V 到 15V；当车辆电源为 +24V，10 只发光二极管显示 21V 到 30V。当电压过高时 LED9 亮，并且 11 脚输出低电平，驱动报警控制电路。

由于常用的油量传感器和水温传感器的电阻值多随油量或水温的升高而减小，应先接入反相器，再与 LM3914 脚 5 相连，使 V_{in} 随电阻变大而升高，油量表和水温表要将 LM3914 脚 4 接电阻 R_7。调整 R_5、R_6、R_7 使发光二极管的显示范围与所要求的一致，并能产生报警控制信号。

【项目小结】

1. 模拟电路是研究模拟信号的电路。模拟信号是在时间上做连续变化的信号。研究模拟信号注重信号的大小及相位。模拟电路中，晶体管一般工作在放大状态。

2. 数字电路的工作信号是在数值上和时间上不连续变化的数字信号。数字信号采用二值逻辑的表示方法，用 1 和 0 表示高电平和低电平。在数字电路中，晶体管一般工作在开关状态。

3. 数字技术主要研究电路的逻辑功能，反映电路的输出和输入之间的逻辑关系。

4. 基本逻辑关系有三种，即与、或、非逻辑关系，分别由基本逻辑门电路与门、或门、非门电路来实现。由基本逻辑门可构成与非门、或非门等。

5. 看懂数字电路的关键是，通过分析各种输入信号的状态与输出信号的状态之间的逻辑关系，以搞清楚电路的逻辑功能。在工程机械当中，控制器的程序控制过程主要就是通过逻辑回路实现的。

6. 电子控制技术普遍应用到工程机械的许多领域中，如摊铺机和平地机的自动找平、摊铺机的自动供料、挖掘机的电子功率优化、柴油机的电子调速等，已成为现代工程机械技术水平的一个重要依据。

【思考与练习】

1. 数字信号和模拟信号的主要区别是什么？数字电路与模拟电路相比较有何特点？

2. 当输入端 A、B、C 输入信号波形如图 8-39 所示时，试画出经过"与"门、"或"门、"与非"门、"或非"门后的 F 输出波形。

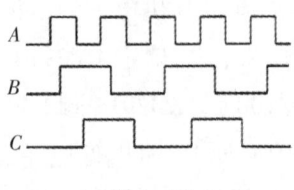

图 8-39

3. 如图 8-40 所示，A、B 为是两个门电路的输入波形，F_1、F_2 是它们的输出波形，试根据输出波形图列出各自的逻辑真值表，指出它们分别是何种门电路。

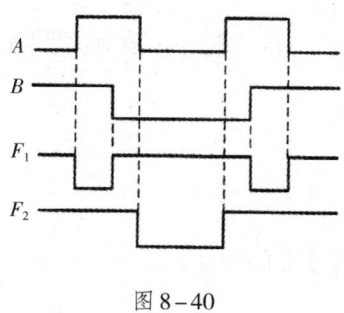

图 8-40

4. 分析图 8-41 所示温度测量电路原理。

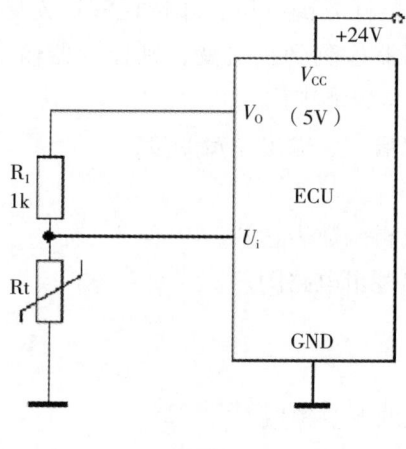

图 8-41

5. 分析图 8-42 所示节气门开关电路原理。

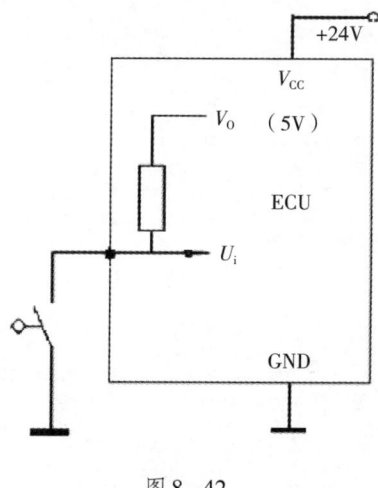

图 8-42

【技能训练】

实训 8-1　设计简单逻辑电路

1. 实训目的

(1) 强化数字信号基础知识；
(2) 学习逻辑电路在工程机械上的应用。

2. 实训内容与步骤

根据给定的逻辑要求，设计出实现挖掘机液压先导控制功能的最简逻辑电路。

液压先导功能：在液压先导杆放倒以后，才接通液压先导油路，允许液压控制操纵。即在液压先导杆放倒时，控制器检测到正跳变，则控制器输出高电平，使先导电磁阀通电，先导油路打开，此时工作装置能工作。

(1) 根据逻辑要求，确定输入、输出逻辑变量；
(2) 列出逻辑状态表；
(3) 由逻辑状态表写出逻辑函数表达式；
(4) 按照逻辑表达式画出逻辑电路图。

3. 思考题

逻辑控制应用在工程机械的哪些领域？

项目9　认识工程机械微机控制技术

📖知识目标

1. 掌握工程机械微机控制系统的组成和原理；
2. 掌握工程机械常见传感器的种类和基本工作原理；
3. 了解 CAN 总线的特点、组成以及在工程机械上的使用。

📖能力目标

能够正确识别微机控制的闭环控制和开环控制。

任务9.1　简介工程机械微机控制系统

随着电子技术、计算机技术和信息技术的应用，工程机械微机控制技术得到了迅猛的发展，尤其在控制精度、控制范围、智能化和网络化等多方面有了较大突破。微机控制技术已成为衡量现代工程机械发展水平的重要标志。

9.1.1　微机控制特点

微机控制电路是以经过微型计算机（简称微机）处理的信号作为工作信号的数字控制电路。微机是以大规模及超大规模集成电路组件为主要部件制成的数字式电子计算机。微机控制电路的优点在于微机只由少数几片集成电路构成，因此它通常比模拟控制电路体积小、重量轻，而且价格便宜。微机的组件较少，因此也减少了产生故障和出现错误的机会，增加了系统的可靠性。微机的控制方案由软件来实现，因此它除了能实现模拟控制系统的比例积分调节器的调节规律外，还能引入各种先进的控制规律，如非线性控制、最优控制以及自适应控制等。在少许改变硬件，甚至完全不改变硬件的情况下，只需修改一些程序段或程序数据就能改变各种控制方案以适应不同控制对象，因而控制装置通用性强，容易实现硬件设备的标准化。微机控制电路属于数字控制电路，因此它具有增加位数便能提高静态精度、不易受温度和电源电压变化等的影响，即稳定性能高的优点。故障的检测可以用程序来实现，故可实现故障的自诊断，提高系统可靠性。

现代工程机械正处在一个以机电液一体化技术发展为标志的时代。引入机电液一体化技术，使机械、液压技术和微机控制技术等有机结合，可以极大地提高工程机械的各种性能，如动力性、燃油经济性、可靠性、安全性、操作舒适性以及作业精度、作业效率、使用寿命等。目前电液控制系统在现代工程机械中的应用已经相当普及，微机控制技术已经深入工程机械的许多领域，如摊铺机和平地机的自动找平系统、自动供料和恒速行走系统，拌和设备的自动称量和温度控制系统，挖掘机的电子功率优化系统，柴油机的电子调速系统，装载机和铲运机的自动换挡系统，工程机械的状态监控与故障自诊断系统等。随着科学技术的不断发展对工程机械的性能要求不断提高，工程机械机电液一体化技术的发展必将越来越快。

9.1.2 微机控制的分类

根据控制环路分类，微机控制可以分为开环控制系统和闭环控制系统两类。

开环回路是指控制装置与被控对象之间只按顺序工作，没有反向联系的控制过程，按这种方式组成的系统称为开环控制系统，如图 9-1 所示。其特点是系统的输出量不会对系统的控制作用发生影响，没有自动修正或补偿的能力。控制精度完全取决于各单元的精度，因此，它主要使用在精度要求不高并且不存在内外干扰的场合。

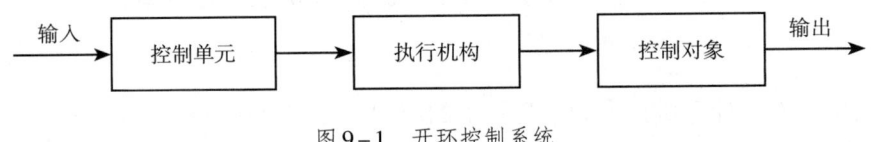

图 9-1　开环控制系统

闭环控制系统刚好相反，就是被控对象与控制装置之间是有反馈的。输出的结果会返回控制装置来进行调整，如图 9-2 所示。这样就可以采用精度不太高而成本较低的元件，组成一个较为精确的控制系统。举个例子：要对电机转速做一个最简单的闭环控制系统，要求把电机转速设定为 1000r/min，一个测速传感器测量电机的实时转速并把这个信号给控制器，控制器会不断比较实时转速和设定转速。如电机转速从 0r/min 开始上升，小于 1000r/min 时电机继续加速，如果超过 1000r/min 就开始减速，如此往复直到速度最后稳定至 1000r/min，则不再调整。当系统受到外界干扰使得转速脱离 1000r/min（超过或者低于），系统就又开始调整直至动态平衡。

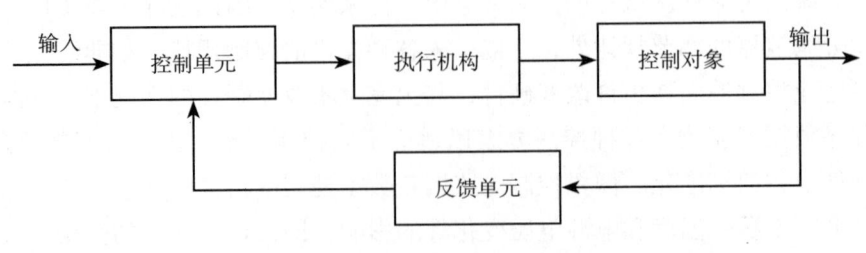

图 9-2　闭环控制系统

闭环控制系统虽然比开环控制系统的结构复杂，但可以获得开环控制系统无法获得的控制精度。所以，在工程机械微机控制系统中广泛采用闭环控制系统。

9.1.3 工程机械微机控制系统基本组成和工作原理

1. 基本组成

工程机械微机控制系统组成如图9-3所示。

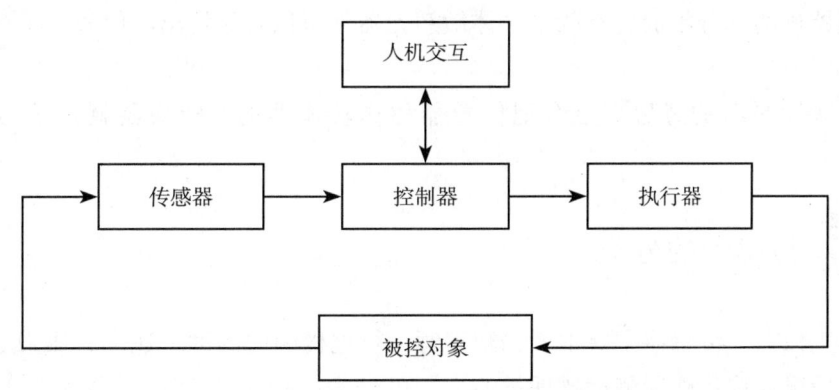

图9-3 工程机械电子控制系统组成

传感器是将某种变化的物理量或化学量转化成对应的电信号的元件。

电子控制单元ECU，即工程机械的微机控制系统，是以单片机为核心而组成的电子控制装置，具有很强的数字运算和逻辑判断功能。其主要作用是对输入信号进行处理，根据计算机中存储的程序对传感器和控制开关输入的各种信号进行运算、处理和判断，形成相应的控制指令，并控制有关执行器产生与控制指令对应的动作。

执行器是电子控制单元ECU动作命令的执行者，主要可分为各类机械式继电器、直流电动机、步进电动机、电磁阀或控制阀等执行器件。

2. 基本工作原理

工程机械中的各类传感器，包括温度类传感器、位置类传感器和速度类传感器等，在工程机械运行时，实时地检测温度、位置和速度等各类信号，并将这些信号转变为电信号，再将电信号发送给电子控制单元ECU，ECU接收到各种信号之后，对输入信号进行处理。根据计算机中存储的程序对传感器和控制开关输入的各种信号进行运算、处理和判断，形成相应的控制指令，并将控制信号发送给控制器，使各类执行器根据实时工况在控制器的控制下做相应的动作。

任务9.2 认识传感器

9.2.1 传感器的作用

传感器的作用是在测量及控制中，能监测其对象的状态，并变换成对应该状态的电信号。简单说，传感器是将外界信号转换为电信号的装置，所以它由敏感元器件（感知元件）和转换器件两部分组成，有的半导体敏感元器件可以直接输出电信号，本身就构成传感器。

传感器即检测器的意思，也有把传感器称作转换器的，转换器就是信号转换器的意思。

9.2.2 传感器的分类

在工程机械上，传感器主要用来感知车辆运行过程中的温度、速度、压力、角度等物理量的变化情况。按传感器测量物理量的不同可分为：（1）温度传感器、（2）压力传感器、（3）速度传感器、（4）位移传感器等。按传感器输出信号的形态不同可分为：（1）模拟量传感器，可用于检测压力、温度、液面、位移等物理量；（2）脉冲量传感器，主要用于检测转速物理量；（3）开关量传感器，可用于检测压力、温度、液面、位移等物理量，主要用于报警控制。

9.2.3 工程机械上常用的传感器

1. 温度传感器

（1）热电偶传感器

热电偶传感器简称热电偶，是目前应用最广泛的一种接触式温度传感器。在沥青混凝土拌和设备中常用热电偶来测量热骨料、成品料及沥青的温度；在沥青混凝土摊铺机中常用热电偶来测量熨平板的加热温度。

（2）热敏电阻传感器

热敏电阻作为传感器可以用来测量发动机冷却水的温度，也用于燃油油量报警电路。热敏电阻式传感器还用于空调控制系统。将负温度系数的热敏电阻传感器安装在空调的蒸发器壳体或者蒸发器片上，用来检测蒸发器表面温度的变化，依此来控制压缩机的工作状况。当蒸发器周围温度发生变化时，传感器的阻值也相应地发生变化。

(3) 双金属片式温度传感器

在有的工程机械上，使用双金属片式温度传感器测量冷却水的温度，也用于水温报警电路。

双金属片式温度传感器的敏感元件就是双金属片，它是由热膨胀系数不同的两种金属板黏合而成的。温度较低时，双金属片保持原来的状态，随着温度的升高，双金属片向膨胀系数小的一侧弯曲，促使执行器动作，指示被测体的温度。

双金属片式气体温度传感器用于检测发动机进气的温度，并通过真空膜片控制冷空气和热空气的混合比例。当发动机进气温度较低时，双金属片保持原来的状态，阀门关闭；当温度升高时，双金属片弯曲，阀门打开。

2. 转速传感器

转速传感器用以检测旋转体的转速。由于工程机械的行驶速度与驱动轮或其传动机构的转速成正比，测得转速便可知车速，因此转速传感器被广泛当作车速传感器使用。目前工程机械中常用的转速传感器有变磁阻式转速传感器、光电式转速传感器、霍尔式转速传感器、舌簧开关和接近开关等。

3. 压力传感器

根据工作原理的不同，压力传感器有电阻应变式、压电式、电感式、电容式等，其中电阻应变式在工程机械中应用最为广泛。它具有体积小、测量精度高、灵敏度高、性能稳定、使用简单等优点。应变片通过特殊的黏合剂紧密黏合在应变基体上，当基体受力发生应力变化时，电阻应变片也一起产生形变，使应变片的阻值发生改变，从而使加在电阻上的电压发生变化。这种应变片在受力时产生的阻值变化通常较小，一般这种应变片都组成应变电桥，并通过后续的仪表放大器进行放大，再传输给处理电路（通常是 A/D 转换和 CPU）显示或执行机构。

4. 位移传感器

工程机械中最常用的角位移传感器是料位传感器和调平传感器，它们在推土机、平地机、沥青混合摊铺机、水泥混凝土摊铺机等设备的供料电控系统和自动找平电控系统中是必不可少的检测元件，在挖掘机上有检测回转机架与大臂角度及大臂与斗杆角度的传感器。常用的角位移传感器有电位器式、磁敏电阻式、差动变压器式等。

任务9.3　认识微机控制单元

9.3.1　ECU 简介

ECU 原来指的是 engine control unit，即发动机控制单元，特指电喷发动机的电子控制系统。但是随着工程机械电子的迅速发展，ECU 的定义也发生了巨大的变化，变成了 electronic control unit，即电子控制单元，泛指工程机械上所有电子控制系统，可以是转向 ECU，也可以是调速 ECU、空调 ECU 等，而原来的发动机 ECU 有很多的公司称之为 EMS（engine management system）。随着工程机械电子自动化程度的越来越高，在工程机械零部件中也出现了越来越多的 ECU 参与其中，线路之间复杂程度也急剧增加。为了使电路简单化，精细化，小型化，工程机械电子中引进了 CAN 总线来解决这个问题。因为 CAN 总线能将车辆上多个 ECU 之间的信息传递形成一个局域网络，有效解决线路信息传递所带来的复杂化问题。

9.3.2　ECU 的基本组成

简单地说，ECU 由微机和外围电路组成。而微机就是在一块芯片上集成了微处理器（CPU）、存储器和输入/输出接口的单元。ECU 的主要部分是微机，而核心部件是 CPU。输入电路接受传感器和其他装置输入的信号，对信号进行过滤处理和放大，然后转换成一定伏特的输入电平。从传感器送到 ECU 输入电路的信号，既有模拟信号也有数字信号，输入电路中的模/数转换器可以将模拟信号转换为数字信号，然后传递给微机。微机将上述已经预处理过的信号进行运算处理，并将处理数据送至输出电路。输出电路将数字信息的功率放大，有些还要还原为模拟信号，使其驱动被控的调节伺服元件工作，例如继电器和开关等。因此，ECU 实际上是一个"电子控制单元"，它是由输入处理电路、微机、输出处理电路、系统通信电路组成的，结构示意图如图 9-4 所示。

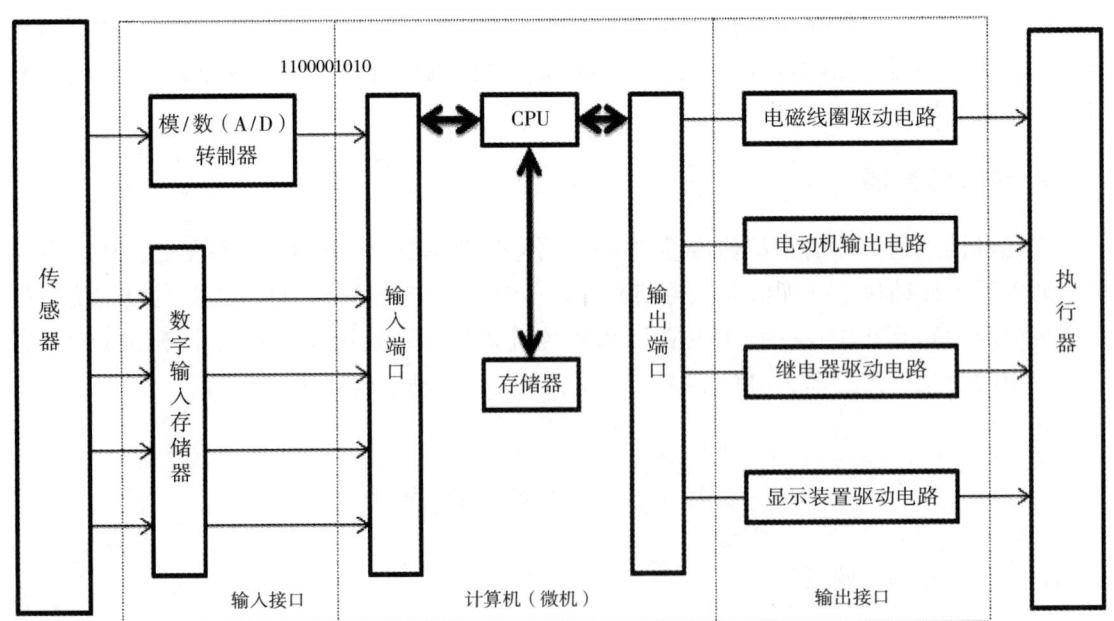

图 9-4　微机控制电路示意图

1. 信号输入接口

(1) 信号预处理

从传感器来的信号,首先进入输入回路。在输入回路里,对输入信号进行预处理,一般是在去除杂波和把正弦波变为矩形波后,再转换成输入电平。图9-5为输入回路作用的示意图,一般输入信号都要经过输入回路进行处理。

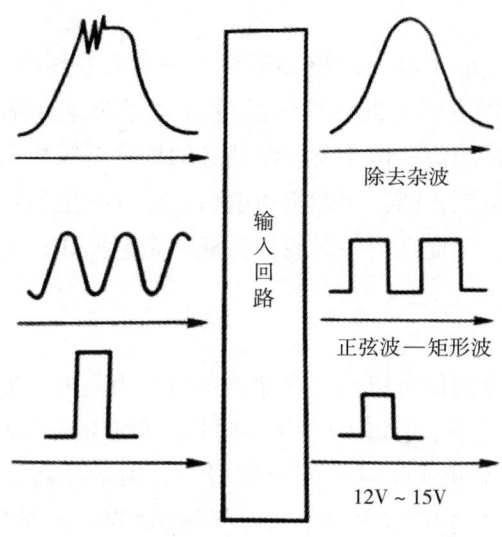

图9-5 信号预处理示意图

(2) A/D转换器(模拟/数字转换器)

从传感器送出的信号,有模拟信号和数字信号两种。其中相当一部分传感器输入的信号是模拟信号,如空气流量计、水温传感器、位置传感器等向微机输入的都是变化缓慢的连续信号,它们经过传感器及输入回路处理后,变成相应的电压信号,但这些信号微机不能直接处理,需经过相应的A/D转换器,将模拟信号转换成数字信号后才能输入微机,如从空气流量计输入的0~5V的模拟电压信号,当输入电平与A/D转换器设定的量程相同时,则模拟信号经A/D转换器转换成数字量后,如图9-6所示,才能输入微机。

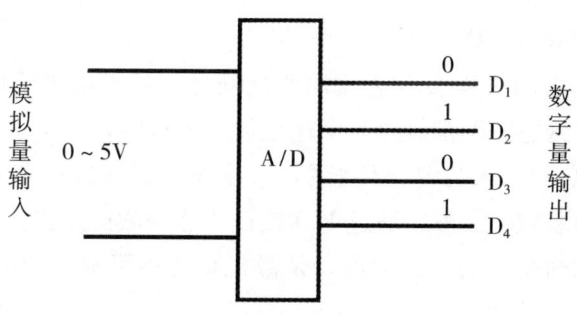

图9-6 信号预处理示意图

2. 微型计算机

ECU 的主要部分是微机，而核心部件是 CPU。

微型计算机是发动机电子控制系统的神经中枢。它能根据需要，把各种传感器送来的信号和数据进行运算处理，并把处理结果送往输出回路。微机主要由中央处理器（CPU）、存储器和输入、输出口（I/O）等部分组成。

（1）中央处理器（CPU）

运算器和控制器一起组成了电脑的核心部件——中央处理器（CPU）。中央处理器是整个控制系统的核心。CPU 主要由进行算术及逻辑运算的运算器、暂时存储数据的寄存器、按照程序执行各装置之间信号传送及控制任务的控制器等构成。CPU 各部分是在一个时钟信号的统一控制下进行工作的，当微机通电后，脉冲发生器提供时钟信号，计算机各部分按照统一的节拍操作，保证在同一时间内完成一定的操作，实现控制系统各部分协调工作的目的。

（2）存储器

存储器的主要功能是存储信息资料。存储器一般分为两种：能读出也能写入的存储器叫随机存储器，简称 RAM；只能读出的存储器叫只读存储器，简称 ROM。

RAM 主要用来存储计算机操作时的可变数据，如用来存储计算机输入、输出数据和在计算过程中产生的中间数据等，根据需要，可随时调出或被新的数据代替（改写）。RAM 在计算机中起暂时存储信息的作用。当电源切断时，所有存入 RAM 的数据会丢失。在发动机运行中，存入 RAM 的有些数据，如故障代码，为了能较长期地保存，防止点火开关关断时，由于电源被切断而造成数据丢失，这些 RAM 一般都通过专用的电源后备电路与蓄电池直接连接，使它不受点火开关的控制。当然，当电源后备专用电路断开时或蓄电池上的电源线断开时，存入 RAM 的数据都会自然丢失。

ROM 用来存储固定数据，即存放各种永久性的程序和永久性半永久性的数据，如电子控制燃油喷射发动机系统中的系列控制程序软件。这些信息资料一般都是在制造时由厂家一次性存入，运用中无法改变其中的内容，即计算机工作时新的数据不能存入；只有需要时读出存入的原始数据资料。当电源切断时，存入 ROM 的信息不会丢失，通电后又可以立即使用。

（3）输入与输出接口（I/O）

CPU 与外设交换信息的过程会有速度比匹配问题、信号电平不匹配、信号格式不匹配、时许不匹配，所有这些差别都需要一个连接设备进行转换，这个设备就是输入与输出接口（I/O），它是 CPU 与输入装置（传感器）、输出装置（执行器）间进行信息交流的控制电路。输入、输出装置，一般都通过 I/O 接口才能与微机连接，因此 I/O 接口是微机与外界进行信息交换的纽带。输入、输出口是微机系统不可缺少的部分，具有数据缓冲、电平匹配、时序匹配等多种功能。

(4) 总线

总线是用来传递信息的内部连线。在微机系统中，中央处理器、存储器与输入输出口，通过传递信息的总线连接起来，它们之间的信息交换均要通过总线进行。总线按传递信息的类别可分为数据总线、地址总线与控制总线三种。

在软件方面，ECU 的控制程序有以下几个方面的作用：计算、控制、监测与诊断、管理、监控、执行，如图 9-7 所示的控制模式。

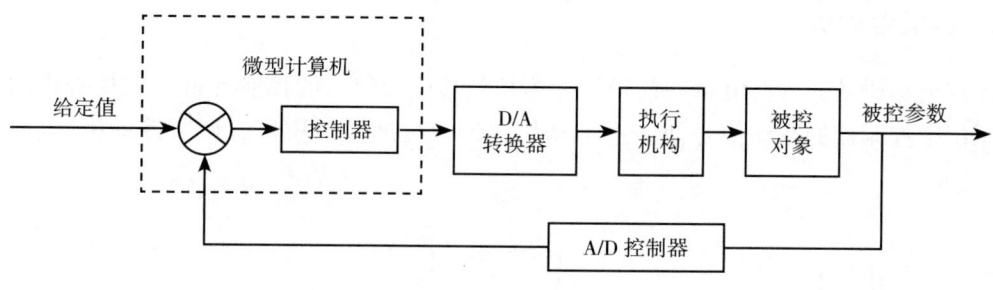

图 9-7 ECU 的控制模式

ECU 一般都具备故障自诊断和保护功能。当系统产生故障时，它还能在存储器（RAM）中自动记录故障代码并采用保护措施从上述的固有程序中读取替代程序来维持系统的运转。同时这些故障信息会显示在仪表盘上并保持不灭，可以提醒车主及时发现问题并进行处理。

任务 9.4　认识执行器

执行器是 ECU 动作指令的执行者，是一种能量转换部件，它能在电子控制装置的控制下，将输入的各种形式的能量转换为机械动作。在工程机械上主要有直流电动机、步进电动机、电磁阀或控制阀、机械式继电器等执行器件。

执行器由执行机构和调节机构两部分组成。调节机构通过执行元件直接改变动作过程的参数，使动作过程满足预定的要求。执行机构则接受来自控制器的控制信息把它转换为驱动调节机构的输出（如角位移或直线位移输出）。下面介绍工程机械常见的几种执行器。

9.4.1　电动机

1. 交流电动机

交流电动机适合运用于电力驱动方式的工程机械，如电动式推土铲、电动式挖掘机等，作为动力装置来驱动机械运行工作。

2. 直流电动机

（1）伺服直流电动机适合于精密控制，因而它作为机电车辆的执行器，多用于发动机的节流控制上。

（2）起动用直流电动机主要用于机电车辆起动时提供足够大的力矩和速度，带动发动机。

3. 步进电动机

步进电动机是一种将电脉冲信号转变为角位移或线位移的控制元件。在挖掘机的油门控制系统中控制器的驱动信号使步进电动机转动，拉动油门拉杆，调节发动机输出功率。如图 9-8。

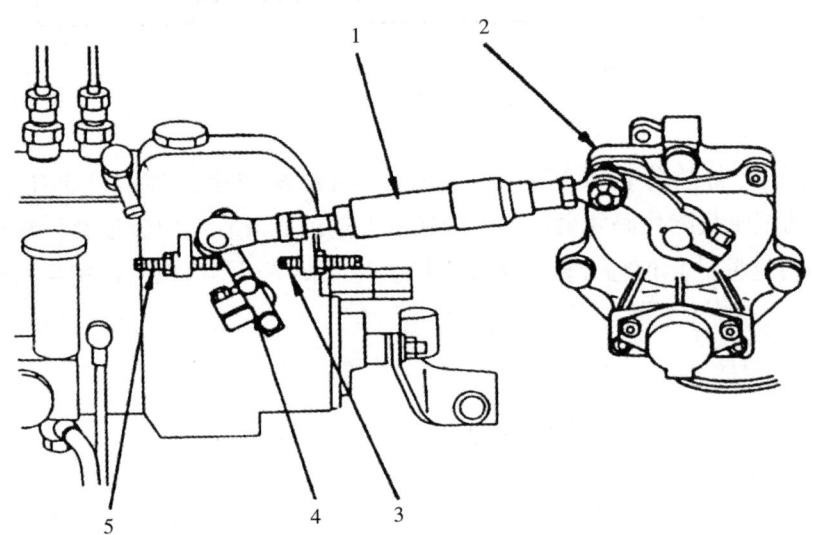

1-拉杆；2-步进电动机；3-限位螺杆；4-调速器杆；5-限位螺杆。

图 9-8 挖掘机油门控制

9.4.2 电磁阀

电磁阀的工作原理：利用电磁铁电磁线圈通电后产生的电磁力来控制电磁阀滑阀的运动，从而控制流体流动方向、压力和流量。电磁线圈断电后，在回位弹簧的作用下阀芯回到原位。

9.4.3 继电器

继电器是自动控制电路中常见的一种元件，由于它具有小电流控制大电流的特性，在工程机械电路中主要起保护开关和自动控制的作用。工程机械用继电器主要有电磁继电器和电子继电器。

1. 电磁继电器

工程机械用最多的继电器是电磁继电器。电磁继电器可分为：常开继电器、常闭继电器和混合型继电器。

（1）常开继电器

继电器线圈不通电时，继电器触点在其弹簧力作用下保持张开的位置，继电器线圈通电后触点闭合。

（2）常闭继电器

继电器线圈不通电时，继电器触点在其弹簧力作用下保持闭合的位置，继电器线圈通电后触点张开。

（3）混合型继电器

继电器有动合触点和动断触点，继电器线圈通电后常开触点闭合，常闭触点张开。混合型继电器如图9-9所示。

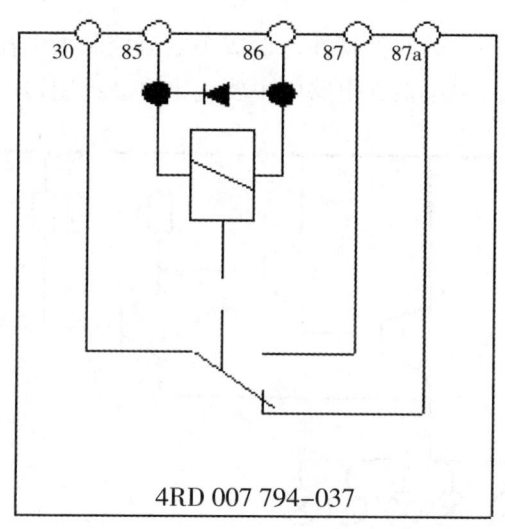

图9-9 混合型继电器

电磁继电器几乎适用于所有工程机械机型，多的机型中1台达30多个。如起动继电器、喇叭继电器、大灯继电器主要起保护开关的作用。

如图9-10所示喇叭继电器的控制电路，当按下按钮3时蓄电池电流便流经线圈2（因线圈电阻很大，所以通过线圈2及按钮3的电流不大），产生电磁吸力，吸下触点臂1，因而触点5闭合，接通了喇叭电路。喇叭的大电流不再经过按钮，从而保护了喇叭按钮。当松开按钮时，线圈2内电流被切断，磁力消失，触点在弹簧力作用下打开，即可切断喇叭电路，使喇叭停止发音。

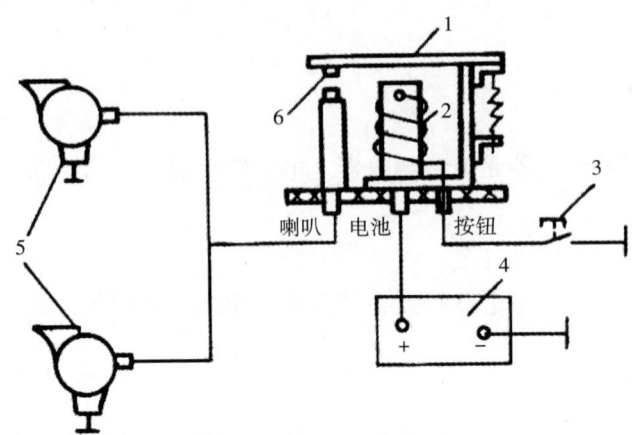

1—触点臂;2—线圈;3—按钮;4—蓄电池;5—喇叭;6—触点。

图 9-10 喇叭继电器

2. 电子继电器

电子继电器是利用三极管的开关特性,形成小电流控制大电流的作用。如图 9-11 所示晶体管闪光继电器电路。继电器在电路中主要用来自动控制转向灯闪烁。

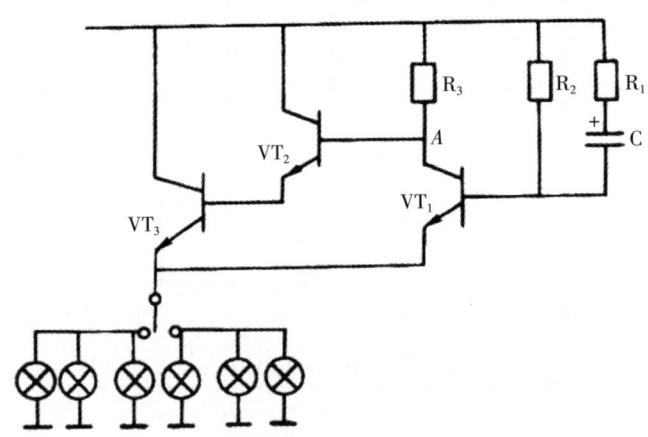

图 9-11 全晶体管式(无触点)闪光器

由电路图可知,它是利用电容器充放电延时的特性,控制晶体管 VT_3 的导通和截止,来达到闪光的目的。接通转向开关后,晶体管 VT_1 的基极电流由两路提供,一路经电阻 R_2,另一路经 R_1 和 C,使 VT_1 导通。VT_1 导通时,则 VT_2、VT_3 组成的复合管处于截止状态。由于 VT_1 的导通电流很小,仅 60mA 左右,故转向信号灯暗。与此同时,电源对电容器 C 充电,随着 C 的端电压升高,充电电流减小,VT_1 的基极电流减小,使 VT_1 由导通变为截止。这时 A 点电位升高,当其电位达到 1.4V 时,VT_2、VT_3 导通,于是转向信号灯亮。此时电容器 C 经过 R_1、R_2 放电，放电时间为灯亮时间。C 放完电，接着又充电，VT_1 再次导通使 VT_2、VT_3 截止，转向信号灯又熄灭，C 的充电时间为灯灭的时间。如此反复，使转向信号灯闪烁。改变 R_1、R_2 的电阻值和 C 的大小以及 VT_1 的值，即可改变闪光频率。

任务9.5 学习工程机械 CAN 总线基础知识

9.5.1 CAN 总线网路简介

1986 年 2 月，博世公司在汽车工程协会（SAE）大会上介绍了一种新型的串行总线：控制器局域网（Control Area Network，CAN），这就是 CAN 的诞生。

随着电控器件在工程机械上越来越多的应用，车载电子设备间的数据通信变得越来越重要。以传统的数据通信方式，每项信息均通过各自独立的数据线进行交换，已经不能满足电子控制系统越来越复杂、传输信息量也越来越大的要求。所以车载电子网络系统变得十分必要。大量数据的快速交换、高可靠性及低成本是对车载电子网络系统的要求，在该系统中，各子处理机独立运行，控制改善某一方面的性能，同时在其他处理机需要时提供数据服务。主处理机收集整理各子处理机的数据，并生成车况显示。

1. CAN 总线技术特点

（1）国际标准：CAN 是到目前为止唯一具有国际标准且成本较低的现场总线。

（2）多主方式：CAN 以多主方式工作，网络上任何一节点均可在任意时刻主动地向网络上其他节点发送信息，而不分主从，有极高的总线利用率。

（3）标识符报文：报文中不包括源地址或目标地址，仅用标识符来表示功能信息及优先级信息。优先级高的数据可在 134 微秒内得到传输。

（4）总线仲裁技术：CAN 采用非破坏总线仲裁技术。当多个节点同时向总线发送信息出现冲突时，优先级低的节点会主动退出发送，而优先级最高的节点可不受影响地继续传输数据，从而大大节省了总线冲突仲裁时间。

（5）数据传输方式灵活：CAN 节点只需通过报文的标识符滤波即可实现点对点、一点对多点及全局广播等多种方式传送、接收数据。

（6）通信距离与速率：直接通信距离最远可达 10km（5kbit/s 以下），通信速率最高可达 1Mbit/s（40m 以下）。

（7）节点数：目前可达 110 个，CAN2.0B 中的节点个数几乎不受限制。

（8）短帧结构：传输时间短，受干扰概率低。

（9）校验及检错：每帧信息都有 CRC 校验。

（10）通信介质：双绞线，同轴电缆或光纤。

（11）自动关闭和自动重发：节点在错误严重的情况下，具有自动关闭输出功能，发送的信息遭到破坏后可自动重发。

2. CAN 总线的组成

CAN 数据总线由一个控制器、一个收发器、两个数据传输终端以及两条数据传输线组成。除了数据传输线，其他元器件都置于控制单元内部。

（1）CAN 控制器：接收各控制单元中微控制器传来的数据，对这些数据进行处理并将其传往 CAN 收发器，也接收收发器传来的数据，对其进行处理后将其传往各控制单元中的微控制器。

（2）CAN 收发器：将 CAN 控制器传来的数据转化为电信号并将其送入数据传输线。它为控制器接收和转发数据。

（3）数据传输终端：它是一个电阻器，用来防止数据在线端被反射，并以回声的形式返回。数据在线端的反射会影响数据的传输。

（4）数据传输线：数据传输线为双线，分别为 CAN 高线和 CAN 低线。CAN 总线将两条线缠绕在一起，防止外界电磁干扰和向外辐射。这两条线的电位总是相反的，如果一条是 5V，另一条就是 0V，始终保持电压总和为一常数。

3. 使用 CAN 总线的优点

（1）简化线束、简化设计、降低成本、整车减重。

（2）提高整车安全性，降低维修成本，将传统的功率导线变为信号导线。

（3）带有快速诊断故障功能，使生产安装及售后维修更加便利。

（4）实现复杂的控制功能，提供几乎无限次的软件升级功能。

（5）便于形成统一的开放的电平台，适应各种车型、各种配置的变化，缩短产品周期，使个性化设计更为便捷。

（6）数据共享，为设计人员提供第一手运行参数，为整车的改进提供数据。

9.5.2　CAN 总线技术在工程机械中的应用

由于嵌入式电脑、网络通信、微处理器、自动控制等先进技术的日渐广泛应用，工程机械控制系统的性能和集成度已经有了很大的提高，工程机械的操作便利性、安全性都得到了大幅度提高。在国内外众多的工程机械中都有 CAN 总线的应用，特别是采用电控柴油机的工程机械已经无一例外地采用了 CAN 总线技术。这主要是因为电控柴油机的电子控制装置都是采用基于 CAN 总线技术的国际标准 J1939 协议设计的，这也大大地促进了 CAN 总线技术在工程机械领域的应用，因为工程机械的主要动力源是采用柴油机进行驱动的。

工程机械的作业对象多变，环境恶劣，这就要求其具有良好的自适应能力和极高的可靠性。要满足这些要求，在很大程度上取决于机器的智能化程度，因此机器上必须有能够对作业过程进行识别、进行最优控制的电控系统,这就导致电控系统的复杂程度越来越高,对电控系统的可靠性要求也越来越高。而 CAN 总线技术恰恰能够适应这一需要。

传统的控制系统结构示意图如图 9-12 所示,在基于集中控制方式的工程机械中,一方面由于多个 ECU 单元的使用,各 ECU 之间的通信越来越复杂,必然导致了更多的信号连接线,使控制系统安装、维护手续烦琐,运行的可靠性、应用的灵活性有所降低,维修难度增大;另一方面,为提高系统中信号的利用率,要求有大量的数据信息可以在不同的控制单元中共享,大量的控制信号也需要实时交换。传统的集中式控制系统已落后于工程机械中现代通信功能的需求。

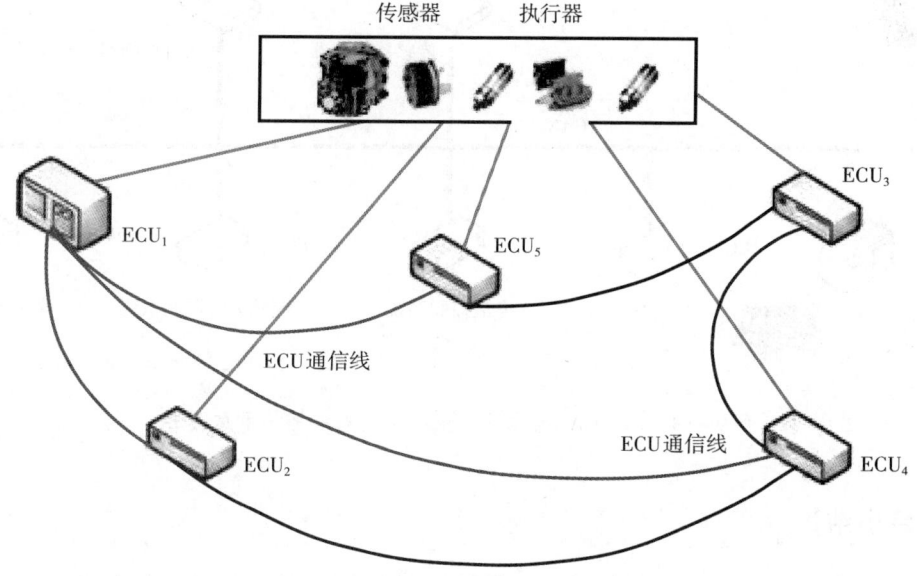

图 9-12　工程机械传统控制系统结构示意图

因此,如何提高系统的性能,开发通信应用的灵活性和方便性,降低使用和维护的成本,是必须解决的问题,而 CAN 总线在工程机械控制系统中的应用有效解决这些问题。

CAN 总线由于性能良好,特别适合于工程机械中各电子单元之间的互联通信。随着 CAN 总线技术的引入,工程机械中基于 CAN 总线的分布式控制系统取代原有的集中式控制系统,传统的复杂的线束被 CAN 总线所代替:系统中各种控制器、执行器以及传感器之间通过 CAN 总线连接,线缆少,易敷设,实现成本低,而且系统设计更加灵活,信号传输可靠性高,抗干扰能力强。

目前 CAN 总线技术在工程机械上的应用越来越普遍。国际上一些著名的工程机械大公司如 CAT、VOLVO、利勃海尔等都在自己的产品上广泛采用 CAN 总线技术,大大提高了整机的可靠性、可检测性和可维修性,同时提高了智能化水平。而在国内,CAN 总线控制系统也开始在工程汽车的控制系统中广泛应用,在工程机械行业中也正在逐步推广应用。

以起重机为例,其基于 CAN-bus 总线的典型控制系统基本结构如图 9-13 所示。CAN

总线的应用使工程机械控制系统功能具有良好的可扩展性，易于实现对各分系统的集中监测和管理。此外，CAN 总线的应用使用户的使用、维护、故障诊断更加灵活和方便，例如起重机在出厂调试时，工厂计算机系统可以通过 CAN 总线访问其控制系统，记录保存调试数据，以作为在故障时维修的原始参考数据。

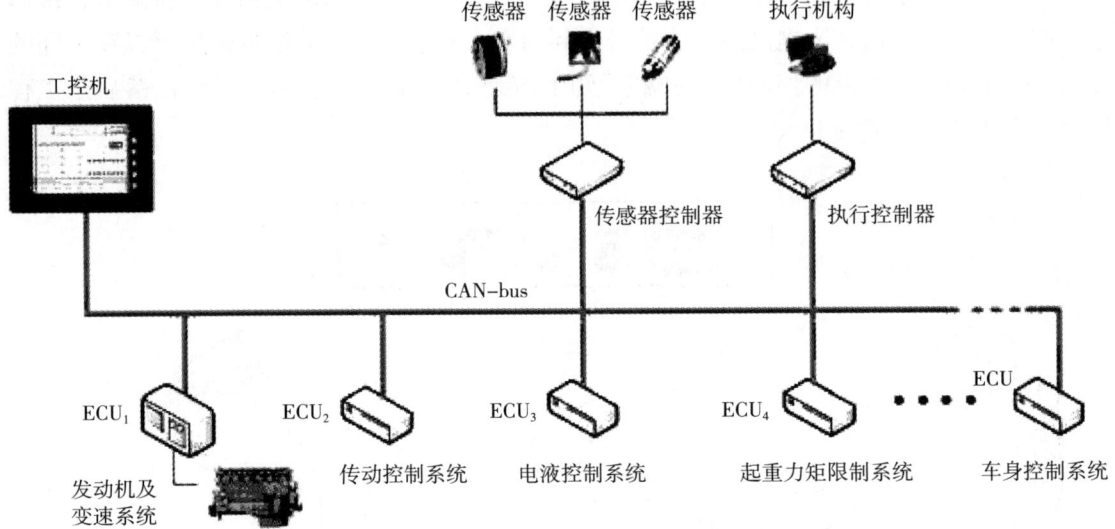

图 9-13 基于 CAN 总线的起重机控制系统结构示意图

【项目小结】

1. 工程机械微机控制系统由传感器、微机控制单元 ECU 和执行元件组成。
2. 采用微机控制不仅可以改善和提高工程机械的性能，而且还可以实现更多更强大的功能。
3. 微机闭环控制和开环控制系统。
4. 微机控制系统是由以计算机为核心的电控单元，用于感测控制信号的传感器以及实现控制意图的执行器三部分组成的。
5. 传感器可以通过多种方式将被测物理量转换为电信号。
6. 温度、压力、速度、位移传感器的类型以及在工程机械上的运用。
7. 工程机械执行器的基本类型。执行器的任务是根据控制信号去执行规定动作完成控制目标。
8. CAN 的特点和基本组成以及在工程机械上的运用。

【思考与练习】

1. 判断题

（1）电控单元不对控制系统的输出进行监控的称为开环控制。（　　）

(2) 电阻值随着温度的升高而减小的温度传感器属于正温度系数型热敏电阻。
(　　)
(3) 负热敏电阻温度传感器特别适合于测量发动机进气和冷却水温度。(　　)
(4) 传感器可以通过多种方式将被测物理量转换为电信号。(　　)
(5) 所谓压敏电阻就是受到应力作用时其阻值会发生变化的电阻。(　　)
(6) 电磁感应式传感器输出电压正比于线圈匝数和磁力线的变化率。(　　)
(7) 工程机械用继电器主要起保护开关和自动控制的作用。(　　)

2. 问答题

(1) 试述工程机械上采用微机控制系统的优势。
(2) 工程机械微机控制系统由哪些组成？
(3) 传感器有何作用？工程机械上使用了哪些类型的传感器？举例说明。
(4) 在控制电路中 ECU 的作用是什么？
(5) 工程机械常见的执行器有哪些？
(6) 电磁阀是如何采用电子信号工作的？

参考文献

[1] 王俊. 电工电子基础 [M]. 北京：人民交通出版社, 2013.

[2] 刘皓宇. 汽车电工电子技术 [M]. 北京：高等教育出版社, 2011.

[3] 蒋波. 现代工程机械电液控制技术 [M]. 重庆：重庆大学出版社, 2011.

[4] 王安新. 工程机械电器设备 [M]. 北京：人民交通出版社, 2012.

[5] 刘国新. 柳工挖掘机培训教材. 内部刊物, 2006.

[6] 广西柳工培训中心. G系列轮式装载机电气系统维修手册. 内部刊物, 2006.

[7] 小松（中国）培训中心. 电气系统基础、构造、机能. 内部刊物, 2006.

[8] 任成尧. 汽车电工电子基础 [M]. 北京：人民交通出版社, 2011.

[9] 罗富坤. 汽车电工电子技术基础 [M]. 北京：机械工业出版社, 2011.

[10] 栾学德, 王丽平. 电工技术 [M]. 北京：中国电力出版社, 2010.

[11] 张立. 电子技术基础 [M]. 北京：化学工业出版社, 2010.

[12] 秦曾煌. 电工学 [M]. 北京：高等教育出版社, 2009.